实战 Hadoop 大数据处理

曾 刚 编著

清华大学出版社

北 京

内 容 简 介

本书以"大数据"为起点,较详细地介绍了 Hadoop 的相关知识。全书共分为 9 章,介绍了大数据的基本理论、Hadoop 生态系统、Hadoop 的安装、HDFS 分布式文件系统、MapReduce 的原理及开发、HBase 数据库、Hive 数据仓库、Sqoop 数据转换工具,最后结合实际介绍了大数据在智能交通和情报分析中的应用。本书力求用浅显的语言、生动的案例、详细的操作步骤向广大读者介绍 Hadoop;力求深入浅出,把复杂的理论与实际案例相结合,用平实的语言把深奥的原理简单化;力求图文并茂,通过适当的图表把零乱的知识点有序地展现在读者面前;力求紧跟时代步伐,尽量结合较新版本的软件阐述大数据处理的相关知识。

本书适合作为 Hadoop 技术的初学者、工程技术人员、大专院校研究生或高年级本科生的学习用书或参考书。

图书在版编目(CIP)数据

实战 Hadoop 大数据处理/曾刚编著. --北京:清华大学出版社,2015(2020.9重印)
ISBN 978-7-302-41144-4

Ⅰ. ①实… Ⅱ. ①曾… Ⅲ. ①数据处理软件 Ⅳ. ①TP274

中国版本图书馆 CIP 数据核字(2015)第 183368 号

责任编辑:田在儒
封面设计:王跃宇
责任校对:刘 静
责任印制:刘祎淼

出版发行:清华大学出版社
　　　　　网　　　址:http://www.tup.com.cn, http://www.wqbook.com
　　　　　地　　　址:北京清华大学学研大厦 A 座　　　　邮　　编:100084
　　　　　社 总 机:010-62770175　　　　　　　　　　　邮　　购:010-62786544
　　　　　投稿与读者服务:010-62776969, c-service@tup.tsinghua.edu.cn
　　　　　质量反馈:010-62772015, zhiliang@tup.tsinghua.edu.cn
印 装 者:三河市龙大印装有限公司
经　　销:全国新华书店
开　　本:185mm×260mm　　　　印　　张:17.25　　　　字　　数:419 千字
版　　次:2015 年 8 月第 1 版　　　　　　　　　　　　印　　次:2020 年 9 月第 4 次印刷
定　　价:49.00 元

产品编号:064835-03

前 言
FOREWORD

　　随着社会的进步和计算机技术的发展,人类社会产生的数据正呈爆炸式增长。数据是人类社会重要的战略资源,大数据是"未来的新石油",大数据对未来的科技与经济发展将带来重大影响,一个国家拥有数据的规模和运用数据的能力将成为综合国力的重要组成部分,对数据的占有和控制也将成为国家和企业间争夺的焦点。大数据如此重要,但大数据人才却十分短缺,据预测,到2018年美国大数据分析人才缺口是19万人,中国作为全球第二大经济体,拥有的数据占全球总量的13%,增长速度保持在50%左右,明显高于全球的增长速度。如此巨大的市场,大数据处理的技术人才必将成为炙手可热的人才,未来几年内我国将需要十几万的大数据人才。

　　大数据处理大体上分为:批处理系统、流式处理系统、交互式数据处理系统、图数据处理系统。Hadoop是目前应用最成功也是最广的批处理平台,国内外的企业和机构的数据处理系统纷纷向Hadoop处理平台过渡和转型,Hadoop已经成为大数据处理的工业标准。而其他的处理模式尚未形成完整的生态系统。

　　国内与Hadoop相关的技术书籍明显存在以下不足。①版本较老。在编者研究大数据技术时,书籍较少且相当多书籍版本为0.20版的Hadoop,虽然能够清晰地讲述Hadoop原理与技术,但已经不能适应时代发展的要求。②内容较单一。有不少书籍是对Hadoop官方技术文档的翻译或者是资料的整理,较少涉及较深层次的Hadoop应用,如架构设计、领域应用等。编者在参考了大量文献的基础上,并结合在专业领域的应用编写了本书。本书图文并茂,深入浅出,用浅显的语言讲解Hadoop原理的同时,结合具体的应用代码以加深读者对Hadoop技术的理解。最后,通过案例,让读者理解应用系统的体系架构,以及Hadoop在整个系统中的位置与作用。

　　本书适用于以下对象。

- 对大数据感兴趣的读者。
- 想了解Hadoop的初学者。
- 大数据处理的从业人员。
- HBase、Hive的爱好者。
- 开设Hadoop相关课程的大专院校。

　　学习本书的前提条件是:①具有一定的Java编程基础;②具有数据库相关的基础知识;③具有Linux相关的基础知识。

本书在编排上,加入了一些注意事项和提示,提醒读者注意一些容易被忽视的细节。本书还涉及大量的 Linux 或 Hadoop 命令,为了阅读方便,这些需要读者自己输入的命令均采用加粗字体;机器的输出信息采用小字体编排。

本书共分为 9 章,体系结构如下。

第 1 章为大数据概述。主要讲述了大数据的概念与特点、研究背景、应用示例、研究的意义、相关的关键技术、处理模式、代表性系统的发展前景。

第 2 章为 Hadoop 简介。本章重点介绍了 Hadoop 的起源、由来、相关项目的介绍以及版本的衍化。

第 3 章为 Hadoop 的安装。介绍了 Ubuntu Server、JDK 的安装;SSH 公钥认证的原理、安装、配置以及 SecureCRT 公钥登录;Hadoop 的三种安装模式;Hadoop 2.2 的安装。

第 4 章为 HDFS 文件系统。介绍了互联网时代对存储系统的新要求;HDFS 系统的特点;HDFS 文件系统的组成;HDFS 的两种操作方式:Shell 方式和 API 方式;HDFS 的高可用性以及小文件存储问题。

第 5 章为 MapReduce 原理及开发。介绍了 MapReduce 模型下编程的示例;MapReduce 的工作原理;Shuffle 原理;Shuffle 过程的优化;故障的处理方法、作业的调度方式;五类典型的 MapReduce 应用。

第 6 章为 HBase 数据库。介绍 HBase 数据库的特点、架构、原理;HBase 的安装方法;HBase 的 Shell 和 API 操作方法;MapReduce 操作 HBase 的方法;HBase 的优化方法。

第 7 章为 Hive 数据仓库。介绍了 Hive 的架构、安装方法、HQL 的使用,并介绍了复杂类型以及 Hive 函数。

第 8 章为数据整合。介绍了使用 Sqoop 把关系型数据库表整合到 Hadoop 的 HDFS、HBase、Hive 中的方法。

第 9 章为典型应用案例介绍。介绍了 Hadoop 在智能交通中的应用及在情报分析中的应用。

本书在编写的过程中,得到了同事们的鼓励和支持,也得到妻子和女儿的关心和照顾。同时还要感谢清华大学出版社的编辑,他们在书稿的编辑出版过程中做了大量的工作,感谢他们对我的支持和鼓励。

由于 Hadoop 的发展非常迅速,加之本人的水平有限,书中难免会有错误和遗漏之处,恳请谅解和批评指正,欢迎提出宝贵的意见和建议。编者的电子邮箱为 dlzenggang@126.com。

编　者

2015 年 5 月于大连

目 录
CONTENTS

第 1 章

大数据概述

1.1　大数据简介

1946 年,世界上第一台计算机 ENIAC 诞生,标志着人类社会进入信息时代。随着计算机技术全面融入社会生活,社会的各个领域产生了大量的信息,并且开始爆炸式增长。

随着互联网的普及,为了满足人们搜索网络信息的需求,搜索引擎抓取并存储了巨大的信息;社交网络把分散于各处的人们联系起来;电子商务在满足人们便捷购物的同时,收集了大量的购物意愿与购物习惯的数据;2007 年推特(Twitter)开始独立运营,标志着移动互联网时代的到来。2010 年是中国的微博元年,2011 年微信(WeChat)开始运营,这些移动应用的运行也产生了海量的数据。随着平安工程的开展,各地纷纷开始安装使用视频监控系统,产生了海量的视频数据;银行、股市、保险等金融部门在运营中产生了大量非常重要的交易数据;安装有各种传感器的物联网中有巨大的数据流在运转;电信部门通过通话、短信等多种业务也在快速地产生着大量数据。

下面看几个具体的例子。

谷歌(Google)通过网络爬虫搜集的网络数据以及其他应用处理的数据量每个月达400PB 以上;百度每天处理的数据量达几十 PB;脸谱(Facebook)全球注册用户达 10 亿多人,每个月上传的照片达 10 亿张,每天产生约 300TB 的日志数据;淘宝拥有会员 3.7 亿,在线商品 8.8 亿,每天交易量达数千万笔,产生约 300TB 的数据;劳斯莱斯公司对全世界数以万计的飞机发动机进行实时监控,每年传送的数据量达 PB 级以上。

为了更精确地度量数据,看一下度量单位的关系。

1Byte＝8Bit

1KB＝1 024Bytes

1MB＝1 024KB＝1 048 576Bytes

1GB＝1 024MB＝1 048 576KB＝1 073 741 824Bytes

1TB＝1 024GB＝1 048 576MB＝1 099 511 627 776Bytes

1PB＝1 024TB＝1 048 576GB＝1 125 899 906 842 624Bytes

1EB＝1 024PB＝1 048 576TB＝1 152 921 504 606 846 976Bytes

1ZB＝1 024EB＝1 180 591 620 717 411 303 424Bytes

1YB＝1 024ZB＝1 208 925 819 614 629 174 706 176Bytes

可以看出,上面的度量单位比常见的度量单位多了 PB、EB、ZB、YB。以上单位都是抽象的,下面来看一个形象的例子。

《红楼梦》含标点 87 万字(不含标点 853 509 字),每个汉字占两个字节：1 汉字＝16bit＝2Bytes,1GB 约等于 671 部红楼梦,1TB 约等于 631 903 部,1PB 约等于 647 068 911 部。

美国国会图书馆藏书 151 785 778 册(2011 年 4 月：收录数据 235TB)。

中国国家图书馆拥有图书 2 631 万册。

1EB＝4 000 倍美国国会图书馆存储的信息量。

通过这个形象的例子,就可以知道"大数据"这个概念中的"大"字有多大了。根据 IDC (Internet Data Center,互联网数据中心)的统计,2012 年全球产生的数据量达 2.7ZB,相比 2011 年的 1.8ZB 增长了 48%,这种增长速度还在加快,预计 2020 年,产生数据的总量将达到 35.2ZB,如图 1-1 所示。

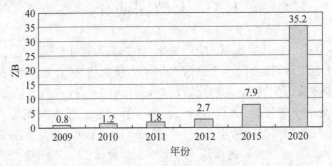

图 1-1　IDC 统计的全球数据量预测

1.1.1　大数据的概念与特点

那么,究竟什么是大数据呢? 对这个概念的解释可谓仁者见仁,智者见智,目前还没有一个统一的、大家都认可的定义。不管如何定义,大数据的五大基本特点是大家都认可的,如图 1-2 所示。

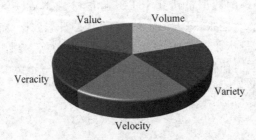

图 1-2　大数据的 5V 特点

1. Volume(体量浩大)

社会生活中产生的数据的体量在不断地扩大,数据集合的规模已经从 MB、GB、TB 到了 PB,在数据中心的数据量甚至以 EB 和 ZB 等单位来度量。IDC 的研究报告称,未来十年,全球大数据将增加 50 倍,管理数据仓库的服务器的数量将增加 10 倍以迎合 50 倍的大数据增长。如此巨大的数据量,带来的是巨大的计算量。

2. Variety(类型多样)

从数据的组织形式来看,数据包括结构化数据、半结构化数据、非结构化数据。结构化数据是以二维表的形式来组织数据,例如关系型数据库,数据存储于二维数据表中,数据的类型、格式严格一致,表与表之间通过参照关系建立联系。非结构化数据是指无法通过预先定义的数据模型表述的数据,包括视频、音频、图片、文档、文本等形式。半结构化数据是介于完全结构化数据(如关系型数据库、面向对象数据库中的数据)和非结构化数据(如声音、图像文件等)之间的数据,HTML 文档就属于半结构化数据。它一般是自描述的,数据的结构和内容混在一起,没有明显的区分。根据 IDC 的统计,目前 80% 的数据为非结构化和半结构化数据,结构化数据仅占总量的 20%。

3. Velocity(生成快速)

随着移动计算、社交媒体和物联网等新技术的不断出现和应用,非结构化数据正在以 63% 的速度飞速增长着,而结构化数据仅以 32% 的速度增长。网络中的数据往往呈现出突发涌现等非线性状态演变现象,因此难以对其变化进行有效评估和预测。另一方面,网络中的数据常常以数据流的形式动态快速地产生,具有很强的时效性,用户只有有效地掌控数据流才能充分利用这些数据。

4. Veracity(真实性高)

随着社交数据、企业内容、交易与应用数据等新数据源的兴起,传统数据源的局限被打破,企业越发需要有效的信息之力以确保其真实性及安全性。

5. Value(价值巨大但密度很低)

Value 是大数据的精髓,一方面企业能够利用大数据技术让运算变得更快,另一方面大数据衍生了很多新的商业模式。以保险行业为例,车险公司在车内安装传感器,用以监测司机的驾驶习惯,根据不同的驾驶行为区分司机的安全系数,分别拟定相应的保费标准。信用卡公司也会通过对顾客消费行为、购买模式的分析,制定精准的个性化营销模式。

虽然数据的价值巨大,但是基于传统思维与技术,人们在实际环境中往往面临信息泛滥而知识匮乏的窘态,即大数据的价值利用密度低。因此,要从密度较低的大数据中找到有价值的信息,必须使用某种特定的策略与方法进行数据的挖掘与分析。

从上面的五个特点不难看出,大数据从本质上来讲包含数量、类型、速度三个维度的问题,想要把三个维度从根本上区分开是不可能的,因为大数据概念的提出是源于技术的发展。

对大数据的认识,除了如图 1-2 所示五个基本特点外,社会各界都试图从其他方面对大数据进行解释和定义。亚马逊网络服务(AWS)的大数据科学家 JohnRauser 提出一个简单的定义:大数据就是任何超过了一台计算机处理能力的庞大数据量。AWS 研发小组对大数据的定义:大数据是最大的宣传技术和最时髦的技术,当这种现象出现时,定义就变得很混乱。Kelly 说:"大数据是可能不包含所有的信息,但我觉得大部分是正确的。对大数据的一部分认知在于,它是如此之大,分析它需要多个工作负载,当你的技术达到极限时,也就是数据的极限。"

从数据的类别上看,大数据指的是无法使用传统流程或工具进行处理或分析的信息。它定义了那些超出正常处理范围和大小、迫使用户采用非传统处理方法的数据集,这是研究机构 Gartner 的观点,他们认为"大数据"是需要新处理模式才能具有更强的决策力、洞察发现力和流程优化能力的海量、高增长率和多样化的信息资产。

互联网周刊也给出了他们的理解:大数据的概念并不只是大量的数据(TB)和处理大

量数据的技术,或者所谓的"五个 V"之类的简单概念,而是涵盖了人们在大规模数据的基础上可以做的事情,并且这些事情在小规模数据的基础上是无法实现的。换句话说,大数据让人们以一种前所未有的方式,通过对海量数据进行分析,获得有巨大价值的产品和服务,或深刻的洞见,最终形成变革之力。

李国杰等人对大数据的理解与定义是:大数据是指无法在一定时间内用常规机器和软硬件工具对其进行感知、获取、管理、处理和服务的数据集合。

尽管人们对大数据的理解与定义各不相同,但有一点是共同的,那就是大数据已经引起社会各界的关注与重视。相对于如何定义大数据这一概念,人们更关注的是如何使用大数据,哪些技术能更好地处理大数据以及大数据的应用情况如何。

1.1.2　大数据研究的背景

大数据所蕴含的社会、经济、科学研究的价值已经引起社会各方面的广泛关注,如果能够有效地利用大数据,必将对社会发展、经济建设、科学研究产生深远的影响。著名的 O'Reilly 公司断言:"未来属于将数据转换成产品的公司和人们。"

谷歌、雅虎、脸谱、亚马逊、IBM 等公司是大数据技术的直接受益者,也是推动者。谷歌由于搜索引擎的需要,首先提出了 GFS(Google File System)文件系统、MapReduce 计算机制以及大型分布式数据库 BigTable。在谷歌的带领下,雅虎、脸谱等公司推出了开源的分布式文件系统 HDFS、MapReduce 机制、分布式数据库 HBase 等工具。

近几年,Nature 和 Science 等国际顶级学术刊物相继出版专刊,专门探讨对大数据的研究。2008 年,Nature 出版专刊 Big Data,从互联网技术、网络经济学、超级计算、环境科学、生物医药等多个方面介绍了海量数据带来的挑战。2011 年,Science 推出关于数据处理的专刊 Dealing with data,讨论了数据洪流(Data Deluge)所带来的挑战。特别指出,倘若能够更有效地组织和使用这些数据,人们将得到更多的机会发挥科学技术对社会发展的巨大推动作用。

2012 年 3 月 22 日,美国政府投资 2 亿美元启动了"大数据研究和发展计划(Big Data Research and Development Initiative)"。这是继美国政府的"信息高速公路"计划之后,又一项重大的科学研究计划。美国政府认为,大数据上升为国家意志后,必将对未来的社会生产和生活带来深远的影响。该计划旨在提高和改进人们从海量和复杂的数据中获取知识的能力,进而加速美国在科学与工程领域发明的步伐,增强国家安全。大数据中蕴含着巨大的价值,美国政府认为,大数据是"未来的新石油",对未来的科技与经济的发展将产生深远的影响。此外,欧盟也对科学数据基础设施投资 1 亿多欧元,并将数据信息化基础设施作为 Horizon 2020 计划的优先项目之一。

2012 年,联合国发布了题名为《大数据促发展:挑战与机遇》的白皮书,在白皮书中总结了各国政府如何利用大数据响应社会需求,指导本国经济运行,提高本国人民的生活水平,建议各国政府建立 Pulse Labs(脉搏实验室),研究大数据,挖掘其潜在价值。

我国的研究机构与企业也进行了相应的研究与开发。2012 年,中国计算机学会(CCF)发起并成立了 CCF 大数据专家委员会,CCF 专家委员会还成立了一个"大数据技术发展战略报告"撰写组,撰写并发布了《2013 年中国大数据技术与产业发展白皮书》。2013 年以来,国家自然科学基金、863 计划、973 计划、核高科等研究计划都已经把大数据列为研究的重大课题。

可以说,一个国家拥有数据的规模和对数据运用的能力将会成为一个国家综合国力的一部分,对数据的占有、控制能力必将成为国家和企业间竞争的制高点。

1.1.3 大数据的应用示例

大数据在许多领域都有应用,例如科学计算、物联网、天文学、天气预报、基因组学、生物学、大社会数据分析、互联网文件处理、制作互联网搜索引擎索引、通信记录明细、军事侦察、社交网络、流行病预测、医疗记录影像的处理、大规模的电子商务等。

1. 在科学计算领域的应用

大型强子对撞机是一座位于瑞士日内瓦近郊欧洲核子研究组织 CERN 的对撞型粒子加速器,它有 1.5 亿个传感器,每秒发送 4 千万次的数据。实验中每秒产生将近 6 亿次的对撞,过滤去除 99.999% 的撞击数据后,得到约 100 次的有用撞击数据。将撞击结果数据过滤处理后仅记录了 0.001% 的有用数据,全部四个对撞机的数据量复制前为每年产生 25PB,复制后为 200PB。这样年数据增长将达 1.5 亿 PB,也就是相当于每天 500EB,是全世界所有数据源总和的 200 倍。

2. 在政府部门的应用

2012 年,美国奥巴马政府宣布启动大数据研究和发展计划(Big Data Research and Development Initiative),致力于帮助政府部门利用大数据解决重大问题。该计划包括 84 个不同的大数据项目工程和 6 个部门。此外,美国联邦政府还拥有当今世界上顶级的十大超级计算机中的六个。负责气象模拟的 NASA 部门,在其发现者号超级计算机集群中也存储有 32PB 气象观测和模拟数据。这些事例充分说明了美国政府部门对大数据的重视以及为此而展开的应用。

3. 在社会学领域的应用

国际卫生学教授汉斯·罗斯林使用 Trendalyzer 工具软件,呈现了两百多年以来全球的人口统计数据,并将其与其他数据,例如收入、宗教、能源使用量等进行了交叉比对。

4. 在商业领域的应用

在商业领域,大数据解决方案和应用更是百花齐放、百家争鸣。著名的 Facebook 社交平台,早已开展了基于用户行为分析的数据挖掘和决策分析,能够对其所有用户的 500 亿张照片进行分析处理。沃尔玛每个小时处理的客户交易量超过百万次,这些交易的数据量高达 2.5PB(2560TB)——相当于美国国会图书馆藏书量的 167 倍。

2008 年,淘宝开始投入资源研究基于 Hadoop 的"云梯"数据处理平台,它支撑了淘宝对整个数据的分析工作。目前,集群的节点数达 1 700 个,数据量达 24.3PB,并且以每天 255TB 的速度在不断地增长。

支付宝是国内一个领先的第三方支付平台,为用户和商家提供可信任的第三方担保交易。支付宝目前拥有 7 亿多注册用户,合作商家 45 万家,日交易 3 369 万笔,日交易金额 45 亿元。在支付宝建立的以 Hadoop 为基础的数据处理平台内,"海狗"用于实时搜索,"剑鱼"用于数据查询,"海星"用于数据挖掘,"海豚"用于海量数据计算。

华为公司作为世界范围内著名的电信设备供应商,也积极地参与了 Hadoop 技术的应

6

用与改进。在 Hadoop 的基础上,扩展了 Hadoop 技术,自主研发了高可用性 Hadoop 平台。在电信领域应用 Hadoop 技术,构建了基于 Hadoop 的信令监测平台。同时对 Hadoop 核心项目与周边项目的改进做出了较大的贡献。

中国移动作为全球最大的移动运营商,其业务涵盖 2G、3G、4G 移动通信及无线宽带接入等多种服务形式,其用户量达 6 亿多。2007 年,开始建立以 Hadoop 技术为基础的"大云"平台,2008 年建立了第一个 256 节点的集群。目前,中国移动已经具有 1 000 多个节点、5 000 个处理器、3PB 数据的大规模数据处理平台,用于进行用户行为分析、客户流失预测、服务关联分析、网络服务质量分析、过滤垃圾短消息等。

1.1.4 大数据研究的意义

(1) 大数据的研究对捍卫国家网络空间的数字主权,维护国家的安全稳定,经济与社会的健康发展具有重大意义。信息时代的数字主权是继海、陆、空、天之后的又一大博弈空间,在大数据领域的落后,意味着失守产业战略制高点,意味着数字主权无险可守,意味着国家安全将出现漏洞。大数据将直接影响国家和社会稳定,是关系国家安全的战略性问题。因此,公安、国保、检察院、法院等关系到国家安全、社会稳定的部门和机关应该加强对大数据技术的研究和学习。

(2) 大数据是国民经济核心产业信息化升级的重要推动力量。以数据为王的大数据时代的到来,使产业界的需求与关注点发生了重大转变:企业关注的重点转向数据,计算机行业正在转变为真正的信息行业,从追求计算速度转变为关注大数据处理能力,软件也将从编程为主转变为以数据为中心。大数据处理的兴起也改变了云计算的发展方向,使其进入以分析即服务(AaaS)为主要标志的 Cloud 2.0 时代。

(3) 大数据在科学和技术上的突破将可能诞生出数据服务等战略性新兴产业。数据科学与技术的突破意味着人们能够厘清数据交互连接产生的复杂性,掌握数据冗余与缺失双重特征引起的不确定性,驾驭数据的高速增长与交叉互联引起的涌现性,进而能够根据实际需求从网络数据中挖掘出其所蕴含的信息、知识甚至是智慧,最终达到充分利用网络数据价值的目的。网络数据不再是产业环节上产生的副产品,相反地,网络数据已成为联系各个环节的关键纽带,通过对网络数据纽带的分析与掌握,可以降低行业成本,促进行业效率,提升行业生产力。因此,可以预见,在网络数据的驱动下,行业模式的革新将可能催生出数据服务等一系列战略性的新兴产业。

1.2 大数据处理技术简介

1.2.1 大数据的关键技术

众所周知,大数据所面临的已经不是数据量大的问题了,最重要的问题是分析大数据,只有通过分析才能获取更多智能的、深入的、有价值的信息。当前,越来越多的应用涉及大数据,而这些大数据的属性,包括数量、速度、多样性等都呈现了大数据不断增长的复杂性,所以大数据的分析方法在大数据领域就显得尤为重要,可以说是决定最终信息是否有价值的决定性因素。那么,大数据分析普遍使用的方法与技术有哪些呢?

1. 大数据的存储技术

数据存储是数据处理工作的基石。大数据的存储不仅关注数据存储容量的问题,也关注数据的管理,更关注数据存取的性能问题。提升系统存储容量的方式有四种。①采用新技术提升磁盘的存储密度,把单个硬盘的容量从 GB 级提升到 TB 级甚至更高。②直连式存储(DAS),即把多块磁盘连接起来通过高性能接口(如 SCSI、FC 等)与计算机直接相连,构成磁盘阵列,这种方式扩展性差,资源利用率低。③网络接入存储(NAS)技术,通常是通过高速网络交换机把存储设备与服务器连接起来,以实现高速与大容量的数据存取服务,这种方式受制于网络带宽,不适合数据块级的访问,无法实现集中备份。④存储区域网络(SAN),是提供格式统一的数据块级访问能力的一种专用局域网络。采用这种架构,系统整合程度高,数据集中度高,扩展性强,长期拥有的成本较低。

数据的吞吐量是大数据系统面临的另一个问题。对单磁盘,提升吞吐量的方法是提高磁盘转速、改进磁盘接口形式和增加读写缓存等。对数据存储系统,早期提升吞吐量的方法主要是采用专用的数据库机体系。

Google 公司提出的谷歌文件系统(GFS)解决了大数据对存储系统容量和吞吐量的需求,受 GFS 启发而设计的 Hadoop 的 HDFS 系统采用分布式存储,解决了大数据的存储问题。将在以后的章节中介绍详细技术细节。

2. 大数据处理的计算技术

大数据时代需要处理的数据量是真正意义上的海量,要处理这些数据就需要有强劲的处理能力,提升处理能力的方式有两种:第一种是提升处理器的计算性能。第二种是采用并行计算技术。

1) 单处理器性能的提升

单处理器性能的提升主要有以下几种方式。

(1) 提升处理器的字长。单处理器的字长从最初的 4 位发展到现在 64 位,字长的发展提升了处理器的性能。

(2) 提升处理器的集成度与主频。随着集成电路技术的进步,芯片中集成的晶体管数量在不断地增加,处理器的主频也在不断地提高。但是,2004 年以后,人们发现单颗处理器的集成度和主频似乎接近了极限。在现有的半导体制造工艺下,集成度不可能无限制提升,芯片的功耗随着集成度和主频的提升也在快速地增加,处理器的散热问题变得难以解决。2005 年以后,Intel 公司不再追求单处理器的计算性能,转而以多核微处理器计算性能的提升为主。2006 年以后,推出了多款多核微处理器,例如,2006 年的 Pentium D 处理器,2007 年的 4 核 Core 2 Quad 系列,2008—2010 年间推出的 Core i3、i5 和 i7 系列,以及服务器处理器的 Xeon E5 和 E7 系列。

2) 采用并行计算技术

随着计算机和信息技术的不断进步,行业领域积累的数据量不断增加,数据规模也急剧增加。如全球互联网企业拥有的数据量少的有几百 TB,多的有几千 PB,如此巨大的数据量,采用传统的单处理器与串行处理技术是很难在可以接受的时间限度内处理完成的,这时就需要采用新的并行处理技术对巨量的大数据进行处理。

按系统的类型,并行计算系统可以分为以下几种。

- 多核/众核计算系统,即单个处理器中含有多个核心或众多个核心。
- 对称多处理器系统(Symmetric Multi Processing,SMP),用总线把多个相同的处理器连接起来,并共享存储器而构成的并行计算系统。
- 大规模并行处理系统(Massive Parallel Processing,MPP),用专用局域网把一组处理器连接起来形成一种并行计算系统。
- 集群(Cluster),用网络把一群普通商用计算机连接起来构成集群,进行并行计算。
- 网格(Grid),用网络把远距离分布的异构计算机连接起来形成并行计算系统。

按程序的设计模式,并行计算系统分为以下三种模式。

- Map Reduce:这个设计模型是由 Google 在 2004 年推出的一种并行计算架构,该模式下把解决问题分为两步:第一步,使用一个串行的 Mapper 函数分别处理一组不同的数据,生成一个中间结果。第二步,将第一步的处理结果用一个 Reducer 函数进行处理(例如,归并操作),生成最后的结果。Map Reduce 模式是目前主流的大数据处理并行程序设计模式。本书介绍的 Hadoop 架构下使用的就是 MapReduce 模式。
- 消息传递模式(多进程并行模式):对分布式内存访问结构的系统,为了分发数据实现并行计算,随后收集计算结果,需要在各个计算节点或计算任务间进行数据通信。这种模式又可以理解为多进程处理模式。最常见的消息传递方式为 MPI(Message Passing Interface,消息传递并行编程接口标准)。
- 共享存储变量模式(多线程并行模式):共享变量模式应用非常广泛,发展至今,出现了许多并行编程接口,有开源的,也有商业版的并行编程接口,如:pthread、OpenMP、IntelTBB 等。OpenMP 采用了语言扩充的方式,简单易用,不需要修改代码,仅仅需要添加指导性语句,应用较广。

3. 可视化分析

大数据分析的使用者既有大数据分析专家,也有普通用户,他们二者对大数据分析最基本的要求就是可视化分析,因为可视化分析能够直观地呈现大数据特点,同时能够非常容易被读者所接受,就如同看图说话一样简单明了。

4. 数据挖掘算法

大数据分析的理论核心就是数据挖掘算法。各种数据挖掘的算法需要基于不同的数据类型和格式才能更加科学地呈现出数据本身具备的特点,也正是因为这些被全世界统计学家所公认的各种统计方法(可以称为真理)才能深入数据内部,挖掘出公认的价值。另外一个方面也是因为有这些数据挖掘的算法才能更快速地处理大数据,如果一个算法得花上好几年才能得出结论,那大数据的价值也就无从谈起了。

5. 数据质量和数据管理

大数据分析离不开数据质量和数据管理,高质量的数据和有效的数据管理,无论是在学术研究还是在商业应用领域,都能够保证分析结果的真实和有价值。

6. 大数据价值与隐私保护

大数据在各行业的价值越发重要,并出现了数据市场。一种是公众数据市场,比如美国政府倡导的政府开放数据计划 data.gov 的数据门户,用户在该门户上可以免费获得某方面社会的数据;一种是有价交易市场,像 data.com 上 Salesforce 有价提供用户的分析结果的数据,还有 Microsoft Azure 的 Marketplace。电信运营商目前探索的向其他行业有偿提供数据分析结果也属于此类。

另一方面,大数据的收集和使用中有关用户个人隐私数据也是各界广泛争论的焦点。2013 年 1 月,瑞士达沃斯世界经济论坛题为"解锁个人信息的价值:从收集到使用"的报告建议,要将大数据监管重心从收集环节转移到限制数据的使用。但是,刚刚披露的美国"棱镜门"事件,更是让大数据的收集和使用蒙上了一层阴影,也使得数据安全在国家间的竞争中显得尤为重要。可见,要平衡大数据的使用和保护是一项艰巨的任务。

1.2.2　大数据处理模式及其系统

自从 2004 年 Google 把 MapReduce 计算模式引入搜索引擎领域,人们领略到了它在处理大数据方面强大功能,纷纷对它进行深入细致的研究,研制出了一系列的开源系统,其中以 Hadoop 为典型代表。经过一段时间的研究与应用后,人们发现 Hadoop 系统并不能适应所有的场景与应用。比如:适合于离线批处理的 Hadoop 对流式数据或者具有复杂数据关系或者计算复杂的大数据就无能为力,于是,业界和学术界研究并推出了各种大数据处理系统。主要有对静态数据进行批量处理的系统、对实时流数据进行处理的系统、进行实时交互计算的系统、对图数据进行综合处理的系统 4 种形式,下面就对它们的特征及典型系统进行介绍。

1. 批处理系统的特征及典型应用

最早被设计出来的批处理系统是用于 Google 搜索引擎的处理系统,它处理的数据有以下三个特点。①数据体量巨大。数据从 TB 级别越升到 PB 级别,并且随着时间的推移,数据还在不断地增加。②多为静态精确数据。这些数据往往都是各业务系统长期沉积下来的,精度相对较高,这些数据一般情况下是不会进行更新的,是企业的无形资产。③数据的价值密度低。如监控视频中经常会出现毫无意义的静止画面,有意义的画面可能只有一小段时间。因此,需要采用合理的算法从批量的数据中提取出有价值的信息,而这个过程又比较费时,并且没有用户与系统交互的手段。当发现处理结果与预期不符时,已经花费了不少时间,所以,批处理适合于较为成熟的应用。

批处理的典型应用主要有以下几种。①搜索引擎:Google 使用 MapReduce 模型对抓取到的网络数据进行 PageRank 值的计算,并建立查询索引。Yahoo 采用该模型设计了广告分析系统,通过对广告相关数据的批量处理,改善广告的投放效果以提高用户的点击量。②社交网络的分析:Facebook、推特、新浪微博、微信、MSN 等社交网络产生了大量的文本、图片、视频、音频等数据,对这些数据进行分析可以发现这些数据背后隐藏的人与人之间、人与社区之间的关系,据此,可以推荐朋友或相关主题,提升用户的体验。③电子商务:电子商务网络中记录了海量的客户购物历史记录、商品与店家评价、客户浏览的足迹、驻留的时间等,对这些数据进行分析,可以了解顾客的兴趣与需求,向顾客推荐商品,提高顾客的满意度,提高商务网站的业绩。④公共安全领域:随着安全城市、社区的建设,城市中安装了大量的视频监控探头,使用批处理系统为监控系统提供海量数据的存储与标记服务。在金融证券期货业中,经纪人经常利用其特殊身份进行内幕交易、"老鼠仓"等违法活动,使用批处理系统对客户的异常交易进行判断,对可能存在的欺诈行为进行预警,对已经发生的违法交易行为进行关联、碰撞、判断,从而找出威胁金融安全的违法行为。

批处理系统的代表首先是由 Google 公司在 2003 年研发出的 GFS,在 2004 年研发出了 MapReduce 编程模型。在 Web 环境下批处理系统以其对海量数据的处理能力,在学术界和业界引起了很大的反响,但 Google 没有公开这项技术的源码,只是发表了两篇相关论文。根据这两篇论文,Yahoo 公司的 Nutch 项目下的子项目 Hadoop 实现了两个开源产品:HDFS 和 MapReduce。HDFS 负责静态数据的存储,MapReduce 将计算任务分配到拥有数据的节点进行分布式并行计算。然后,以 HDFS 和 MapReduce 为基础,研发出了一系列产品,形成了 Hadoop 生态圈。

MapReduce 编程模型广受欢迎的原因有三个。①MapReduce 采用无共享大规模集群系统,集群系统拥有良好的性价比和可伸缩性,这是它成为处理大数据首选平台的重要原因。②MapReduce 模型简单、易于理解、易于使用,编程处理大数据时,系统隐藏了烦琐的技术细节(自动并行化、负载均衡、容错管理等),而且很多机器学习、数据挖掘算法都可以在 MapReduce 模型下实现。③通过合适的查询优化和索引技术,MapReduce 模型也能提供很好的数据处理性能。

2. 流式数据处理系统的特征及典型应用

针对批处理系统的性能问题,Google 于 2010 年推出了 Dremel 实时数据处理系统,实时处理系统分为流式数据处理系统和交互式数据处理系统。流式数据处理系统是源于服务器日志进行实时采集而设计的。

流式数据是一个无穷的数据序列,序列中的每一个元素来源各异,格式复杂,序列往往包含时序特征,或者其他的有序标签(如 IP 报文中的序列号)。流式数据在不同的场景下往往体现出不同的特征,如流速大小、元素特性数量、数据格式等。但大部分流式数据都含有共同的特征,这些特征便可用来设计通用的流式数据处理系统。

流式数据共有的特征包括:①流式数据的元组通常带有时序标签或其他含序属性。因此,同一流式数据往往是被按序处理的,然而数据的到达顺序是不可知的,由于时间和环境的动态变化,无法保证重放数据流与之前数据流中数据元素顺序的一致性。这就导致了数据的物理顺序与逻辑顺序的不一致,并且数据的流速有很大的波动,因此,系统需要有很大的伸缩性才能动态适应不确定流入的数据流。②数据流中的数据格式是复杂的,可能是结构化的、半结构化的甚至是无结构化的。数据流在传输中可能是错误的,也可能含有垃圾信息,因此数据流要有很好的容错性和异构数据的分析能力,数据的动态清洗及格式处理能力。③流式数据是活动的,用完即弃。随着时间的推移不断增长,这与传统的数据处理模式(存储→查询)不同,要求系统能够根据局部数据进行计算,保存数据流的动态属性,流式处理系统针对该特性,应当提供流式查询接口,也就是提交动态的 SQL 语句,实时地返回当前结果。

流式计算的典型应用有两类。①数据采集应用:数据采集应用是指通过主动获取海量的实时数据,及时地挖掘有价值的信息。数据采集包括日志采集、传感器采集、Web 数据采集等。日志采集是针对不同系统平台不断产生的日志信息进行流式挖掘,达到动态提醒和预警的功能。传感器采集是指通过采集传感器的信息(时间、位置、环境和行为等),实时分析并提供动态信息展示,目前主要采集的信息包括智能交通、环境监控、灾难预警等。Web 数据采集就是通过清洗、归类、分析并挖掘其数据价值。②金融行业的应用。金融行业在日常运营过程中产生大量数据,这些数据的时效性较小,有结构化数据,也有半结构化数据,还有非结构化数据。通过对这些大数据的流式计算,发现隐藏于其中的内在特征,可帮助金融行业进行实时决策,这与传统的商业智能(BI)分析不同,BI要求数据是静态的,通过数据挖掘技术,获得数据的价值,然而在瞬息万变的场景下,诸如股票期货市场,数据挖掘技术不能及时地响应需求,这时就需要借助流式或数据处理的帮助。

总之,流式数据的特点是:数据连续不断、来源众多、格式复杂、物理顺序不一、数据的价值密度低。而对应的处理工具则需具备高性能、实时、可扩展等特性。

流式数据处理系统的典型代表有 Twitter 的 Storm,Facebook 的 Scribe,Linkedin 的 Samza,Cloudera 的 Flume,Apache 的 Nutch。

Storm 是一个分布式流式数据处理系统,要处理的流式作业被分配到不同类型的组件,每个组件负责一项简单特定的任务。在 Storm 集群中,由 Spout 组件负责流式数据的输入,由 Bolt 组件处理数据,如持久化或转发给其他的 Bolt。Storm 可以看作一条由 Bolt 组成的链(称为 Topology)。

Storm 集群分为三类节点:Nimbus 节点负责提交任务,分发执行代码,为每个工作节点指派任务和监控失败的任务;Zookeeper 节点负责集群的协同操作;Supervisor 节点负责启动多个 Worker,执行 Topology 的一部分。

Storm 的特点:①编程方式简单。Storm 提供了类似于 MapReduce 的操作,降低了并行实时处理的复杂性。②良好的水平扩展能力。任务在多个服务器之间以多线程或多进程的方式并行执行,Zookeeper 负责任务的协同操作,因此,水平扩展上不存在瓶颈。③快速可靠的消息处理。ZeroMQ 作为 Storm 中的消息队列,具有极快的消息传递速度,保证了消息的处理。

3. 交互式数据处理系统的特征及典型应用

交互式数据处理系统与操作人员以对话的方式进行交互,数据以对话的方式输入,系统返回相应的数据或提示信息,操作人员据此进行下一步的操作,直至最后获得满意的结果。

交互式数据处理系统典型的应用有两类。①信息处理应用。包括传统的数据处理分析联机事务处理(OLTP)和联机分析处理(OLAP)。联机事务处理系统目前广泛地应用于对操作序列有要求的工业控制领域及商业企业、医疗、政府部门等领域;联机分析处理系统则广泛用于基于数据仓库的数据分析与商业智能等领域。目前,基于开源的 Hive、Pig 等数据仓库均能整合各类数据实现数据的综合分析。②互联网领域。随着互联网的发展,出现了各种交互式数据处理平台,如:搜索引擎、电子邮件、即时通信、社交网络、微博、微信等,而且还出现了像百度知道、新浪爱问以及 Yahoo 的知识堂等交互式问答平台。在这些系统中,传统的关系型数据库已经不能满足交互式数据处理的要求。目前,出现的 NoSQL 类型的数据库则可以满足这种要求。如:HBase 采用多维的列存储方式;MongoDB 则采用 JSON 格式嵌套存储数据。

交互式系统的典型代表有 Berkeley 的 Spark 和 Google 的 Dremel 系统。

Spark 是一个基于内存计算的开源计算系统,为了改进 MapReduce 在网络传输、IO 等方面效率较低的不足,使用内存进行数据的计算,可以实现快速查询、实时返回分析结果的目标。同样的算法在 Spark 中比 Hadoop 快 10~100 倍,并且兼容 Hadoop 的存储层 API,可以访问 HDFS、HBase、SequenceFile 等。Spark Shell 则可以提供交互式查询功能。

Spark 具有以下三个特点。①Spark 具有轻量级的集群计算框架。Spark 将 Scala 应用于其程序框架，Scala 语言具有并发性、扩展性。②Spark 包含了流式计算和交互计算的模式。Spark 可以与 Hadoop 交互读取其下的数据文件，并且 Spark 提供了迭代、内存计算及交互式计算，为机器学习和数据挖掘提供了很好的框架。③Spark 具有很好的容错性。Spark 集群中使用了弹性分布数据集（RDD），RDD 被表示为 Scala 对象，其分布在一组节点的只读对象集中，如果有一部分数据丢失，可以对丢失的数据进行重建。

Dremel 是 Google 研发的一个交互式数据分析系统，它是对 MapReduce 的有力补充，可以通过 MapReduce 将数据导入 Dremel 中，使用 Dremel 来开发数据分析模型，最后在 MapReduce 中运行数据分析模型。

Dremel 具有以下几个特点。①Dremel 是一个大规模的交互式计算框架。在 Dremel 中可以将 PB 级的数据处理缩短至秒级，如此的处理速度，需要一个大规模的集群才能完成。交互处理能力是对 MapReduce 的有力补充。②Dremel 的数据模型是嵌套的。Dremel 的数据模型类似于 JSON，使用此种模型能够很好地解决查询中的 JOIN 操作。③Dremel 中数据是以列方式存储的。在进行数据分析时，可以只扫描需要的部分，从而减少 CPU 运算和 I/O 访问量。④Dremel 结合了 Web 搜索和并行 DBMS 的技术。它借鉴了 Web 搜索中查询树的概念，将一个大的复杂查询分割为较小、较简单的查询，分配到大量并发节点上，并且也可以提供类 SQL 接口。

4. 图数据处理系统

图是由点和边组成的，由于它能够很好地表示事物之间的关系，所以被广泛地应用于多个领域。图数据具有以下特点。①节点之间具有关联性。图中有多个节点，节点之间的联系由边来表示，并且边的数量是节点数量的指数倍，故节点和边同等重要。由于点和边实例化构成了各种图，如语义图、属性图、标签图以及特征图。②图数据的种类繁多。图可以用来表示生物、化学、计算机视觉、社会网络、知识发现等领域的数据，每个领域对图数据处理的要求不同，因此没有一个通用的图数据处理系统适用于所有领域。③图数据具有很强的耦合性。图中数据之间是相互关联的，图中数据的计算也是相关联的，因此当节点数量达到百万甚至更高时，对系统的处理能力是一个巨大的挑战。大图难以用单个节点来计算，而分布到多个节点进行并行计算就涉及图的分割问题，而大图是很难分割成完全独立的小图的，即使分割成了小图，也存在并行数据处理的协同问题和计算结果的合并问题。

图计算能很好地表示实体之间的关系，因此，被广泛应用于自然科学研究、网络社会分析及交通领域。①在自然科学研究中的应用。可以把图用在化学分子式中查找分子，在蛋白质网络中查找化合物，在 DNA 中查找特定序列。②在网络社会分析中的应用。随着网络技术的发展，出现了许多的社交网络，如：Twitter、微博、Facebook、人人网等，用图可以表示人与人的关系，从而研究群体社会关系。③交通领域的应用。可以使用图来计算最短路径、邮政快递的规划等。

图数据处理系统的典型代表有：Pregel 系统、GraphLab、Giraph、Neo4j、HyperGraphDB、Trimity 和 Grappa 等，下面简要介绍一下 Google 的 Pregel 系统，微软的 Trinity 以及 Neo4j。

Pregel 是 Google 提出的分布式图计算框架，主要用于图遍历、最短路径计算、PageRank 计算等。Pregel 具有以下特点。①采用主/从架构来实现整体功能。Mater 节点负责对整个图的分割，根据 ID 的散列值把计算任务分配到 Slave 机器进行超步计算，并将结果返回到 Master 节点。②系统具有良好的容错性。系统通过 Checkpoint 机制进行容错。

Neo4j 是一个高性能的、鲁棒的图数据库,它基于 Java 开发,适用于社会网络和动态网络等场景,在处理复杂网络数据时表现出良好的性能。Neo4j 重点解决了大量连接的查询问题,提供了非常快的图算法、推荐系统、OLAP 风格的分析,满足了企业的应用、健壮性和性能的分析,所以得到了很好的应用。

Neo4j 具有以下特点。①支持数据库的所有特点。②高可用性。③可扩展性。④灵活性。Neo4j 具有灵活的数据结构,通过 Java-API 直接与图模型进行交互,对 JRuby/Ruby、Scala、Python、Clojure 等语言都有相应的开发库。⑤高速遍历。Neo4j 遍历图的速度是常数,与图的规模无关。

Trinity 系统是微软推出的一款建立在分布式存储上的计算平台,提供了高度并行查询、事务记录、一致性控制等功能,它具有以下三个特点。①数据模型是超图。也就是说图中一条边可以连接任意数量的图的顶点,超图比简单图的适用性更强,保留的信息更多。②并发性:Trinity 提供了一个图分割机制,用一个 64 位的唯一标识符 UID 来标识节点的位置,用散列的方式映射到相应的节点上,以减少延迟。Trinity 可以并发地执行 PageRank、最短路径、随机游走等计算。③支持批处理:Trinity 支持大型在线查询和离线批处理,并且支持同步和不同步批处理计算。

面对大数据,各种处理系统层出不穷,各具特色,总的来说,呈现三种发展趋势。①数据处理引擎专用化。为了降低成本,提高效能,大数据系统需要摆脱传统体系,转向专用化架构。目前多数企业都在基于开源系统开发面向典型应用的大规模、高通量、低成本、强扩展的专用系统。②数据处理平台的多样化。在 Hadoop 系统被广为接受的基础上,出现了 Spark、Scibe、Flume、Kafka、Storm 等,这些系统并不是取代 Hadoop,而是丰富了 Hadoop 生态系统,使生态系统更多样,更完整。③数据计算实时化。大数据背景下,实时系统是对批处理系统的重要补充,把 PB 级数据处理降到了秒级。

1.3　大数据带来的挑战

1. 如何去重降噪

大数据往往来源于不同的领域和业务部门,它们源源不断地生产着动态的数据流,这些大数据中常常包含着不同形态的冗余和噪声。这些冗余产生主要有两个方面的原因:首先,不同的领域和部门在业务上往往存在交叉现象,他们产生的数据常常会有相同的数据,从而造成数据的绝对冗余;其次,对事物描述粒度过于精细,在生产和生活中产生的数据就形成了相对的冗余。而噪声的产生主要来源于数据采样算法的缺陷和设备的故障,信息的碎片化也是造成噪声的另一个原因,并且有逐渐发展的趋势。比如,随着微博、微信等社交网络的流行,其间传输的信息一般比较简短,呈现碎片化的趋势。要理解其含义,需要结合上下文、交流环境等对其进行扩充,然而不论利用内部上下文数据,还是外部数据,都会产生大量的噪声。冗余和噪声严重影响着大数据的质量,影响着大数据处理与分析的效率。因此,如何去重降噪将是一直伴随大数据研究的一个基础而又重要的问题。

2. 大数据的复杂性

大数据的复杂性包括数据类型的复杂性、数据结构的复杂性和数据内在模式的复杂性。

（1）数据类型的复杂性。随着人类生产、生活领域的扩大和信息技术的发展，人们采集数据的途径会不断地增加，对事物的描述正向精细化方向发展，导致数据类型不断增多，随着时间的推移，数据类型的格式还在不断地变化着。如何扫清大数据处理的障碍，研究推广不与具体平台相关的格式将是未来研究的方向之一。

（2）数据结构的复杂性。传统上处理的数据都是结构化的，能够被存储到关系型数据库中，但是随着生产、生活方式的变化，非结构化的数据已经成为大数据构成的主流。如社交网络、物联网、移动计算等技术产生了大量的非结构化数据，包括文本、图形、视频等。非结构化数据的结构是凌乱易变的，并且包含更多的无用信息，这给数据分析与挖掘带来了更大的挑战。

（3）数据表示方式的复杂性。随着数据规模的扩大，以及数据类型和结构的复杂化，数据的表示方法也变得更加复杂。要想有效利用数据并挖掘其中的信息或知识，必须找到最合适的数据表示方法。研究既有效又简易的数据表示方法是处理大数据必须解决的技术难题之一。

3. 大数据的不确定性

在处理数据时，总是希望数据是确定的，然而，在现实世界中，许多事物的属性是不确定的，因此而产生的数据也是不确定的。不确定的数据是广泛存在的，并且表现形式多样，在大数据的演化过程中也伴随着不确定性。比如，在大选中中间选民的态度就难以确定，像天气、突发事件等都会影响他们的态度。在处理不确定的大数据时，要求人们在数据的收集、存储、建模、分析等各个环节上都要有新的方法来应对。

4. 大数据存储、处理、转输过程中的能源消耗

大数据在存储、处理、转输的过程中需要用到庞大的集群，这么庞大集群的运转消耗的能源不可小觑，如何降低这个过程中能源的消耗将是未来需要重点研究的问题。

5. 跨领域的大数据处理方法与工具的研究

大数据技术在各领域各行业都有应用，这就决定了它的多样性和灵活性，在研究大数据的处理方法与工具时，必须结合其所应用的领域特点，研究适合该领域的科研分析方法与工具将是大数据技术发展过程中需要解决的问题。跨领域的数据分析，才有可能产生更大的价值和智慧，但是跨领域的数据共享仍然存在大量的壁垒，如何吸取其他领域的原理和方法，进行数据的有效整合，将是以后研究的一个方向。

1.4　大数据的研究与发展方向

大数据的概念起源和发展于美国，并向全球扩展，必将给我国未来的科技与经济发展带来深远影响。根据 IDC 统计，目前在全球的数据量的比例为：美国 32％、西欧 19％、中国 13％，预计到 2020 年中国将产生全球 21％的数据。我国是仅次于美国的数据大国，而我国大数据方面的研究尚处在起步阶段，如何开发、利用保护好大数据这一重要的战略资源，是当前我国亟待解决的问题。图 1-3 为我国互联网行业与电信行业大数据应用场景的统计

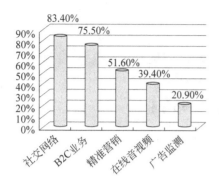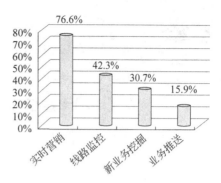

图 1-3 互联网行业与电信行业大数据应用场景统计信息

信息。

大数据未来的发展趋势从以下 4 个方面进行。

1. 开放源代码

大数据获得动力,关键在于开放源代码,帮助分解和分析数据。Hadoop 和 NoSQL 数据库便是其中的赢家,它们让其他技术研发商望而却步、处境很被动。毕竟,人们需要清楚怎样创建一个平台,既能解开所有的数据,克服数据相互独立的障碍,又能将数据重新上锁。

2. 市场细分

当今,许多通用的大数据分析平台已投入市场,但仍无法满足市场的需求,期望更多地可以运用在特殊领域的大数据分析平台出现。如药物创新、客户关系管理、应用性能的监控和使用。若市场逐步成熟,在通用分析平台之上,开发特定的垂直应用也将会实现。但现在的技术有限,除非考虑利用潜在的数据库技术作为通用平台(如 Hadoop、NoSQL)。人们期望更多特定的垂直应用出现,把目标定为特定领域的数据分析,这些特定领域包括航运业、销售业、网上购物、社交媒体用户的情绪分析等。同时,其他公司正在研发小规模分析引擎的软件套件。比如,社交媒体管理工具,这些工具以数据分析作为基础。

3. 关系型数据与非关系数据呈现融合的趋势

传统的数据处理与分析多是建立在关系型数据库基础上的。关系型数据结构简单,对事物的描述精确,处理与分析的效率非常高。随着网络的发展,产生了越来越多的非结构化数据,对这类数据,关系型数据库已经无能为力了。而 MapReduce 计算模型在处理大数据时在扩展性、容错性上明显优于关系型数据库,但是在处理的效率和准确性上 MapReduce 模型与关系型数据库还是有一定差距的。关系型数据库与 MapReduce 模型各有所长,如果将它们结合起来,而不是割裂开,必将对高效地处理大数据起到显著的促进作用。

4. 大数据的预测性作用日益凸显

大数据在不同领域,对不同的用户都会产生显著的效率,跳出具体的案例,不难发现,大数据的预测作用是一个非常重要的功能,比如根据气象数据预报未来的天气。根据商品的销售信息分析顾客的喜好,从而估计商品未来的销售情况,制定合适的营销策略。由已知预测未知,通过大数据可以提高对未知预测的可靠性和精准性,这是人类一个重要的进步。

Hadoop 简介

在讲大数据之前必须提到一个概念——云计算,社会各界对云计算下的定义各不相同,人家对云计算的认识也各不相同,美国国家标准与技术研究院(NIST)下的定义是:云计算是一种按使用量付费的模式,这种模式提供可用的、便捷的、按需的网络访问,进入可配置的计算资源共享池(资源包括网络、服务器、存储、应用软件、服务),这些资源能够被快速提供,只需投入很少的管理工作,或与服务供应商进行很少的交互。云计算按照其服务形式可以分为以下三种。①基础设施即服务(Infrastructure-as-a-Service,IaaS)。消费者通过 Internet 可以从完善的计算机基础设施获得服务。例如,硬件服务器租用。②平台即服务(Platform-as-a-Service,PaaS)。PaaS 实际上是指将软件研发的平台作为一种服务,以 SaaS 的模式提交给用户。因此,PaaS 也是 SaaS 模式的一种应用。但是,PaaS 的出现可以加快 SaaS 的发展,尤其是加快 SaaS 应用的开发速度。例如,软件的个性化定制开发。③软件即服务(Software-as-a-Service,SaaS)。它是一种通过 Internet 提供软件的模式,用户无须购买软件,只需向提供商租用基于 Web 的软件,就可以管理企业经营活动。例如,阳光云服务器。

介绍完云计算,下面再介绍一下大数据与云计算的关系,如图 2-1 所示。从技术上看,大数据与云计算的关系就像一枚硬币的正反面一样密不可分。大数据必然无法用单台的计算机进行处理,必须采用分布式计算架构。它的特色在于对海量数据的挖掘,但又必须依托云计算的分布式处理、分布式数据库、云存储和虚拟化技术。

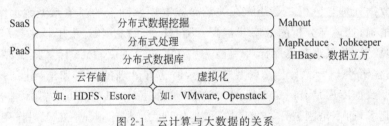

图 2-1 云计算与大数据的关系

Hadoop 作为开源的云计算基础架构,由 Apache 基金会开发。用户可以在不了解分布式底层细节的情况下,开发分布式程序,充分利用集群的威力高速运算和存储。它实现了一个分布式文件系统(Hadoop Distributed File System,HDFS),HDFS 具有高容错性的特点,并且设计用来部署在价格低廉的硬件上,为海量的数据提供了存储。它实现了 MapReduce 计算模式,为海量数据计算提供了支持。其下的 HBase 是一个基于列存储的 NoSQL 数据库,适合于非结构化数据的存储。Hive 是 Hadoop 下的一个数据仓库,支持类似于 SQL 语句,操作起来非常简便。因此,本书将介绍 Hadoop 及相关的实践。

2.1　Hadoop 项目起源

Google 之所以成为一家在搜索引擎领域发展最好的公司之一,是有其原因的。其创始人拉里·佩奇和谢尔盖·布林发明了 PageRank 算法,依靠该算法,Google 提高了对互联网信息的搜准率,使 Google 发展壮大起来。当然,Google 发展壮大还有另三个重要的因素:GFS 文件系统、MapReduce 计算模型、BigTable 数据库。

搜索引擎面临的最大挑战就是如何存储来源于互联网的海量非结构化的数据。为了应对海量数据的存储问题,Google 的两位创始人研制了独有的分布式文件系统(Google File System,GFS),该文件系统运行于低成本的硬件之上,采用多副本策略有效地规避了低成本硬件的故障问题。GFS 隐藏了下层的分布式技术细节,为用户提供了文件系统 API 接口,用户可以透明地对 GFS 进行访问。Google 根据系统的特点——需要访问超大文件、读数据远多于写数据、廉价硬件极易发生故障等,对文件系统进行优化。集群节点分为两类:主控节点和从节点。主控节点是集群的管理节点,在逻辑上集群中只有一个主控节点,主控节点内存储着文件系统的元数据,并负责从节点的调度与管理。文件按固定大小的块进行存储,默认是 64MB 大小。

MapReduce 模型包含了一系列的并行处理、容错处理、本地化运算、网络通信以及负载均衡等技术,它的原理是这样的:MapReduce 模型采用“分而治之”的思想,把对大数据集的操作分发给主节点管理下的从节点共同完成,通过整合各从节点的中间结果,从而得到最终结果。MapReduce 模型包括两个函数:Map 和 Reduce。Map 负责把任务分解为多个任务,Reduce 负责把分解后的多个任务的处理结果汇总起来。MapReduce 模型处理的数据必须具有这样的特点:需要处理的数据集必须可以分解成许多小的数据集,而且每个小数据集可以完全并行进行处理。

BigTable 是非关系的数据库,是一个稀疏的、分布式的、持久化存储的多维度排序Map。BigTable 的设计目的是可靠地处理 PB 级别的数据,并且能够部署到成千上万台计算机上。BigTable 已经实现了适用性广、可扩展、高性能和高可用性等几个目标。BigTable已经在超过 60 个 Google 的产品和项目上得到了应用,包括 Google Analytics、Google Finance、Orkut、Personalized Search、Writely 和 GoogleEarth。这些产品对 BigTable 提出了截然不同的需求,有的需要高吞吐量的批处理,有的则需要及时响应,快速返回数据给最终用户。它们使用的 BigTable 集群的配置也有很大的差异,有的集群只需要几台服务器,而有的则需要上千台服务器、存储几百 TB 的数据。

BigTable 和数据库在很多方面有相似之处,它使用了数据库的许多实现策略。BigTable 和数据库都具备可扩展性和高性能,但是它们提供的接口却不完全相同,BigTable不支持完整的关系数据模型;与之相反,BigTable 为客户提供了简单的数据模型,利用这个模型,客户可以动态控制数据的分布和格式,用户也可以自己推测底层存储数据的位置相关性。数据的下标是行和列的名字,名字可以是任意的字符串。BigTable 将存储的数据都视为字符串,但是 BigTable 本身不去解析这些字符串,客户程序通常会把各种结构化或者半结构化的数据串行化到这些字符串中。通过仔细选择数据的模式,客户可以控制数据的位置相关性。最后,可以通过 BigTable 的模式参数来控制数据是存放在内存中,还是存放在硬盘上。

BigTable 能够分布地并发处理数据,效率极高。在规模上易于扩展,支持动态伸缩;能够处理 PB 级数据,因此适合于处理海量数据。因为使用了备份机制,所以适合于部署在廉价设备上;但 BigTable 只适合于读操作,而不适合于写操作。正因为 BigTable 的这些特性,它为谷歌旗下的搜索、地图、财经、打印以及社交网站 Orkut、视频共享网站 YouTube 和博客网站 Blogger 等业务提供了技术支持。

BigTable 是非关系型数据库,但是却沿用了很多关系型数据库的术语,如 table(表)、row(行)、column(列)等。这容易让读者误入歧途,将其与关系型数据库的概念对应起来,从而难以理解。

本质上说,BigTable 是一个键值(key-value)映射。按作者的说法,BigTable 是一个稀疏的、分布式的、持久化的、多维的排序映射。

先来看看多维、排序、映射。BigTable 的键有三维,分别是行键(row key)、列键(column key)和时间戳(timestamp),如图 2-2 所示。行键和列键都是字节串,时间戳是 64 位整型,而值是一个字节串。可以用(row:string, column:string, time:int64)→string 来表示一条键值对记录。

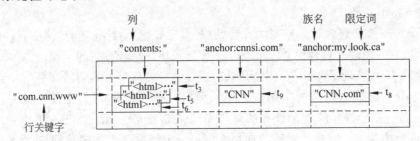

图 2-2　BigTable 数据模型图

BigTable 的行关键字可以是任意的字符串,长度不超过 64KB。这个字符串通常是一个倒排的域名地址,这样做的好处是使相同域名的网页能够连续存储。BigTable 的表会根据行键自动划分为片(tablet),片是负载均衡的单元。最初表都只有一个片,但随着表不断增大,片会自动分裂,片的大小控制在 100~200MB。

列是第二级索引,每行拥有的列是不受限制的,可以随时增加或减少。为了方便管理,列被分为多个列族(column family,是访问控制的单元),一个列族里的列一般存储相同类型的数据。一行的列族很少变化,但是列族里的列可以随意添加或删除。列键按照 family:qualifier 格式命名。如:"contents:"是一个族名为 contents,限定词为空的列关键字;"anchor:cnnsi.com"和"anchor:my.look.ca"则是两个具有相同族名 anchor,而限定词不同的列关键字。

时间戳是第三级索引。BigTable 允许保存数据的多个版本,版本区分的依据就是时间戳。时间戳可以由 BigTable 赋值,代表数据进入 BigTable 的准确时间,也可以由客户端赋值。数据的不同版本按照时间戳降序存储,因此先读到的是最新版本的数据。查询时,如果只给出行列,那么返回的是最新版本的数据;如果给出了行列时间戳,那么返回的是时间小于或等于时间戳的数据。

2.2 Hadoop 的由来

2003 年,Google 发表了一篇名为 *The Google File System* 的论文,论文中提出了一种分布式文件系统。Doug Cutting 正在研发一个开源的搜索引擎 Nutch,他马上意识到 GFS 可以帮助他解决搜索引擎抓取网页和建立索引产生的大文件的存储问题,在此论文的基础之上,Doug Cutting 写了一个开源的分布式文件系统——Nutch Distributed File System,NDFS 分布式文件系统。

2004 年,Google 发表了 *MapReduce：Simplified Data Processing on Large Clusters* 的论文,该文中提出了 MapReduce 模式,该模式解决了大型分布式并行计算的问题,使分布式并行计算程序的编写变得简单而高效。

2005 年年初,为了支持 Nutch 搜索引擎项目,Nutch 的开发者基于 Google 发布的 MapReduce 报告,在 Nutch 上开发了一个可工作的 MapReduce 应用。

2005 年年中,所有主要的 Nutch 算法被移植到使用 MapReduce 和 NDFS(Nutch Distributed File System)来运行。

2006 年 1 月,Doug Cutting 加入雅虎,Yahoo 提供一个专门的团队和资源将 Hadoop 发展成一个可在网络上运行的系统。

2006 年 2 月,Apache Hadoop 项目正式启动以支持 MapReduce 和 HDFS 的独立发展。

2007 年,百度开始使用 Hadoop 做离线处理,目前差不多 80％的 Hadoop 集群用作日志处理。

2007 年,中国移动开始在"大云"研究中使用 Hadoop 技术,规模超过 1 000 台。

2008 年,淘宝开始投入研究基于 Hadoop 的系统——云梯,并将其用于处理电子商务相关数据。云梯 1 的总容量大概为 9.3PB,包含了 1 100 台计算机,每天处理约 18 000 道作业,扫描 500TB 数据。

2008 年 1 月,Hadoop 成为 Apache 顶级项目。

2008 年 2 月,Yahoo 宣布其搜索引擎产品部署在一个拥有 1 万个内核的 Hadoop 集群上。

2008 年 7 月,Hadoop 打破 1TB 数据排序基准测试记录。Yahoo 的一个 Hadoop 集群用 209 秒完成 1TB 数据的排序,比上一年的纪录保持者保持的 297 秒快了将近 90 秒。

2009 年 3 月,Cloudera 推出 CDH(Cloudera's Distribution including Apache Hadoop)平台,完全由开放源码软件组成,目前已经进入第 4 版。

2009 年 5 月,Yahoo 的团队使用 Hadoop 对 1TB 的数据进行排序只花了 62 秒的时间。

2009 年 7 月,Hadoop Core 项目更名为 Hadoop Common。

2009 年 7 月,MapReduce 和 Hadoop Distributed File System(HDFS)成为 Hadoop 项目的独立子项目。

2009 年 7 月,Avro 和 Chukwa 成为 Hadoop 新的子项目。

2010 年 5 月,Avro 脱离 Hadoop 项目,成为 Apache 顶级项目。

2010 年 5 月,HBase 脱离 Hadoop 项目,成为 Apache 顶级项目。

2010 年 5 月,IBM 提供了基于 Hadoop 的大数据分析软件——InfoSphere BigInsights,

包括基础版和企业版。

2010 年 9 月,Hive(Facebook)脱离 Hadoop,成为 Apache 顶级项目。

2010 年 9 月,Pig 脱离 Hadoop,成为 Apache 顶级项目。

2011 年 1 月,ZooKeeper 脱离 Hadoop,成为 Apache 顶级项目。

2011 年 3 月,Apache Hadoop 获得 Media Guardian Innovation Awards。

2011 年 3 月,Platform Computing 宣布在它的 Symphony 软件中支持 Hadoop MapReduce API。

2011 年 5 月,Mapr Technologies 公司推出分布式文件系统和 MapReduce 引擎——MapR Distribution for Apache Hadoop。

2011 年 5 月,HCatalog 1.0 发布。该项目由 Hortonworks 在 2010 年 3 月提出,HCatalog 主要用于解决数据存储、元数据的问题,主要解决 HDFS 的瓶颈,它提供了一个地方来存储数据的状态信息,这使得数据清理和归档工具可以很容易地进行处理。

2011 年 4 月,SGI(Silicon Graphics International)基于 SGI Rackable 和 CloudRack 服务器产品线提供 Hadoop 优化的解决方案。

2011 年 5 月,EMC 为客户推出一种新的基于开源 Hadoop 解决方案的数据中心设备——GreenPlum HD,以助其满足客户日益增长的数据分析需求。Greenplum 是 EMC 在 2010 年 7 月收购的一家开源数据仓库公司。

2011 年 5 月,在收购了 Engenio 之后,NetApp 推出与 Hadoop 应用结合的产品 E5400 存储系统。

2011 年 6 月,Calxeda 公司(之前公司的名字是 Smooth-Stone)发起了"开拓者行动",一个由 10 家软件公司组成的团队将为 Calxeda 即将推出的基于 ARM 芯片的服务器提供支持,并为 Hadoop 提供低功耗服务器技术。

2011 年 6 月,数据集成供应商 Informatica 发布了其旗舰产品,产品设计初衷是处理当今事务和社会媒体所产生的海量数据,同时支持 Hadoop。

2011 年 7 月,Yahoo 和硅谷风险投资公司 Benchmark Capital 创建了 Hortonworks 公司,旨在让 Hadoop 更加鲁棒(可靠),并让企业用户更容易安装、管理和使用 Hadoop。

2011 年 8 月,Cloudera 公布了一项有益于合作伙伴生态系统的计划——创建一个生态系统,以便硬件供应商、软件供应商以及系统集成商可以一起探索如何使用 Hadoop 更好地洞察数据。

2011 年 8 月,Dell 与 Cloudera 联合推出 Hadoop 解决方案——Cloudera Enterprise。Cloudera Enterprise 基于 Dell PowerEdge C2100 机架服务器以及 Dell PowerConnect 6248 以太网交换机。

2011 年 12 月,在 Hadoop 0.20.205 版的基础上发布了 Hadoop 1.0.0 版。

2011 年 10 月,Hadoop 推出了新一代架构的 Hadoop 0.23.0 测试版,该版本最终发展成为 Hadoop 2.0 版本,即新一代 Hadoop 系统 YARN。

2012 年 3 月,在 Hadoop 1.0 版的基础上发布 Hadoop 1.2.1 稳定版。

2013 年 10 月,Hadoop 2.2.0 版本成功发布。

2014 年 11 月,Hadoop 已经发展到了 2.6.0 版本。

说了这么长时间的 Hadoop,Hadoop 到底是什么意思呢? Hadoop 这个名字不是一个

缩写,而是一个虚构的名字。该项目的创建者 Doug Cutting 解释 Hadoop 名字的来源说:
"这个名字是我孩子给一个棕黄色的大象玩具起的名字。我的命名标准就是简短,容易发音
和拼写,没有太多的意义,并且不会被用于别处。小孩子恰恰是这方面的高手。"

2.3 Hadoop 核心组件及相关项目简介

随着 Hadoop 版本的不断更新,Hadoop 自身的功能不断强大,相关的项目陆续加入进
来,现在已经形成庞大的较为完善的生态系统,如图 2-3 所示。

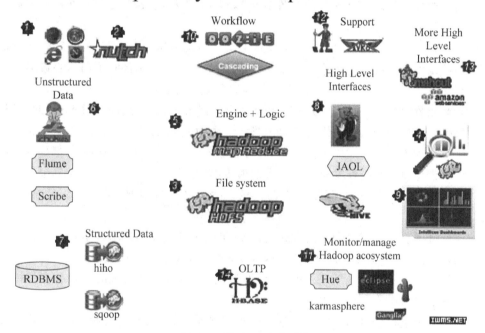

图 2-3 Hadoop 生态系统

Hadoop 是一个开源的、可靠的、可扩展的、分布式计算系统,该框架能够在计算机集群
中用简单的计算模式处理大规模数据集。集群能从单个服务器扩展到数千个,每个服务器
都可以提供本地计算和存储,与依赖硬件提供高可用性相比,Hadoop 在应用层检测并处理
故障,保障了集群的高可用性。Hadoop 项目由以下四个核心组件组成。

1. Hadoop Common 模块

Common 模块是一套为其他 Hadoop 模块提供底层支持和常用工具的类库及 API 编
程接口。在该模块中提供的底层服务包括:Hadoop 抽象文件系统 File System、远程过程
调用 RPC、数据压缩与解压缩、系统配置工具 Configuration 以及序列化机制。从 Hadoop
0.21 版本开始,Hadoop 项目的 Core 模块更名为 Hadoop Common,并且 HDFS、
MapReduce 模块从 Common 中分离出来成为独立的子项目。

2. HDFS——分布式文件系统

Doug Cutting 根据 Google 发布的学术论文 *The Google File System*,研究得到了今天 HDFS 的雏形,实现了文件的分布式存储。因其是在 Hadoop 之上的分布式文件系统 (Distributed File System),因此被称为 HDFS。HDFS 把节点分成两类:NameNode 和 DataNode。NameNode 存储着集群的元数据,DataNode 中存储着真正的数据。客户端首先访问 NameNode,根据 NameNode 中的元数据到 DataNode 中进行数据的读写。这些读写操作对客户端的用户来说是透明的,与普通的文件系统 API 没有区别。

HDFS 具有如下关键性特点。

- 存储容量大。HDFS 的总数据存储量可达 PB 级,并且容量随着集群中节点数的增加而线性增长。HDFS 中的文件也可以很大,典型的文件大小可以是从 GB 级到 TB 级的。
- 分布式存储。HDFS 中存储的大文件被框架自动分布到多个节点上存储,文件的大小可以大于集群中一个物理磁盘的容量,客户端在读写文件时不用关心数据的具体存储位置。
- 高容错性。Hadoop 是建立在通用商业服务器上的,出现故障是常态,因此,其设计目标就是要快速自动地恢复故障。HDFS 通过自动维护多个数据副本和在故障发生时自动重新布置逻辑来实现高可靠性。NameNode 和 DataNode 上都部署了周密的错误检测和自动恢复机制。对大规模集群(几千个节点)来说,每天都会有节点失效。集群一般能很快将失效节点上的 Block 副本在其他 DataNode 上重新创建出来。
- 高吞吐量。应用程序通过流方式访问 HDFS 中的数据。HDFS 是批处理模式设计的,它强调高吞吐量,而不是低延迟,HDFS 为高吞吐量做了应用优化。
- 高可扩展性。HDFS 无须停机扩容,而是动态扩容,并且系统的计算和存储能力能够随着集群节点数的增加而线性增长。
- 负载均衡能力。HDFS 能够在运行时根据各个数据存储节点的可用存储容量变化和实际负载情况动态调整数据在多个节点上的分布,即具有一定的负载均衡能力。

3. MapReduce——并行计算框架

Hadoop 的 MapReduce 框架是根据 Google 的论文 *MapReduce:Simplified Data Processing on Large Clusters*,研究后开源实现的。MapReduce 能够计算的任务必须具有这样的特点:一个大任务可以被分解为多个子任务,且这些子任务相对独立,彼此之间不会有牵制,可以并行进行处理,待并行处理完这些子任务后,大任务也随之完成。如频率统计、倒排索引的构建等。

MapReduce 模型已经把复杂的系统层细节隐藏了起来,程序员不需要考虑数据分布存储管理、数据分发、数据通信与同步、计算结果的收集等细节问题,程序员只需要描述计算什么,至于怎么计算就交由系统的执行框架处理。MapReduce 编程模型由两个阶段完成:Map 阶段和 Reduce 阶段。用户只需编写 map() 和 reduce() 两个函数,即可完成分布式程序设计。Map()函数以<key,value>对作为输入,产生一系列的<key,value>对作为中间结果输出,MapReduce 框架会自动把这些中间数据按照 key 值进行分区,且 key 值相同的数据会被交给同一个 reduce() 函数处理。Reduce() 函数输入中间结果,经过合并后,产生一系列<key,value>对作为最终结果输出。

MapReduce 架构下,分为 Client、JobTracker、TaskTracker。Client 用于提交用户编写的 MapReduce 程序;JobTracker 节点主要负责资源监控和作业调度;TaskTracker 节点会周期性地通过 Heartbeat 将本节点资源的使用情况和任务的运行进度汇报给 JobTracker,同时接收 JobTracker 发送过来的命令执行相应的操作。

4. YARN——作业调度及集群资源管理框架

YARN 是 Yet Another Resource Negotiator 的缩写,它在 Hadoop 1.0 基础上衍化而来的,它具有比 Hadoop 1.0 更为先进的理念和思想,充分吸收了 Hadoop 1.0 的优势,并增加了很多的特点和改进。可以认为是第二版的 MapReduce。YARN 的目标已经不再是局限于支持 MapReduce 一种计算框架,而是朝着多种框架进行统一管理的方向发展。在 YARN 上可以运行 MapReduce、Spark、Storm、S4、MPI 等。YARN 将 JobTracker 的资源管理和作业调度、监控分成两个独立的进程:ResourceManager(RM)和 ApplicationMaster(AM),RM 是系统中将资源分配给各个应用的最终决策者。AM 实际上是一个具体的框架库,它的任务是与 RM 协商获取应用所需的资源,以完成执行和监控 Task 的任务。基于 YARN 的共享集群模式具有以下优点。

- 资源利用率高。
- 运营成本低。
- 数据共享。

5. Hadoop 相关项目简介

1) Ambari——Hadoop 管理平台

Ambari 是 Hortonworks 公司主导的第一个开源实现的 Hadoop 管理平台,是一种基于 Web 的工具,支持 Hadoop 集群的供应、管理和监控。

项目地址:http://ambari.apache.org。

2) Avro——数据序列化系统

Avro 是一个基于二进制数据传输的高性能中间件,可以做到将数据进行序列化,适用于远程或本地大批量数据交互。

项目地址:http://avro.apache.org。

3) Cassandra——键值对数据库系统

Apache Cassandra 是一套开源分布式数据库管理系统。它最初由 Facebook 开发,用于储存特别大的数据。

Cassandra 是一个混合型的非关系的数据库,类似于 Google 的 BigTable。Cassandra 的主要特点就是它不是一个数据库,而是由一堆数据库节点共同构成的一个分布式网络服务,对 Cassandra 的一个写操作,会被复制到其他节点上去,对 Cassandra 的读操作,也会被路由到某个节点上面去读取。对一个 Cassandra 群集来说,扩展性能是比较简单的事情,只管在集群里面添加节点就可以了。

项目地址:http://cassandra.apache.org。

4）Chukwa

Chukwa 是一个开源的用于监控大型分布式系统的数据收集系统。这是构建在 Hadoop 的 HDFS 和 MapReduce 框架之上的，继承了 Hadoop 的可伸缩性和鲁棒性。Chukwa 还包含了一个强大和灵活的工具集，可用于展示、监控和分析已收集的数据。

项目地址：http://chukwa.apache.org。

5）HBase——分布式数据库系统

HBase 是一个开源的非关系型分布式数据库（NoSQL），它参考了谷歌的 BigTable 建模，实现的编程语言为 Java。它是 Apache 软件基金会 Hadoop 项目的一部分，运行于 HDFS 文件系统之上，为 Hadoop 提供类似于 BigTable 规模的服务。HBase 在列上实现了 BigTable 论文中提到的压缩算法、内存操作和布尔过滤器。HBase 的表能够作为 MapReduce 任务的输入和输出，可以通过 Java API 来存取数据，也可以通过 REST、Avro 或者 Thrift 的 API 来访问。HBase 虽然性能有显著的提升，但还不能直接取代 SQL 数据库。现今它已经应用于多个数据驱动型网站。

项目地址：http://hbase.apache.org。

6）Hive——分布式数据仓库管理工具

Hive 是一个基于 Hadoop 的数据仓库管理工具，可以将结构化的数据文件映射为一张数据库表，并提供完整的 SQL 查询功能，可以将 SQL 语句转换为 MapReduce 任务进行运行。其优点是学习成本低，可以通过类 SQL 语句快速实现简单的 MapReduce 统计，不必开发专门的 MapReduce 应用，十分适合数据仓库的统计分析。

Hive 是建立在 Hadoop 上的数据仓库基础构架。它提供了一系列的工具，可以用来进行数据提取转化加载（ETL），这是一种可以存储、查询和分析存储在 Hadoop 中的大规模数据的机制。Hive 定义了简单的类 SQL 查询语言，称为 HQL，它允许熟悉 SQL 的用户查询数据。同时，这个语言也允许熟悉 MapReduce 开发者开发自定义的 Mapper 和 Reducer 来处理内建的 Mapper 和 Reducer 无法完成的复杂的分析工作。

用户接口主要有三个：CLI、Client 和 WUI。其中最常用的是 CLI，CLI 启动时，会同时启动一个 Hive 副本，WUI 是通过浏览器访问 Hive。

Hive 没有专门的数据存储格式，也没有为数据建立索引，用户可以非常自由地组织 Hive 中的表，只需要在创建表时设置 Hive 数据中的列分隔符和行分隔符，Hive 就可以解析数据。

Hive 中所有的数据都存储在 HDFS 中，Hive 中包含以下数据模型：表（Table），外部表（External Table），分区（Partition），桶（Bucket）。

项目地址：http://hive.apache.org。

7）Mahout——数据分析挖掘工具库

Mahout 是 Apache 下的一个开源项目，提供一些可扩展的机器学习领域经典算法的实现，旨在帮助开发人员更方便快捷地创建智能应用程序。Mahout 包含许多实现，包括聚类、分类、推荐过滤、频繁子项挖掘等。Mahout 提供了以下一些功能。

支持 MapReduce 的聚类实现包括 K-means、模糊 K-means、Canopy、Dirichlet 和 Mean-Shift；Distributed Naive Bayes 和 Complementary Naive Bayes 分类实现；针对进化编程的分布式适用性功能；Matrix 和矢量库等。

项目地址：http://mahout.apache.org。

8) Hama——科学计算工具

Hama 是基于 BSP(Bulk Synchronous Parallel，大同步并行模型)计算技术的并行计算框架，是对 Google 的 Pregel 的开源实现，用于大量的科学计算(比如矩阵、图论、网络等)。BSP 计算技术最大的优势是加快迭代，在解决最小路径等问题中可以快速得到可行解，节点之间会有交互，计算过程自由且可高度定制。同时，Hama 提供简单的编程，比如 flexible 模型、传统的消息传递模型，而且兼容很多分布式文件系统，比如 HDFS、HBase 等。用户可以使用现有的 Hadoop 集群进行 Hama BSP。目前 Hama 最新的版本为 2014 年 3 月 13 日发行的 0.7.0。

项目地址：http://hama.apache.org。

9) Pig——大规模数据分析平台

Pig 是 Yahoo 捐献给 Apache 基金会的一个项目，它是一个基于 Hadoop 的大规模数据分析平台，它提供的 SQL-like 语言叫 Pig Latin，该语言的编译器会把类 SQL 的数据分析请求转换为一系列经过优化处理的 MapReduce 运算，Pig 为复杂的海量数据并行计算提供了一个简易的操作和编程接口。

项目地址：http://pig.apache.org。

10) Zookeeper——分布式协调系统

Zookeeper 是 Hadoop 的正式子项目，它是一个针对大型分布式系统的可靠协调系统，提供的功能包括：配置维护、名字服务、分布式同步、组服务等。Zookeeper 的目标就是封装好复杂易出错的关键服务，将简单易用的接口和性能高效、功能稳定的系统提供给用户。

项目地址：http://zookeeper.apache.org。

11) Sqoop——关系数据转换工具

Sqoop 是 SQL-to-Hadoop 的缩写，该工具是 Hadoop 环境下连接关系数据库和 Hadoop 存储系统的桥梁，支持多种关系数据源和 Hive、HDFS、HBase 的相互导入。一般情况下，关系数据表存在于线上环境的备份环境，需要每天进行数据导入，根据每天的数据量，Sqoop 可以全表导入，对每天产生的数据量不是很大的情形可以全表导入，但是 Sqoop 也提供了增量数据导入的机制。

项目地址：http://sqoop.apache.org。

12) Flume——日志数据收集工具

Flume 是由 Cloudera 开发的一个分布式、高可靠、高可用的海量日志聚合系统，支持在系统中定制各类数据发送方，用于收集数据；同时，Flume 提供对数据进行简单处理，并写到各种数据接收方(可定制)的能力。

项目地址：http://flume.apache.org。

2.4　Hadoop 的版本衍化

2006 年 Hadoop 正式成为 Apache 开源组织的独立项目后,经过近十年的发展,Hadoop 的版本发生了很大的变化,至 2015 年 1 月,已经发布了 2.6.0 版,这给初学者的选择带来了很大的困惑和苦恼,下面简要介绍一下 Hadoop 版本的衍化过程,如表 2-1 所示。

表 2-1　Hadoop 各版本特点及版本衍化

版本号	说　　　明	演变版
0.20.X	经典版本,第一次包含的特性均可用	1.X
0.21.X	包含 Append、RAID、Symlink、NameNode HA,但不包括 Security	
0.22.X	包含 Append、RAID、Symlink、NameNode HA,但不包括 MapReduce Security	
0.23.X	下一代 Hadoop,包含 HDFS Federation 和 YARN 两个系统	2.X
1.X	标志着 Hadoop 进入成熟期	
2.X	增加了 NameNode HA 和 Wire-compatibility,Hadoop 进入新的发展阶段	

Apache Hadoop 版本分为两代,将第一代 Hadoop 称为 Hadoop 1.X,第二代 Hadoop 称为 Hadoop 2.X。第一代 Hadoop 包含三个大版本,分别是 0.20.X,0.21.X 和 0.22.X,其中,0.20.X 最后演化成 1.0.X,变成了稳定版,而 0.21.X 和 0.22.X 则加入了 NameNode HA 等新的重大特性。第二代 Hadoop 包含两个版本,分别是 0.23.X 和 2.X,它们完全不同于 Hadoop 1.0,是一套全新的架构,均包含 HDFS Federation 和 YARN 两个系统,相比于 0.23.X,2.X 增加了 NameNode HA 和 Wire-compatibility 两个重大特性。

根据以上分析,当前 Hadoop 实际上只有两个版本:Hadoop 1.X 和 Hadoop 2.X,其中,Hadoop 1.X 由一个分布式文件系统 HDFS 和一个离线计算框架 MapReduce 组成,而 Hadoop 2.X 则包含一个支持 NameNode 横向扩展的 HDFS,一个资源管理系统 YARN 和一个运行在 YARN 上的离线计算框架 MapReduce。相比于 Hadoop 1.X,Hadoop 2.X 功能更加强大,且具有更好的扩展性、性能,并支持多种计算框架。但 2.X 缺乏稳定性,没有经过大公司的检验,因此,在本书中还是介绍 1.X 版本。

2.5　Hadoop 的发展趋势

2007 年推出的开源 Hadoop 系统,以其良好的可用性、可扩展性、易用性、开源等特点,迅速引起了学术界和业界的关注,业界许多公司开始研究及应用 Hadoop,并在应用的基础上开发出许多应用系统,如:Facebook 开发并向 Apache 基金会贡献了 Hive 数据仓库;Yahoo 开发并贡献了 Pig 数据分析平台;Twitter 开发并贡献了用于流数据计算的 Storm。可以说,Hadoop 已经成为大数据处理领域事实上的工业标准。经过近十年的发展,Hadoop 逐渐提升了自己的性能,丰富了自身的功能,先后发布了数十个版本。

通过以上介绍,可以知道,Hadoop 大致经历了两个大的版本系列:1.X 系列和 2.X 系列。1.X 系列的 HDFS 中只有一个 NameNode,存在主控节点单点瓶颈问题,一旦 NameNode 失效,整个集群就会瘫痪。由于 Hadoop 的设计目标就是提供一个具有高吞吐率的批处理系统,因此它在作业的响应速度方面不尽如人意,延迟较大,不能进行即时查询分析。因为基于 MapReduce 编程模型,降低了程序员程序开发的难度,同时也正是因为 MapReduce 模型,使 Hadoop 不适合于进行高效的迭代计算、流式数据的计算、图数据的计算。为了弥补 Hadoop 在这些方面的不足,许多业界的公司开发了新的系统,如:Twitter 的 Storm、加州伯克利分校 AMP 实验室的 Spark。

2011 年 10 月,Hadoop 0.23 版本发布,在此基础上,逐渐演变成为 Hadoop 2.X 版本。Hadoop 2.X 系列解决了 Hadoop 1.X 的单点瓶颈问题,提高了 Hadoop 集群的高可用性 (High Availability, HA)。Hadoop 2.X 同时还加入 YARN 架构。YARN 架构包括资源管理(ResourceManager,RM)和作业管理(ApplicationMaster,AM)架构。RM 控制整个集群并管理应用程序及基础计算资源的分配,RM 将各个资源部分(计算、内存、带宽等)精心安排给基础 NodeManager(NM),RM 还与 AM 一起分配资源,与 NM 一起启动和监视它们的基础应用程序。在 YARN 架构下,AM 承担了以前的 TaskTracker 的一些角色,RM 承担了 JobTracker 的角色。AM 管理在 YARN 内运行的应用程序的每个实例。AM 负责协调来自 RM 的资源,并通过 NM 监视容器的执行和资源使用(CPU、内存等的资源分配)。NM 管理一个 YARN 集群中的每个节点。NM 提供针对集群中每个节点的服务,从监督对一个容器的终生管理到监视资源和跟踪节点健康。YARN 继续使用 HDFS 层。它的主要 NameNode 用于元数据服务,而 DataNode 用于分散在一个集群中的复制存储服务。一个任务在 YARN 集群中的执行过程是这样的:首先需要来自包含一个应用程序的客户的请求。RM 协商一个容器的必要资源,启动一个 AM 来表示已提交的应用程序。通过使用一个资源请求协议,AM 协商每个节点上供应用程序使用的资源容器。执行应用程序时,AM 监视容器直到完成。当应用程序完成时,AM 从 RM 注销其容器,执行周期就完成了。YARN 架构提高了资源的利用率,而且支持 Spark、Storm、S4、MPI 等并行计算框架,降低了运营成本,实现了数据共享。

人们在运用和开发 Hadoop 应用的同时,发现了 Hadoop 的一些不足:作为一种批处理系统,它的响应时间较长,不能与客户进行实时的共享,不能处理流式数据等。于是,一些业界的公司和机构开发了应用于不同领域的大数据处理系统。如:加州伯克利分校 AMP 实验室开发了 Spark,该系统广泛支持批处理、流数据处理、迭代计算、内存计算、图数据计算等众多计算模式。众多新的计算模式的出现并不意味着 Hadoop 就已经过时,可以抛弃。由于 Hadoop 在大数据的分布式存储、开发的简易性及扩展性是其他系统不可比的,并且由于近几年来业界开发的大量 Hadoop 应用仍将继续在线运行,与 Hadoop 相关的各种工具软件也将不断丰富多样,Hadoop 自身的性能和功能也将不断地提升。互联网数据中心 IDC 预测,到 2016 年,Hadoop 将实现 8.128 亿美元的销售额——复合年增长率达到 60.2%。因此,Hadoop 在以后相当长的一段时间内将继续不断发展,并保持其在大数据处理领域的主流技术和平台的地位,且将逐渐与其他新的系统相互融合共存。

Hadoop 的安装

Hadoop 是目前发展历史最久,应用最多的一种开源大数据分析工具系统。随着技术的进步,Hadoop 的功能越来越强大,2.0 版本后,Hadoop 使用了新的 YARN 框架,Spark 也可以在 Hadoop 的 YARN 框架下运行的,Hadoop 与 Spark 有可能出现融合共存的趋势。因此,以 Hadoop 为蓝本,研究大数据的相关技术。

3.1 安装 Ubuntu Server

Hadoop 目前主要是在 Linux 环境下运行,而用户最习惯使用的还是 Windows 操作系统,为让 Windows 下的用户能够连接操作 Linux 集群下的 Hadoop,最好的方法是在集群服务器中使用 Linux,而在开发端使用人们比较常用的 Windows 及其下的 Eclipse,进行开发与操作。在研究开发 Hadoop 技术时,为了方便快捷,在一个大内存的 Windows 计算机中安装 VMware Workstation,使用多个 Linux 虚拟机组成一个 Linux 服务器集群,既方便了研发与调试,同时也降低了研发的成本。

3.1.1 VMware 网络适配器的连接模式

在 VMware Linux 虚拟机集群中,需要对虚拟机进行一些设置,以便虚拟机之间能够相互通信。这里主要涉及 VMware Workstation 网络适配器的设置,网络适配器的设置有以下几种模式。

1. 桥接模式

在桥接(bridged)模式下,VMware 虚拟出来的操作系统就像是局域网中的一台独立的主机,它直接连接物理网络,可以访问网内任何一台计算机。这时,需要手工为虚拟系统配置 IP 地址、子网掩码,而且还要和宿主机器处于同一网段,这样虚拟系统才能和宿主机器进行通信。同时,由于这个虚拟系统是局域网中的一个独立的主机系统,那么可以手工配置它的 TCP/IP 配置信息,以实现通过局域网的网关或路由器访问互联网。这种模式下,默认使用 VMnet0,当没有物理线路连接到宿主机上时,宿主机与虚拟机之间是不可以进行通信的。

2. NAT 模式

NAT 是 Network address translate 的简称。NAT 技术应用在 Internet 网关和路由器上,比如 192.168.0.123 这个地址要访问 Internet,它的数据包就要通过一个网关或者路由器,而网关或者路由器拥有一个能访问 Internet 的 IP 地址,这样的网关和路由器就要在收发数据包时,对数据包的 IP 协议层数据进行更改(即 NAT),以使私有网段的主机能够顺利访问 Internet。此技术解决了 IP 地址稀缺的问题,私有 IP 的主机可以通过 NAT 技术上网。

VMware 的 NAT 上网也是同样的道理,它在主机和虚拟机之间用软件虚拟出一块网卡,这块网卡和虚拟机的 IP 处于一个地址段。同时,在这块网卡和主机的网络接口之间进行 NAT。虚拟机发出的每一个数据包都会经过虚拟网卡,NAT,然后由主机的接口发出。

虚拟网卡和虚拟机处于一个地址段,虚拟机和宿主机不在同一个地址段,宿主机相当于虚拟机的网关,所以虚拟机能 ping 到宿主机的 IP,但是宿主机 ping 不到虚拟机的 IP。

在 NAT 模式下,默认使用 VMnet8,虚拟机可以配置为动态 IP 或静态 IP,宿主机能上网,虚拟机就可以访问 Internet,但是主机不能访问虚拟机。在本书中,宿主机需要访问虚拟机,因此,虚拟机网络适配器的设置不能设为 NAT。

3. 仅主机(host only)模式

仅主机模式提供了主机和虚拟机之间的网络互访。只想让虚拟机和宿主机之间有数据交换,而不想让虚拟机访问 Internet,就要采用这个设置了。

Host-only 模式下,VMware 在宿主机的 Windows 系统中,建立一块软网卡。这块网卡可以在网络连接中看到,一般是 VMnet1,这块网卡的作用就是使 Windows 看到虚拟机的 IP。Host-only 技术只用于宿主机和虚拟机互访,与访问 Internet 无关。

当宿主机需要访问虚拟机时,采用两种方式设置。①虚拟机网络设置为桥接模式,并把虚拟机与 Windows 宿主机设置在同一网段。当宿主机有物理线缆连接网络时,虚拟机可以与宿主机相互通信,并访问 Internet。当虚拟机需要访问 Internet 时采用这种连接方式。②虚拟机的网络适配器采用"仅主机"模式,并设置为一静态 IP,宿主机的 VMnet1 设置一个与虚拟机在同一网段的 IP,这样宿主机与虚拟机就可以互相访问了,并且不需要物理线缆的连接,虚拟机集群可以是一个内网的网段(比如 192.168.×.×、172.16.×.×),这样的设置比较灵活,当没有网络环境时采用这种方式访问虚拟机。

3.1.2 "仅主机模式"网络的设置

1. 配置 VMware Workstation 中"虚拟网络编辑器"的设置

(1) 单击 VMware 菜单"编辑"→"虚拟网络编辑器",打开如图 3-1 所示窗口。

(2) 选择"VMnet1 仅主机"类型。

(3) 在窗口下方的子网 IP 中填入 192.168.1.0,在"子网掩码"中填入 255.255.255.0。

(4) 单击"确定"按钮,保存设置。

2. 设置 VMware 中 VMnet1 属性

(1) 在 Windows 7 桌面任务栏右侧通知区域,右击网络图标,打开"网络和共享中心"。

(2) 单击窗口左侧"更改适配器设置",打开网络连接窗口。

(3) 右击 VMware network Adapter VMnet1,选择快捷菜单"属性"菜单项,打开 VMnet1 属性窗口。

(4) 在 VMnet1 属性窗口,单击"Internet 协议版本 4",单击"属性",打开"Internet 协议版本 4(TCP/IPv4)属性"窗口。

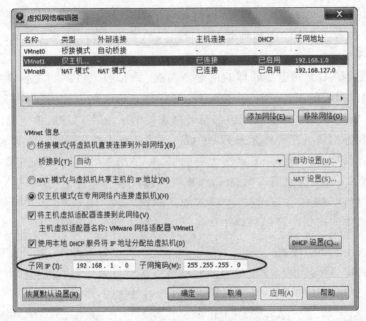

图 3-1 VMware 虚拟网络编辑器的设置

(5) 设置 VMnet1 的 IP 地址: 192.168.1.2,子网掩码: 255.255.255.0,单击"确定"按钮,如图 3-2 所示。

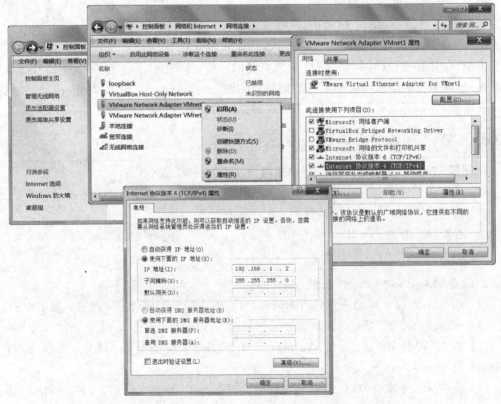

图 3-2 Windows 宿主机 VMnet1 网络属性设置

3. 设置虚拟机网络适配器连接模式

选择一个虚拟机,单击"编辑虚拟机设置",打开如图 3-3 所示虚拟机设置窗口,单击左侧"网络适配器",选择右侧"仅主机模式"。

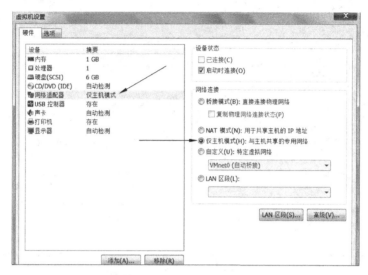

图 3-3   虚拟机网络适配器连接模式设置

以上设置的基本原则是:虚拟机中的 Linux 服务器采用静态 IP,与 VMnet1 处于一个网段内,这样,虚拟机中的 Linux 服务器之间,Linux 服务器与 Windows 7 宿主机之间就可以相互通信了,在 Windows 7 宿主机上可以使用 SecureCRT 等软件登录 Linux,便于操作。

3.1.3   安装 Ubuntu Server

Hadoop 目前只能运行在 Linux 操作系统上,至于安装时使用何种版本的 Linux,则由用户根据使用习惯与服务器的用处来决定。一般来说,用于生产环境的 Linux 版本可以选择 Red Hat Enterprise Linux 或者是它的免费版 CentOS;如果直接在 Linux 进行 Hadoop 的开发,可以选择 Ubuntu 桌面版;本书安装所用 Linux 版本为 Ubuntu Server 12.04LTS。其实,Linux 的核心与使用方法是相似的,不同的只是配置方法与界面等非核心因素。

Ubuntu Server 12.04LTS 的下载地址为:http://releases.ubuntu.com/precise/。

选择 32 位版 ubuntu-12.04.4-server-i386.iso 或 64 版 ubuntu-12.04.4-server-amd64.iso 下载,这里选择的是 32 位版(编者注:不同时期访问网站,软件版本可能会有更新)。

1. 创建虚拟机

(1) 打开 VMware Workstation 软件,在"主页"选项卡中选择"创建新的虚拟机",如图 3-4 所示。

(2) 然后选择"自定义(高级)"安装类型,如图 3-5 所示。

(3) 在创建虚拟机向导窗口中,如图 3-6 所示,选择"稍后安装操作系统"单选按钮。这样选择是为了避免 VMware 自动安装操作系统。

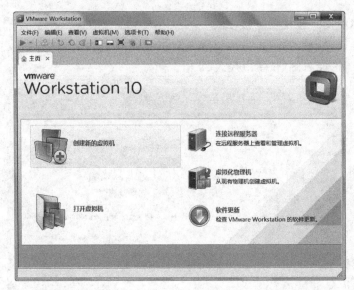

图 3-4 创建新的虚拟机

图 3-5 选择自定义(高级)

图 3-6 选择光映像文件

(4) 在向导的命名虚拟机窗口中,输入虚拟机名称 master,在位置文本框选择 G:\vm\master,如图 3-7 所示。

(5) 在网络类型窗口中,选择"使用桥接网络",如图 3-8 所示。

(6) 在新建虚拟机向导完成后,更改虚拟机设置,弹出如图 3-9 所示窗口,在左侧选择 CD/DVD,在右侧"使用 ISO 映像文件"文本框中选中下载的 ubuntu-12.04.4-server-i386.iso。

(7) 然后启动虚拟机。这样就避免了自动安装 Ubuntu Server。

提示:在 VMware 中安装 Linux 时,VMware 会进行自动安装,导致许多参数无法设置,取消自动安装的另一方法是:在典型安装设置最后一步,取消"创建后开启此虚拟机"复选框后,在虚拟机安装目录下(本例目录为:D:\vm\master)删除 autoinst.iso 文件,也可取消自动安装。

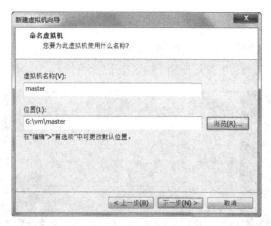

图 3-7 输入虚拟机名称及位置

图 3-8 网络连接选择桥接方式

图 3-9 更改虚拟机设置

2. 安装 Ubuntu Server

（1）虚拟机启动后，选择 English 语种，如图 3-10 所示。在安装中若选择"中文"，则有可能导致系统编码出现问题，既然是服务器，这里选择英语作为默认语言。

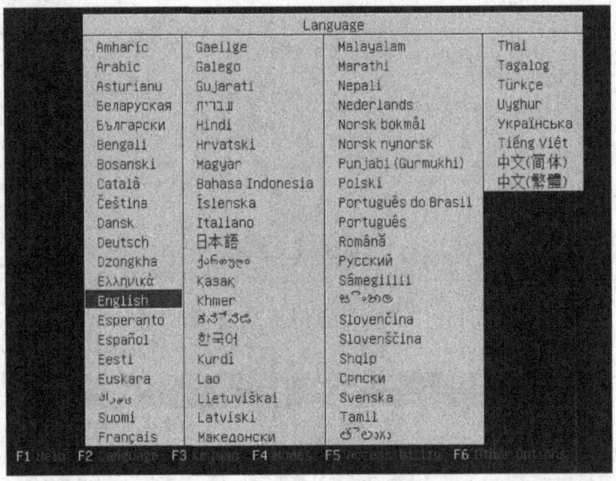

图 3-10　选择 English 语种

（2）选择 Install Ubuntu Server，如图 3-11 所示。

图 3-11　选择 Install Ubuntu Server

（3）选择系统使用的语种，这里选 English。

（4）选 other 国家，然后选 Asia→China→United States，键盘布局也选择 English。

（5）在 config the network 的 Continue without a default router 选择 Yes。

（6）在 Hostname 文本框中输入主机名 master，如图 3-12 所示。

（7）在 Full name for the new user 中输入用户名 hadoop，如图 3-13 所示。

（8）在 Choose a password for the new user 文本框中输入密码 hadoop，如图 3-14 所示。

（9）选择安装 OpenSSH Server，如图 3-15 所示。

⚠ **注意**：请记住用户名 hadoop，以后需要把 Windows 的用户名也改为 hadoop，保持一致。

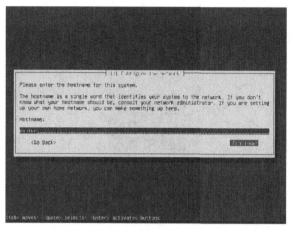

图 3-12　输入主机名 master

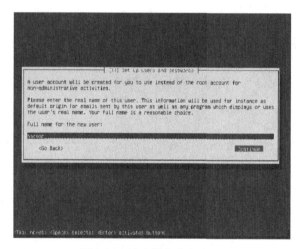

图 3-13　输入用户名 hadoop

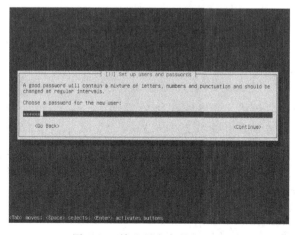

图 3-14　输入用户密码 hadoop

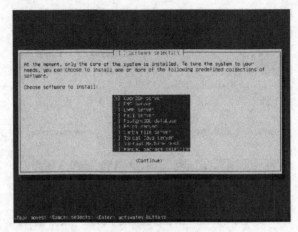

图 3-15　选择安装 OpenSSH Server

3. 修改系统参数

1）修改系统主机名

Ubuntu 主机名的参数文件为/etc/hostname，通过修改该文件，即可修改主机名。在虚拟机中通过克隆虚拟机而得到另外的主机时，需要在这里修改主机名。这一点在 Linux 集群配置时非常重要。

2）修改系统网络参数

Ubuntu 网络参数文件为/etc/network/interfaces，修改该文件，即可修改网络配置。

Ubuntu 系统修改 IP 地址：sudo nano/etc/network/interfaces。

```
auto eth0
#iface eth0 inet dhcp          此句为 dhcp 的配置,加#即为注释
iface eth0 inet static         #此句是将 eth0 设置为静态 IP
address 192.168.1.10           #设置 IP 地址
netmask  255.255.255.0         #设置子网掩码
gateway  192.168.1.1           #设置默认网关
broadcast 192.168.1.255        #设置网络广播地址
```

◀))) 提示：在克隆的虚拟机中无网络的解决方法。

在虚拟机中克隆了一份以前配置好的 Ubuntu Server，重启 Ubuntu 以后，新建出的 Ubuntu 也能用，唯一的问题就是找不到网卡了，提示 No such device eth0...。

原因是 VMware 保存的硬件配置文件 *.vmx 里记录了网卡的 MAC 地址，而 Ubuntu 也会记录 MAC 地址，这样在克隆虚拟机时，VMware 会为 Ubuntu 分配一个新的 eth0 网卡，但是由于被之前的 eth0 占用，所以它会变成 eth1，并且 eth0 是默认的网卡，显然这个网卡不存在，所以就提示 No such device eth0...。

Ubuntu 保存 MAC 地址的配置文件为/etc/udev/rules.d/70-persistent-net.rules，解决方法就是直接删除配置文件，重启虚拟机之后 Ubuntu 就会找到新的网卡了。命令如下：

```
sudo rm /etc/udev/rules.d/70-persistent-net.rules
```

使配置的网络参数生效：

sudo /etc/init.d/networking restart

或者

$sudo ifconfig eth0 down

或

$sudo ifconfig eth0 up

或

sudo ifup eth0

重启网络，使配置文件的配置生效。

3）修改 DNS 配置

Ubuntu 中域名服务器（DNS）是在/etc/resolv. conf 文件中配置的，但 Ubuntu 12.04 重启后，会覆盖该文件，解决办法为：在/etc/resolvconf/resolv. conf. d/目录下创建 tail 文件，写入

```
nameserver  192.168.1.1
nameserver  211.98.2.4
```

这里的 192.168.1.1 为本地的路由器地址。它既是网关，也是 DNS。

3.1.4　远程管理 Ubuntu Server

对 Linux 服务器进行管理，比较好的方式就是远程管理，目前可以使用的方式有 telnet、rlogin、ftp、ssh 等，而 telnet、rlogin、ftp 则是非常不安全的工具（它们传输密码时使用明文，导致密码很容易被窃取），因此，这里使用 ssh 协议。

在 Ubuntu 中使用的是 OpenSSH，所以在安装服务器的过程中需要安装 OpenSSH，安装过程如前所述，若在系统安装过程中没有安装 OpenSSH，可以使用如下方法安装。

方法 1：通过命令安装。若服务器连接 Internet，用下面的命令进行安装。

```
sudo apt-get update
sudo apt-get install openssh-server
sudo apt-get install openssh-client
```

方法 2：通过 tasksel 安装。tasksel 是一个 Debian 下的安装任务套件，如果为了使系统完成某一种常规功能，而需要安装某个软件包时，就可以使用它了。Ubuntu Server 下，tasksel 默认是已经安装完成的。安装命令如下：

```
sudo tasksel install openssh-server
```

或

```
sudo tasksel
```

调出安装界面，然后在 tasksel 界面中，用上下方向键移动光标，用空格键选中 openssh server，用 Tab 键把光标移动到 OK 键，按 Enter 键后即可安装，如图 3-16 所示。

卸载软件的命令是：

```
sudo tasksel remove openssh-server
```

或者通过 sudo tasksel 调出安装界面进行操作。

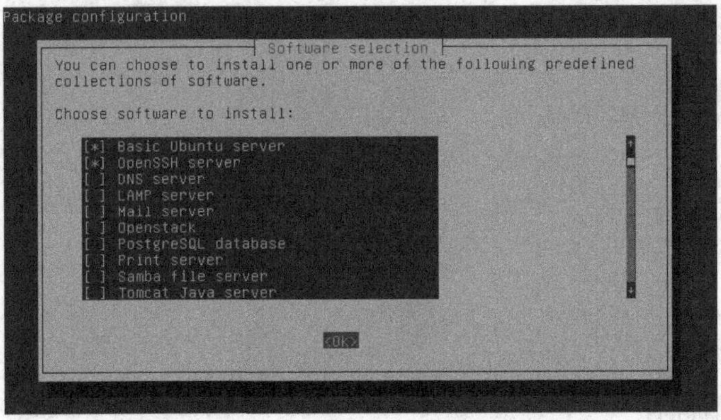

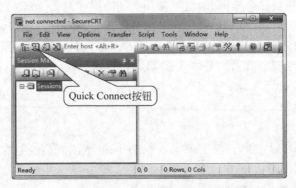

图 3-16　通过 tasksel 安装 OpenSSH Server

Linux 下的远程控制软件很多，比如 PuTTY、SSH Shell、vnc、SecureCRT、Xshell 等。PuTTY 是一个免费的远程管理工具，支持 SSH 协议，输入远程服务器的 IP、用户名、密码即可连接到 Linux 服务器。SSH Shell 除了可以进行远程管理外，还有一个 SSH secure File Transfer 工具，可以在 Linux 服务器与客户端之间进行文件的传输。vnc 是一个图形界面的远程控制工具，在 Ubuntu Server 下不用它。SecureCRT 和 Xshell 还有一优点就是支持多标签，在云计算环境下，可能需要远程管理多个 Linux 服务器，因此，推荐使用这些具有多标签功能的管理工具。这里以 SecureCRT 7.2 为例进行讲解。

（1）建立连接。打开 SecureCRT，单击"工具栏"上的 Quick Connect（ALT＋Q）按钮，建立新的连接，如图 3-17 所示。

图 3-17　单击 Quick Connect 按钮建立连接

（2）在弹出的 Quick Connect 窗口中输入远程 Linux 服务器的 IP 地址、用户名，如图 3-18 所示。

（3）保存远程主机的指纹。在弹出的对话框中，告诉用户远程主机的指纹（经过 MD5 运算得出），单击 Accept & Save 按钮，把远程主机的指纹与 IP 地址建立联系。当远程主机发生变化时，SecureCRT 会通知用户："远程主机的指纹变化了，可要注意！"。

（4）保存服务器指纹后，弹出的窗口中输入用户密码，即可进行远程管理了，如图 3-19 和图 3-20 所示。

图 3-18 设置连接参数

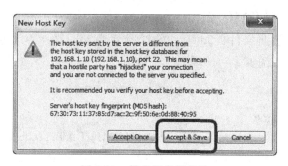

图 3-19 保存服务器指纹

图 3-20 输入用户密码

上面介绍的方法虽然已经很安全了,但仍然有不足之处,将在后面的章节中介绍公钥连接远端的 Linux 服务器。

3.1.5 安装 JDK

Hadoop 是用 Java 开发的,它运行时需要有一个 Java 环境,因此在安装运行 Hadoop 之前需要安装 JDK。JDK 是 Java 开发工具箱(Java Development Kit)的缩写。自从 Java 推出以来,JDK 已经成为使用最广泛的 Java SDK(Software development kit)。JDK 是整个 Java 的核心,包括 Java 运行环境(Java Runtime Envirnment),一些 Java 工具和 Java 基础的类库(rt.jar)。不论什么 Java 应用服务器实质都是内置了某个版本的 JDK。因此掌握 JDK 是运行 Java 应用的基础。最主流的 JDK 是 Sun 公司(现在已经被 Oracle 收购)发布的

JDK，除了 Sun 之外，还有很多公司和组织都开发了自己的 JDK，比如在 Ubuntu Server 下就集成了 Open JDK，这里将使用 Sun 公司（Oracle 公司）的 JDK。从 Sun 的 JDK 5.0 开始，提供了泛型等非常实用的功能，其版本信息也不再延续以前的 1.2、1.3、1.4，而是变成 5.0、6.0 了。从 6.0 开始，其运行效率得到了非常大的提升，最新版本是 8u20。

JDK 的下载地址是：http://www.oracle.com/technetwork/java/javase/downloads/index.html。

JDK 有 32 位版和 64 位版之分，这里选择 32 位版 jdk-8u20-linux-i586.gz 下载，下载后使用 SecureCRT 的 SecureFX 上传至 Linux 服务器的/home/hadoop 目录下，然后使用下面的命令进行安装。

1）解压 JDK 压缩包到/usr

解压当前目录下的 jdk-8u20-linux-i586.gz 文件到/usr/lib 目录下

```
hadoop@master:~$sudo tar zxvf ./jdk-8u20-linux-i586.gz -C  /usr/lib
hadoop@master:~$cd /usr/lib
```

为了以后操作方便，把文件夹 jdk1.8.0_20 改名为 jdk，当然不改也可以，不改目录名的好处是：看见目录名，就知道 Java 的版本号。

```
hadoop@master:/usr/lib$sudo mv jdk1.8.0_20/ jdk
```

2）配置 JDK 环境变量

在文件的尾部加上以下内容，设置 JAVA_HOME、PATH、CLASSPATH 三个环境变量，以便能够找到 Java 的安装目录及类库所在目录。

```
hadoop@master:~$sudo nano /etc/profile
JAVA_HOME=/usr/lib/jdk
PATH=$JAVA_HOME/bin:$PATH
CLASSPATH=.:$JAVA_HOME/lib/dt.jar:$JAVA_HOME/lib/tools.jar
export JAVA_HOME
export PATH
export CLASSPATH
```

注意：在 CLASSPATH＝后面有一个点"."，表示当前目录。

输入以下命令使之立即生效，当然重启服务器也是可以的：

```
hadoop@master:/usr/lib$ source /etc/profile
```

或者

```
hadoop@master:/usr/lib$ . /etc/profile
```

注意：点后面有一空格。

检测：若 java -version 可以运行则说明 Java 已经正确地安装了。

```
hadoop@master:/usr/lib$java -version
java version "1.8.0_20"
Java(TM) SE Runtime Environment (build 1.8.0_20-b26)
```

Java HotSpot(TM) Client VM (build 25.20-b23, mixed mode)

3.1.6　克隆其他虚拟机

　　装完一台虚拟机后,可以再安装其他的虚拟机,这种方法较为烦琐,可以使用 VMware 的克隆功能克隆其他的虚拟机,组成 Linux 服务器集群,这样比较简单。

　　本次安装采用 VMware Workstation 10,安装三台 Ubuntu Server,组成一个由三台计算机组成的 Linux 服务器集群。系统结构如图 3-21 所示。

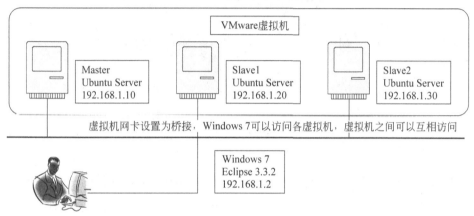

图 3-21　系统结构

　　(1)选择 master 虚拟机,选择菜单"虚拟机"→"管理"→"克隆"。打开克隆向导窗口,如图 3-22 所示。

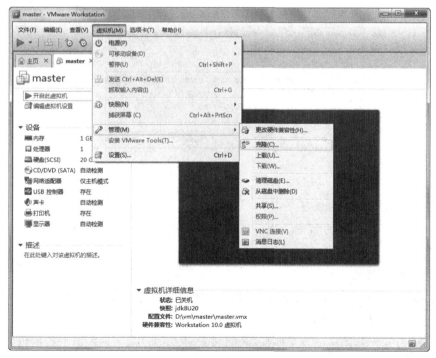

图 3-22 克隆虚拟机

（2）在向导窗口中，选择克隆源的方法：①虚拟机中的当前状态，②现有快照，如图 3-23 所示。

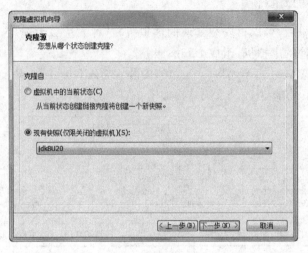

图 3-23　选择克隆源

（3）在向导窗口中，选择克隆的方法：①创建链接克隆，②创建完整克隆，如图 3-24 所示。"链接克隆"需要较少的磁盘空间，"完整克隆"具有完全的独立性，不需要原克隆源。

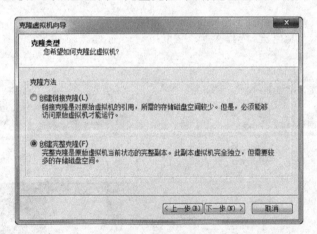

图 3-24　选择克隆方法

克隆服务器的过程如下。

（1）输入克隆虚拟机的名称。这里把两个虚拟机的名称分别设为：slave1、slave2，如图 3-25 所示。

（2）修改虚拟机的名称。

使用 sudo nano/etc/hostname 命令，把虚拟机名称改为：slave1、slave2。

（3）修改虚拟机的 IP 地址。

Ubuntu Server 的网络配置文件是/etc/network/interfaces，修改两个虚拟机的 IP 地址分别为：192.168.1.20、192.168.1.30。修改 IP 的命令为：sudo nano/etc/network/interfaces。

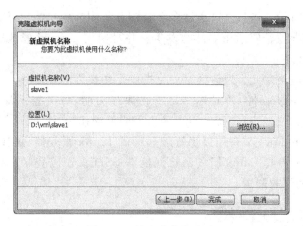

图 3-25　输入虚拟机名称

3.1.7　配置 hosts 文件

在进行 Hadoop 集群配置中,需要在/etc/hosts 文件中添加集群中所有机器的 IP 与主机名,这样 Master 与所有的 Slave 机器之间不仅可以通过 IP 进行通信,而且还可以通过主机名进行通信。所以在所有机器上的/etc/hosts 文件中的内容应该如下所示:

```
hadoop@master:~$sudo nano /etc/hosts
192.168.1.10    master
192.168.1.20    slave1
192.168.1.30    slave2
```

nano 是 Ubuntu 下集成的文本编辑器,较 vi 或 vim 操作更为方便一些,进入编辑状态后,在屏幕下方有快捷键的提示,常用的快捷键有:Ctrl+O 为存盘,Ctrl+X 为退出 nano。

⚠️ **注意**:此操作在每个虚拟主机都必须做一遍。

下面在每台虚拟机中用 ping 命令检验能否解析主机名。

```
hadoop@master:~$ping master
hadoop@master:~$ping slave1
hadoop@master:~$ping slave2
```

通过 ping 命令,发现已经能够解析主机名了。

3.2　配置 SSH 公钥认证

3.2.1　为什么要公钥认证

在 3.1.4 小节中,使用 SecureCRT 软件对 Ubuntu Server 进行远程管理,当时使用的认证方式是"用户名"+"密码"的方式,把它称为"密码认证"方式,除了密码认证方式外,还有另外一种更好的认证方式:公钥认证。那么为什么要用公钥认证呢?

(1) 公钥认证允许使用空密码,省去每次登录都需要输入密码的麻烦。

（2）多用户管理服务器时，可以通过多个公钥登录同一用户账户，因而可以避免认证用户时需要密码，从而导致密码泄密事件的发生。并且使用 passwd 修改密码，也不会影响到其他用户的登录。

（3）做空密码的公钥认证，为运维自动化提供了便捷方法。

（4）如果使用 putty 软件，暂时不支持密码保存功能，每次登录都必须输入相应的密码，而公钥管理可以方便地进行登录，省去输入密码的操作。

因此，提倡在 Windows 平台用公钥管理远程的 Linux 服务器，这样较为安全方便。同时，在 Hadoop 集群中需要 Linux 服务器之间能够 SSH 无密码登录，因此，需要在 Ubuntu Server 中进行公钥登录的配置。

3.2.2 公钥认证的工作原理

公钥认证方式使用了非对称加密算法。在该算法中，信息的发送方和接收方使用的密钥是不同的，即加密和解密的密钥不同，且由其中一个密钥很难导出另一个密钥。两个密钥中，一个是公开的，称为公钥（public key），另一个是保密的，称为私钥（private key）。通常，加密密钥是公开的，解密密钥是保密的，加密和解密的算法也是公开的。常用的非对称加密算法有：RSA 算法、ElGamal 算法、DSA 算法等。RSA 是较常用的算法，这里使用 RSA 算法进行公钥认证。RSA 算法的安全性建立在对大数进行质因数分解非常困难的基础上，大数 n 是否能够被分解是 RSA 算法安全的关键，为了安全，通常采用 1 024 位或更长的 2 048 位大数，因此，计算速度较慢，一般只用于加密较少的数据。

公钥认证方式中，公钥对数据进行加密而且只能用于加密，私钥只能对所匹配的公钥加密过的数据进行解密。把公钥放在远程系统（服务器）合适的位置，然后从本地开始进行 ssh 连接。此时，远程的 sshd 会产生一个随机数并产生的公钥进行加密后发给本地，本地会用私钥进行解密并把这个随机数发回给远程系统。最后，远程系统的 sshd 会得出结论——人们拥有匹配的私钥允许人们登录。

因为私钥保存在客户端，为了私钥的安全，通常使用密码来对私钥加以保护，所以即使计算机丢失，私钥也不会被窃取。

3.2.3 SSH 客户端的安装

SSH 服务器端的安装方法在 3.1.4 小节中已经介绍过了，在 Hadoop 集群中还需要 SSH 客户端，安装的方法是：

```
$sudo apt-get install openssh-client
```

安装完客户端后，它携带了一些其他 SSH 工具，比如 ssh-keygen 用于生成公钥/私钥对，scp 用于通过 SSH 远程复制文件，sftp 用于实现安全 FTP 传输。

安装好后，马上可以在服务器进行测试。

```
hadoop@master:~$ssh localhost
```

一般情况下，SSH 会让用户输入密码，通过认证后，登录成功，就会进入基于 SSH 的新命令行，要退出，输入 exit 命令即可。这时，也可以从其他计算机登录这台服务器了，如果从其他计算机上登录失败，可能是由于防火墙不允许 22 端口通信引起的。这时需要打开防火墙的 22 端口,或者直接把防火墙关闭。

3.2.4　SSH 配置

Hadoop 集群中需要 master 服务器能够无密码登录 slave 服务器,因此在 master 服务器上需要进行配置。生成密钥对后,把 master 服务器的公钥加入 slave 服务器的 ~ /. ssh/ authorized-key 文件中。配置过程如下。

1. 在 master 服务器上生成密钥对
客户端生成 rsa 密钥对

hadoop@master:~$**ssh-keygen -t rsa -P '' -f ~/.ssh/id_rsa**

使用 ssh-keygen 工具生成密钥对,使用 rsa 算法,保护私钥的密码为空,生成的密钥对放在 ~ /. ssh/目录下(~ 在 linux 中代表用户家目录,本例中,目录为/home/hadoop/. ssh/)。密钥对为两个文件:id_rsa 和 id_rsa. pub,id_rsa 为私钥,id_rsa. pub 为公钥。

cd ~/.ssh
~/.ssh$**cat id_rsa.pub>>./authorized_keys**

把公钥添加到认证的密钥环中。

2. master 把自己的认证文件复制给对方
在复制前,需要目标服务器中有. ssh 目录,所以在 slave1、slave2 的/home/Hadoop/下建立. ssh 目录。

Hadoop@slave1:~$**mkdir .ssh**
Hadoop@slave2:~$**mkdir .ssh**

在 master 服务器中执行以下命令,复制认证文件。

hadoop@master:~/.ssh$**scp authorized_keys hadoop@slave1:/home/hadoop/.ssh/**
hadoop@master:~/.ssh$**scp authorized_keys hadoop@slave2:/home/hadoop/.ssh/**

⚠️ **注意**:执行命令时,需要输入 hadoop 用户的密码 hadoop。

3. SSH 服务器的设置
生成了密钥对后,需要配置 SSH 服务器的设置,使客户端不能用密码登录,只能使用公钥登录。

SSH 服务器的配置文件在/etc/ssh/目录下,先备份一下 sshd_config 配置文件,然后再修改。

hadoop@master:~$**cd /etc/ssh**
hadoop@master:/etc/ssh$**sudo cp sshd_config sshd_config.bak**
hadoop@master:/etc/ssh$**sudo nano sshd_config**

编辑 sshd_config 文件,找到下面三句,把 yes 改为 no,并把♯PasswordAuthentication yes 一句前的♯去掉。

PermitRootLogin yes

```
UsePAM yes
#PasswordAuthentication yes
```

为了系统的安全,可以指定只允许某一台或一些机器登录该 SSH 服务器,在 sshd_config 中加入下面语句。

```
allowusers hadoop@192.168.1.2
```

意思为仅允许 192.168.1.2 上的 hadoop 用户登录 SSH 服务器,这样更安全些。
保存后,重启 SSH 服务。

```
hadoop@master:/etc/ssh$sudo/etc/init.d/ssh restart
```

或者

```
$service ssh restart
```

4. 无密码 ssh 登录对方

```
hadoop@master:~/.ssh$ssh slave1
hadoop@slave1:~$exit                          #从对方机器中退出
hadoop@master:~/.ssh$ssh slave2
hadoop@slave1:~$exit
```

在 hadoop 的安装中,只需要 master(namenode)、secondary(secondarynamenode)登录到 datanode。所以只需要把 master、secondary 的公钥复制到 slave * 机器中,并加入 slave * 的密钥环中即可。

5. 用 scp 复制文件

通过 scp 命令可以在本地机器与远程机器之间进行文件(夹)的复制,在 Linux 下直接使用 scp 命令即可,在 Windows 下可以使用 SSH shell 中的 SSH secure File Transfer、putty 的姊妹软件 pscp 以及 secureCRT 中的 SecureFX。下面介绍中 Linux 服务器之间如何进行文件的复制。

1) 把本地文件复制到远方 Linux 服务器中

```
hadoop@master:~/.ssh$scp authorized_keys hadoop@slave1:/home/hadoop/.ssh/
```

该命令的作用是把本地的 authorized_keys 复制到 slave1 机器的/home/hadoop/.ssh/目录下,复制时用 Hadoop 用户登录。

2) 把远方 Linux 服务器中的文件复制到本地

```
hadoop@master:~$scp hadoop@slave1:/home/hadoop/aa.txt
```

把 slave1 机器的/home/hadoop/目录下的 aa.txt 文件复制到本地的当前目录下,登录时用 hadoop 用户名。注意"."代表本地当前目录。

3) 复制文件夹

```
hadoop@master:~$scp -r hadoop hadoop@slave1:/home/hadoop/hadoop
```

该命令的作用是:复制本地的整个 hadoop 文件夹到 slave1 机器的/home/hadoop/

hadoop 目录,其中-r 是 scp 的参数,此外还有其他一些参数,含义如下。

-p 复制文件时保留源文件建立的时间。

-q 执行文件复制时,不显示任何提示消息。

-r 复制整个目录。

-v 复制文件时,显示提示信息。

3.2.5　配置 SecureCRT 公钥登录 Linux 服务器

在 3.1.4 小节中,使用了密码认证方式,这一节将采用新的公钥认证方式,在 Windows 客户端用公钥登录 Linux 服务器。过程如下。

(1) 单击 SecureCRT 菜单 Tools→Create Public Key 创建公钥,如图 3-26 所示。

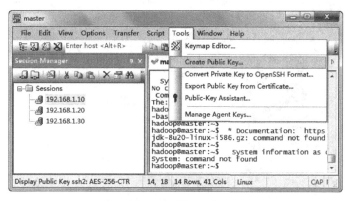

图 3-26　创建公钥

(2) 在公钥创建向导中,选择非对称加密算法:DSA 或 RSA,Linux 服务器支持 RSA 算法,因此这里选择 RSA,如图 3-27 所示。

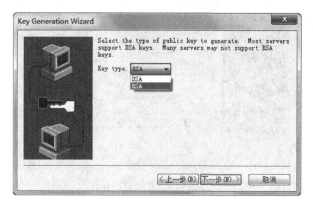

图 3-27　选择公钥加密算法

(3) 在公钥创建向导中,输入保护私钥的密码,如图 3-28 所示。

(4) 在公钥创建向导中,选择密钥对的长度,如图 3-29 所示。

(5) 在公钥创建向导中,选择私钥和公钥的保存位置,如图 3-30 所示。

(6) 将 C:\Users\hadoop\Documents\Identity.pub 文件中的内容复制到 master 的 ~/.ssh/ authorized_keys 文件中。

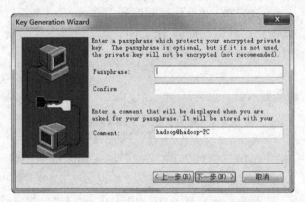

图 3-28　输入保护私钥的密码

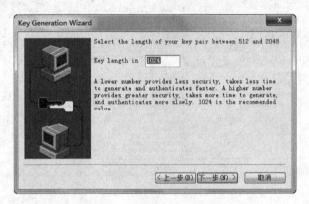

图 3-29　选择键值对的长度

图 3-30　选择私钥和公钥的保存位置

（7）在 SecureCRT 软件左侧的 sessions manager 窗格中，选择 192.168.1.10 会话，选择右键弹出菜单中的"属性"命令，然后调整认证方式的顺序，把公钥认证放在第一位，取消密码认证，如图 3-31 所示。

（8）在 sessions manager 中双击 192.168.1.10 会话项，会弹出对话框，输入 Windows 宿主机的私钥保护密码，即可连接到 192.168.1.10 服务器。下次连接时，就不用再次输入私钥保护密码了，如图 3-32 所示。

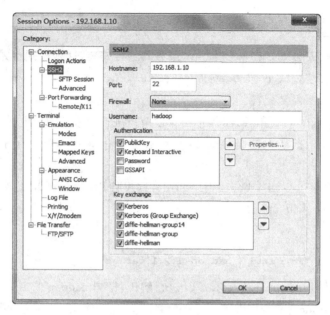

图 3-31　调整认证方式的顺序

图 3-32　输入私钥的保护密码

3.3　安装配置 Hadoop

根据上文介绍可知,Hadoop 在版本上目前主要有两个分支:1.X 版本和 2.X 版本。
2.X 版本引入了许多新的特性,最重要的改进就是解决了 NameNode 的单点问题。但是,
在版本的选择上,不是考虑使用最新版本,而是考虑使用稳定版,最好是有大企业使用过的
版本。这里选择 1.X 下的 1.2.1 版本,可以从镜像网站下载,地址为:http://mirrors.
hust.edu.cn/apache/hadoop/common/hadoop-1.2.1/。

该版本也分为 32 位版和 64 位版,这里选择下载 32 位版,文件名为:hadoop-1.2.1.
tar.gz。

Hadoop 的安装分为四种模式:Windows 模式、单机模式、伪分布模式、分布模式。

Windows 下的 Hadoop 安装需要 Cygwin 软件,该软件是 Windows 平台下模拟 Unix
环境的工具,在安装 Cygwin 的基础上再安装 Hadoop。采用该种方式在一定程度上规避了
Linux 知识的学习,但这种环境只能用于 Hadoop 的学习,而不能用于生成环境。所以这里
不再探讨此种安装方法。

3.3.1 单机安装

顾名思义,单机安装就是在一台 Linux 服务器进行安装,这种模式也是 Hadoop 的默认安装模式,在这种安装模式下 Hadoop 的 core-site. xml、mapred-site. xml、hdfs-site. xml 等配置文件都是空的,不需要配置。

在单机模式下,Hadoop 单独运行,不与其他节点进行交互,不使用 Hadoop 的分布式文件系统,也不加载任何的守护进程,该模式主要用于 MapReduce 应用程序的调试。安装过程如下。

首先把安装程序上传到 Ubuntu Server 上,这里使用 SecureFX 工具,非常方便快捷。上传的位置为/home/hadoop/目录。

1. 解压 hadoop

hadoop@master:~$**tar zxvf ./hadoop-1.2.1.tar.gz**

把当前路径下的 hadoop-1. 2. 1. tar. gz 进行解压,得到 hadoop-1. 2. 1 子目录,完整路径为/home/hadoop/hadoop-1. 2. 1/。

hadoop@master:~$**mv hadoop-1.2.1/ hadoop**

为了方便使用,这里把 hadoop-1. 2. 1 路径改名为 hadoop。

2. 配置 Hadoop 的环境变量

hadoop@master:~$**sudo nano /etc/profile**

在文件的尾部加入以下两句。

```
export HADOOP_HOME=/home/hadoop/hadoop
export PATH=$PATH:$HADOOP_HOME/bin
```

3. 启动 Hadoop

在 Hadoop/bin 目录下,有 start-all. sh 文件,它就是 Hadoop 的启动文件,执行它即可。

hadoop@master:~$**./start-all.sh**

◀))提示:在启动过程中,如果有 localhost:Error:JAVA_HOME is not set 这样的错误。则到 hadoop/conf 目录下,找到 hadoop-env. sh 文件,把♯export JAVA_HOME=/usr/lib/j2sdk1. 6 一句前的"♯"去掉,等号后改为 Java 的安装目录,如:export JAVA_HOME=/usr/lib/jdk。

4. 运行 jps 查看 Java 进程

hadoop@master:~/hadoop/bin$**jps**
2703 Jps

可以看出并没有 Java 进程在运行,是因为 Hadoop 运行在单机模式下,没有 NameNode 和 JobTracker 进程的原因。

5. 查看 HDFS 文件系统

```
hadoop@master:~/hadoop/bin$hadoop fs -ls
Found 17 items
-rwxr-xr-x   1 hadoop hadoop        2810 2013-07-23 06:26 /home/hadoop/hadoop/
                                         bin/rcc
-rwxr-xr-x   1 hadoop hadoop        1166 2013-07-23 06:26 /home/hadoop/hadoop/
                                         bin/start-all.sh
...
-rwxr-xr-x   1 hadoop hadoop        1116 2013-07-23 06:26 /home/hadoop/hadoop/
                                         bin/stop-balancer.sh
-rwxr-xr-x   1 hadoop hadoop        5064 2013-07-23 06:26 /home/hadoop/hadoop/
                                         bin/hadoop-daemon.sh
```

至此说明 Hadoop 单机模式已经安装成功。

3.3.2 伪分布模式的安装

所谓"伪分布模式"是指 Hadoop 运行在一个计算机上,即当 NameNode,又当 DataNode,或者说即是 JobTracker,又是 TaskTracker。没有所谓的在多台计算机上进行真正的分布式计算,故称为"伪分布式"。这种模式增加了代码调试功能。

在具体配置之前,先来看一下 Hadoop 的目录结构,与安装及运行有关的目录有以下几个目录:bin、conf、logs 等,下面用表格分别介绍,如表 3-1 和表 3-2 所示。

表 3-1　$ HADOOP_HOME/bin 目录

文 件 名 称	说　　　明
hadoop	用于执行 hadoop 脚本命令,被 hadoop-daemon. sh 调用执行,也可以单独执行,一切命令的核心
hadoop-daemon. sh	通过执行 hadoop 命令来启动/停止一个守护进程(daemon) 该命令会被 bin 目录下面所有以 start 或 stop 开头的所有命令调用来执行命令,hadoop-daemons. sh 也是通过调用 hadoop-daemon. sh 来执行命令的,而 hadoop-daemon. sh 本身就是通过调用 hadoop 命令来执行任务
start-all. sh	全部启动,它会调用 start-dfs. sh 及 start-mapred. sh
start-dfs. sh	启动 NameNode、DataNode 及 SecondaryNameNode
start-mapred. sh	启动 MapReduce
stop-all. sh	全部停止,它会调用 stop-dfs. sh 及 stop-mapred. sh
stop-balancer. sh	停止 balancer
stop-dfs. sh	停止 NameNode、DataNode 及 SecondaryNameNode
stop-mapred. sh	停止 MapReduce

表 3-2　$ HADOOP_HOME/conf 目录下文件及其作用

文 件 名 称	说　　　明
core-site. xml	Hadoop 核心全局配置文件,可以其他配置文件中引用该文件中定义的属性,如在 hdfs-site. xml 及 mapred-site. xml 中会引用该文件的属性 该文件的模板文件存在于 $ HADOOP_HOME/src/core/core-default. xml,可将模板文件复制到 conf 目录,再进行修改

文 件 名 称	说　　明
hadoop-env. sh	Hadoop 环境变量
hdfs-site. xml	HDFS 配置文件,该模板的属性继承于 core-site. xml 该文件的模板文件存在于 $ HADOOP_HOME/src/hdfs/hdfs-default. xml,可将模板文件复制到 conf 目录,再进行修改
mapred-site. xml	MapReduce 的配置文件,该模板的属性继承于 core-site. xml 该文件的模板文件存在于 $ HADOOP_HOME/src/mapred/mapredd-default. xml,可将模板文件复制到 conf 目录,再进行修改
masters	用于设置所有 secondaryNameNode 的名称或 IP,每一行存放一个。如果是名称,那么设置的 secondaryNameNode 名称必须在/etc/hosts 有 IP 映射配置
slaves	用于设置所有 slave 的名称或 IP,每一行存放一个。如果是名称,那么设置的 slave 名称必须在/etc/hosts 有 IP 映射配置

　　$ HADOOP_HOME/lib 目录存放的是 Hadoop 运行时依赖的 jar 包,Hadoop 在执行时会把 lib 目录下面的 jar 全部加到 classpath 中。

　　$ HADOOP_HOME/logs 目录存放的是 Hadoop 运行的日志,查看日志对寻找 Hadoop 运行错误非常有帮助。

　　具体安装过程如下所示。

　　(1) 修改 hadoop/conf 下的 core-site. xml,该文件配置 NameNode 的主机名和端口号。命令及文件内容如下:

```
hadoop@master:~/hadoop/conf$sudo nano core-site.xml
<configuration>
  <property>
    <name>fs.default.name</name>
    <value>localhost:9000</value>
  </property>
</configuration>
```

　　(2) 修改 hadoop/conf 下的 hdfs-site. xml 文件,在该文件内配置分布式文件系统的副本数,因为是伪分布模式,所以副本数为 1。文件内容如下:

```
<configuration>
  <property>
    <name>dfs.replication</name>
    <value>1</value>
  </property>
</configuration>
```

　　(3) 修改 hadoop/conf 下的 mapred-site. xml 文件,该文件的参数指定了 JobTracker 的主机名和端口号,文件内容如下:

```
<configuration>
  <property>
```

```
        <name>mapred.job.tracker</name>
        <value>localhost:9001</value>
    </property>
</configuration>
```

（4）格式化文件系统。在运行 Hadoop 之前需要先格式化文件系统，命令如下：

hadoop@master:~/hadoop/bin$**hadoop namenode - format**

（5）运行 hadoop。

hadoop@master:~/hadoop/bin$**start-all.sh**

（6）运行 Jps 查看 Java 进程。

```
hadoop@master:~/hadoop/bin$jps
3569 Jps
3409 JobTracker
3202 DataNode
3314 SecondaryNameNode
3096 NameNode
3517 TaskTracker
```

可以看出已经运行的进程有 NameNode、SecondaryNameNode、DataNode、JobTracker、TaskTracker 共五个进程。

（7）停止 hadoop。

```
hadoop@master:~/hadoop/bin$stop-all.sh
Warning: $HADOOP_HOME is deprecated
stopping jobtracker
localhost: stopping tasktracker
stopping namenode
localhost: stopping datanode
localhost: stopping secondarynamenode
```

提示：启动时显示 Warning：$ HADOOP_HOME is deprecated 提示信息，屏蔽的方法如下。

```
在/etc/profile 中加入
export HADOOP_HOME_WARN_SUPPRESS=1k
```

3.3.3　分布式安装

分布式安装采用如图 3-21 所示的结构，由三台 Linux 服务器组成，它们的网络适配器采用仅主机（host only），宿主机 Windows 中的 VMnet1 的 IP 设为与虚拟机集群在同一网段。这样，Windows 与 Linux 服务器可以互相访问，方便在 Windows 下使用 Eclipse 开发调试 Hadoop 程序。服务器集群的配置如表 3-3 所示。

安装后的 Linux 服务器需要配置 IP、hosts 文件、SSH 服务器、解压 hadoop-1.2.1.tar.gz、配置 Hadoop 环境变量等，请参见 3.1.6、3.1.7、3.2.4、3.3.1 小节，这里不再重复。

表 3-3　集群中各机器配置表

主机名	hadoop角色	Jps 运行结果	IP 地址	用户名/密码	安 装 路 径
master	master	NameNode	192.168.1.10		
	slaves	SecondaryNameNode			
		JobTracker			
		TaskTracker			
		DataNode		hadoop/hadoop	/home/hadoop/hadoop
slave1	slaves	DataNode	192.168.1.20		
		TaskTracker			
slave2	slaves	DataNode	192.168.1.30		
		TaskTracker			

1. 修改 hadoop/conf/masters 文件

这个文件存储着 master 节点的 IP 或机器名,建议使用机器名,每行一个机器名:

```
hadoop@master:~/hadoop/conf$sudo nano masters
#localhost
master
```

因为 Master 节点的名字叫 master,所以文件内容为 master。

2. 修改 hadoop/conf/slavers 文件

```
hadoop@master:~/hadoop/conf$sudo nano slaves
#localhost
master
slave1
slave2
```

 注意:这里 master 机器既是 Hadoop 集群中的 master,又是集群中的 slave。

3. 配置环境变量/etc/profile

```
#hadoop environment
export HADOOP_HOME=/home/hadoop/hadoop
export PATH=$PATH:$HADOOP_HOME/bin
```

 注意:这个步骤在每台机器上都要修改一次。

4. 在 master 机器上编辑 hadoop-env.sh

```
export JAVA_HOME=/usr/lib/jdk
```

5. 在 master 机器上编辑 core-site.xml

```
<configuration>
<property>
  <name>fs.default.name</name>
  <value>hdfs://master:9000</value>
</property>
<property>
```

```
    <name>hadoop.tmp.dir</name>
    <value>/home/hadoop/hadoop/tmp</value>
</property>
</configuration>
```

hadoop. tmp. dir 指定了所有上传到 Hadoop 的文件的存放目录,所以要确保这个目录是足够大的。

fs. default. name 指定 NameNode 的 IP 地址和端口号,默认值是 file：///,表示使用本地文件系统,用于单机非分布式模式。

建立 tmp 文件夹:

```
hadoop@master:~/hadoop$mkdir tmp
```

⚠️注意：tmp 文件夹在/home/hadoop/hadoop/下,路径为：/home/hadoop/hadoop/tmp。

6. 在 master 机器上编辑 hdfs-site.xml

该文件中设置与 HDFS 相关的设定,如文件副本的个数、块大小及是否使用强制权限等,此中的参数定义会覆盖 hdfs-default. xml 文件中的默认配置。

```
<configuration>
<property>
  <name>dfs.replication</name>
  <value>3</value>
</property>
</configuration>
```

7. 在 master 机器上编辑 mapred-site.xml

配置 MapReduce 的相关设定,如 reduce 任务的默认个数、任务所能够使用内存的默认上下限等,此中的参数定义会覆盖 mapred-default. xml 文件中的默认配置。

```
<configuration>
<property>
  <name>mapred.job.tracker</name>
  <value>master:9001</value>
</property>
</configuration>
```

8. 把 hadoop 安装文件夹复制到其他主机

```
hadoop@master:~$scp -r hadoop hadoop@slave1:/home/hadoop/hadoop
hadoop@master:~$scp -r hadoop hadoop@slave2:/home/hadoop/hadoop
```

🔊提示：linux 下 scp 传文件时错误 scp：/usr/tools：not a regular file 不能成功传送解决方案。

(1) 有可能没权限,执行 chmod 777 命令。

(2) 在使用 scp 时加上-r 参数。

(3) 不要使用绝对路径,而使用相对路径。如:

```
hadoop@master:~$scp -r hadoop hadoop@slave1:/home/hadoop/hadoop
```

此命令在/home/hadoop 下执行的，该路径下有 hadoop 文件夹，复制到 slave1 机器上的/home/hadoop/hadoop 下。

9. hadoop 启动

1）格式化一个新的分布式文件系统

```
hadoop@hadoop:~$cd hadoop
hadoop@hadoop:~/hadoop$bin/hadoop namenode - format
```

2）启动所有节点

启动方式 1：

```
$bin/start-all.sh
```

同时启动 HDFS 和 Map/Reduce。

启动方式 2：

启动 Hadoop 集群需要启动 HDFS 和 Map/Reduce。

在分配的 NameNode 上，运行下面的命令：

```
$bin/start-dfs.sh(单独启动 HDFS 集群)
$bin/start-mapred.sh(单独启动 Map/Reduce)
```

启动过程如下：

```
hadoop@master:~/hadoop$bin/start-all.sh
starting namenode,logging to/home/hadoop/hadoop/libexec/../logs/hadoop-hadoop-
namenode-master.out
slave1: starting datanode, logging to /home/hadoop/hadoop/libexec/../logs/
hadoop-hadoop-datanode-slave1.out
slave2: starting datanode, logging to /home/hadoop/hadoop/libexec/../logs/
hadoop-hadoop-datanode-slave2.out
The authenticity of host 'master (127.0.1.1)' can't be established
ECDSA key fingerprint is 3b:40:1b:69:a9:fc:28:18:02:b1:be:28:43:c3:d8:58
Are you sure you want to continue connecting (yes/no)? yes
master: Warning: Permanently added 'master' (ECDSA) to the list of known hosts
master: starting secondarynamenode, logging to /home/hadoop/hadoop/libexec/../
logs/hadoop-hadoop-secondarynamenode-master.out
starting jobtracker, logging to /home/hadoop/hadoop/libexec/../logs/hadoop-
hadoop-jobtracker-master.out
slave1: starting tasktracker, logging to /home/hadoop/hadoop/libexec/../logs/
hadoop-hadoop-tasktracker-slave1.out
slave2: starting tasktracker, logging to /home/hadoop/hadoop/libexec/../logs/
hadoop-hadoop-tasktracker-slave2.out
```

10. 用 jps 查看 Java 进程

在 master 服务器上的结果。

```
hadoop@master:~/hadoop$jps
3265 TaskTracker
3315 Jps
2947 DataNode
```

```
3061 SecondaryNameNode
2838 NameNode
3148 JobTracker
```

在 slave1 和 slave2 上的结果。

```
hadoop@slave1:/etc/ssh$jps
2512 DataNode
2578 TaskTracker
2626 Jps
```

📢))) 提示：当用 jps 查看 Java 进程时，可能在 master 机器中没有 namenode，或者是在 slave 机器中没有 datanode 进程，这是由于每次关闭服务器时，没有执行 stop-all.sh 命令停止 Hadoop 而造成的，解决方法如下。

（1）先运行 stop-all.sh。

（2）检查 conf/masters 和 conf/slaves 文件，确保配置没有错误。

（3）格式化 namdenode，不过在这之前要先删除原目录，即 core-site.xml 下配置的 <name>hadoop.tmp.dir</name> 所指向的目录（在这个例子中目录为：/home/hadoop/tmp），删除后切记要重新建立所需的 tmp 目录，然后运行 hadoop namenode -format。

（4）运行 start-all.sh。

再用 jps 命令在每个机器中查看 Java 进程就应该没问题了。以后注意每次关机前，请记住执行 stop-all.sh。

11. 通过 Web 页面查看 Hadoop 状况

在客户端的浏览器地址栏中输入：http://192.168.1.10:50070，查看系统 HDFS 的状况，如图 3-33 所示。

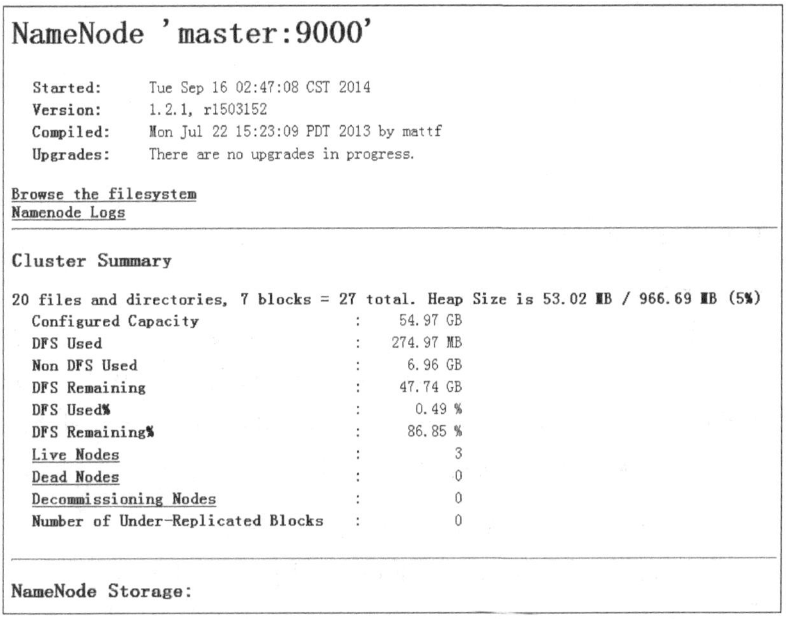

```
NameNode 'master:9000'

Started:      Tue Sep 16 02:47:08 CST 2014
Version:      1.2.1, r1503152
Compiled:     Mon Jul 22 15:23:09 PDT 2013 by mattf
Upgrades:     There are no upgrades in progress.

Browse the filesystem
Namenode Logs
_____

Cluster Summary

20 files and directories, 7 blocks = 27 total. Heap Size is 53.02 MB / 966.69 MB (5%)
   Configured Capacity           :      54.97 GB
   DFS Used                      :      274.97 MB
   Non DFS Used                  :      6.96 GB
   DFS Remaining                 :      47.74 GB
   DFS Used%                     :      0.49 %
   DFS Remaining%                :      86.85 %
   Live Nodes                    :      3
   Dead Nodes                    :      0
   Decommissioning Nodes         :      0
   Number of Under-Replicated Blocks  :   0
_____

NameNode Storage:
```

图 3-33　通过 Web 页面查看系统状况

在客户端浏览器的地址栏中输入：http://192.168.1.10:50030，查看系统的 MapReduce 状况，如图 3-34 所示。

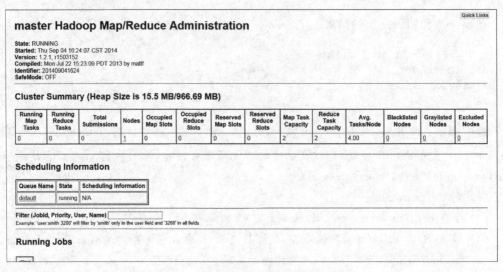

图 3-34　通过网页查看系统 MapReduce 状况

12. 停止 hadoop

```
hadoop@master:~/hadoop$bin/stop-all.sh
stopping jobtracker
master: stopping tasktracker
slave1: stopping tasktracker
slave2: stopping tasktracker
stopping namenode
master: stopping datanode
slave1: stopping datanode
slave2: stopping datanode
master: stopping secondarynamenode
```

3.3.4　Hadoop 管理员常用命令

1. NameNode 相关命令

NameNode 是 Hadoop 集群中至关重要的一个节点，如果 NameNode 出现故障，整个集群将会瘫痪，因此对 NameNode 的管理尤为重要。Hadoop 的 Shell 中有 NameNode 命令，命令选项说明如表 3-4 所示，可以进行 NameNode 的格式化、升级、回滚等操作，输入 hadoop namenode -help 命令将会显示支持的命令列表。

```
hadoop@master:~/hadoop/bin$hadoop namenode -help
```

用法：hadoop NameNode [-format [-force] [-nonInteractive]] | [-upgrade] | [-rollback] | [-finalize] | [-importCheckpoint] | [-recover [-force]]。

例如：格式化 NameNode。

`hadoop@master:~/hadoop/bin$`**`hadoop namenode - format`**

表 3-4　NameNode 命令选项说明

命 令 选 项	描　　　述
-format	格式化 NameNode。它启动 NameNode,格式化 NameNode,之后关闭 NameNode
-upgrade	分发新版本的 Hadoop 后,NameNode 应以 upgrade 选项启动
-rollback	将 NameNode 回滚到前一版本。这个选项要在停止集群,分发旧的 Hadoop 版本后使用
-finalize	finalize 会删除文件系统的前一状态。最近的升级会被持久化,rollback 选项将再不可用,升级终结操作后,它会停掉 NameNode
-importCheckpoint	从检查点目录装载镜像并保存到当前检查点目录,检查点目录由 fs. checkpoint. dir 指定

2. SecondaryNameNode 命令

运行 SecondaryNameNode 命令对 EditsLog 进行操作(如获取大小等),命令选项说明如表 3-5 所示。

用法:hadoop secondarynamenode [-checkpoint [force]] | [-geteditsize]。

表 3-5　SecondaryNameNode 命令选项说明

命 令 选 项	描　　　述
-checkpoint [force]	如果 EditLog 的大小>= fs. checkpoint. size,启动 SecondaryNameNode 的检查点过程。如果使用了-force,将不考虑 EditLog 的大小
-geteditsize	打印 EditLog 大小

3. DataNode 命令

运行一个 HDFS 的 DataNode 命令选项说明如表 3-6 所示。

用法:hadoop datanode [-rollback]。

表 3-6　DataNode 命令选项说明

命 令 选 项	描　　　述
-rollback	将 DataNode 回滚到前一个版本。这需要在停止 DataNode,分发旧的 Hadoop 版本之后使用

4. dfsadmin 命令

运行一个 HDFS 的 dfsadmin 客户端,命令选项说明如表 3-7 所示。

用法:hadoop dfsadmin [GENERIC_OPTIONS] [-report] [-safemode enter | leave | get | wait] [-refreshNodes] [-finalizeUpgrade] [-upgradeProgress status | details | force] [-metasave filename] [-setQuota < quota > < dirname >... < dirname >] [-clrQuota <dirname>...<dirname>] [-help [cmd]]。

表 3-7 dfsadmin 命令选项说明

命 令 选 项	描　　　述
-report	报告文件系统的基本信息和统计信息
-safemode enter ｜ leave ｜ get ｜ wait	安全模式维护命令。安全模式是 NameNode 的一个状态，这种状态下，NameNode (1) 不接受对名字空间的更改(只读) (2) 不复制或删除块 NameNode 会在启动时自动进入安全模式，当配置的块最小百分比数满足最小的副本数条件时，会自动离开安全模式。安全模式可以手动进入，但是这样也必须手动关闭安全模式
-refreshNodes	重新读取 hosts 和 exclude 文件，更新允许连到 NameNode 的或那些需要退出或入编的 DataNode 的集合
-finalizeUpgrade	终结 HDFS 的升级操作。DataNode 删除前一个版本的工作目录，之后 NameNode 也这样做。这个操作完结整个升级过程
-upgradeProgress status ｜ details ｜ force	请求当前系统的升级状态，状态的细节，或者强制升级操作进行
-metasave filename	保存 NameNode 的主要数据结构到 hadoop. log. dir 属性指定的目录下的 ＜filename＞文件。对下面的每一项，＜filename＞中都会一行内容与之对应 (1) NameNode 收到的 DataNode 的心跳信号 (2) 等待被复制的块 (3) 正在被复制的块 (4) 等待被删除的块

1) 返回安全模式是否开启

```
hadoop@master:~/hadoop/bin$hadoop dfsadmin -safemode get
```

2) 进入安全模式

```
hadoop@master:~/hadoop$bin/hadoop dfsadmin -safemode enter
```

3) 离开安全模式

```
hadoop@master:~/hadoop/bin$hadoop dfsadmin -safemode leave
```

4) 检查 HDFS 状态，包括 DN 信息

```
hadoop@master:~/hadoop$bin/hadoop dfsadmin -report
```

查看 HDFS 基本统计信息。

5. fsck 命令

1) 运行 HDFS 文件系统检查工具

参考 Fsck 命令选项说明了解更多，如表 3-8 所示。

用法：hadoop fsck [GENERIC_OPTIONS]＜path＞[-move ｜ -delete ｜ -openforwrite] [-files [-blocks [-locations ｜ -racks]]]。

表 3-8 fsck 命令选项说明

命令选项	描 述	命令选项	描 述
<path>	检查的起始目录	-files	打印出正被检查的文件
-move	移动受损文件到/lost＋found	-blocks	打印出块信息报告
-delete	删除受损文件	-locations	打印出每个块的位置信息
-openforwrite	打印出写打开的文件	-racks	打印出 data-node 的网络拓扑结构

2）检查 HDFS 块状态，是否损坏

```
hadoop fsck/
```

⚠️ **注意**：此命令运行时间较长。

3）检查 HDFS 块状态，删除损坏块

```
hadoop fsck/-delete
```

6. job 命令

该命令用于和 MapReduce 作业进行交互。参考 job 命令选项说明了解更多，如表 3-9 所示。

用法：hadoop job［GENERIC_OPTIONS］［-submit<job-file>］｜［-status<job-id>］｜［-counter<job-id>＜group-name＞＜counter-name＞］｜［-kill＜job-id＞］｜［-events＜job-id＞＜from-event-＃＞＜＃-of-events＞］｜［-history［all］＜jobOutputDir＞］｜［-list［all］］｜［-kill-task＜task-id＞］｜［-fail-task＜task-id＞］。

表 3-9 job 命令选项说明

命令选项	描 述
-submit<job-file>	提交作业
-status<job-id>	打印 map 和 reduce 完成百分比和所有计数器
-counter<job-id>＜group-name＞＜counter-name＞	打印计数器的值
-kill<job-id>	杀死指定作业
-events<job-id>＜from-event-＃＞＜＃-of-events＞	打印给定范围内 jobtracker 接收到的事件细节
-history［all］<jobOutputDir>	-history[all]<jobOutputDir>打印作业的细节、失败及被杀死原因的细节。更多地关于一个作业的细节比如成功的任务，做过的任务尝试等信息可以通过指定[all]选项查看
-list［all］	-list [all]显示所有作业。-list 只显示将要完成的作业
-kill-task<task-id>	杀死任务。被杀死的任务不会不利于失败尝试
-fail-task<task-id>	使任务失败。被失败的任务会对失败尝试不利

1）列出正在运行的 job

```
hadoop job -list
```

如：

```
hadoop@master:~/hadoop/bin$hadoop job -list
0 jobs currently running
JobId  State  StartTime   UserName   Priority   SchedulingInfo
```

2）杀死某个进 hadoop 进程

```
hadoop job -kill<job-id>   #kill job
```

7. pipes 命令

运行 pipes 作业，命令选项说明如表 3-10 所示。

表 3-10　pipes 命令选项说明

命令选项	描　述
-conf<path>	作业的配置
-jobconf<key=value>,<key=value>,…	增加/覆盖作业的配置项
-input<path>	输入目录
-output<path>	输出目录
-jar<jar file>	jar 文件名
-inputformat<class>	InputFormat 类
-map<class>	Java Map 类
-partitioner<class>	Java Partitioner
-reduce<class>	Java Reduce 类
-writer<class>	Java RecordWriter
-program<executable>	可执行程序的 URI
-reduces<num>	reduce 个数

用法：hadoop pipes [-conf<path>] [-jobconf<key=value>,<key=value>,…]
[-input<path>] [-output<path>] [-jar<jar file>] [-inputformat<class>] [-map
<class>] [-partitioner<class>] [-reduce<class>] [-writer<class>] [-program
<executable>] [-reduces<num>]。

8. jobtracker 命令

运行 MapReduce job Tracker 节点。

用法：hadoop jobtracker。

9. tasktracker 命令

运行 MapReduce 的 task Tracker 节点。

用法：hadoop tasktracker。

10. balancer 命令

运行集群平衡工具。管理员可以简单地按 Ctrl+C 组合停止平衡过程。命令选项说明
如表 3-11 所示。

用法：hadoop balancer [-threshold<threshold>]。

表 3-11　balancer 命令选项说明

命 令 选 项	描　　述
-threshold<threshold>	磁盘容量的百分比。这会覆盖默认的阈值

也可以执行：

```
./bin/start-balancer.sh
```

11. version 命令

打印版本信息。

用法：hadoop version。

```
hadoop@master:~/hadoop/bin$hadoop version
Hadoop 1.2.1
Subversion https://svn.apache.org/repos/asf/hadoop/common/branches/branch-
1.2 -r 1503152
Compiled by mattf on Mon Jul 22 15:23:09 PDT 2013
From source with checksum 6923c86528809c4e7e6f493b6b413a9a
This command was run using /home/hadoop/hadoop/hadoop-core-1.2.1.jar
```

3.4　双 NameNode 分布式安装 Hadoop 2.2.0

鉴于 Hadoop 2.X 已经发布，并且加入了一些新的特征，其中最重要的就是加入了双 NameNode，克服了 Hadoop 1.X 中 NameNode 的单点问题。本节以 Hadoop 2.2.0 为蓝本介绍一下它的安装方法。

在 Hadoop 2.X 中通常由两个 NameNode 组成，一个处于 active 状态，另一个处于 standby 状态。Active NameNode 对外提供服务，而 Standby NameNode 则不对外提供服务，仅同步 active namenode 的状态，以便能够在它失效时快速进行切换。

Hadoop 2.0 官方提供了两种 HDFS HA 的解决方案，一种是 NFS，另一种是 QJM。这里使用简单的 QJM。在该方案中，主备 NameNode 之间通过一组 JournalNode 同步元数据信息，一条数据只要成功写入多数 JournalNode，即认为写入成功。通常配置奇数个 JournalNode。

这里还配置了一个 Zookeeper 集群，用于 ZKFC(DFSZKFailoverController)故障转移，集群规划如表 3-12 所示。当 Active NameNode 挂起，会自动切换 Standby NameNode 为 standby 状态。

表 3-12　集群规划

主 机 名	IP	安装软件	运行的进程
hadoop01	192.168.1.10	hadoop、zookeeper	NameNode、 DataNode、 QuorumPeerMain、 JournalNode、 DFSZKFailoverController、ResourceManager、NodeManager
hadoop02	192.168.1.20	hadoop、zookeeper	NameNode、 DataNode、 QuorumPeerMain、 JournalNode、 DFSZKFailoverController、NodeManager

主 机 名	IP	安装软件	运行的进程
hadoop03	192.168.1.30	hadoop、zookeeper	DataNode、QuorumPeerMain、JournalNode、NodeManager

3.4.1 安装配置 Zookeeper 集群

Zookeeper 顾名思义"动物园管理员",他是管大象(Hadoop)、蜜蜂(Hive)、小猪(Pig)的管理员,Apache HBase、Apache Solr、LinkedIn sensei 等项目中都采用了 Zookeeper。Zookeeper 是一个分布式的,开放源码的分布式应用程序协调服务,Zookeeper 是以 Fast Paxos 算法为基础,实现同步服务,配置维护和命名服务等分布式应用。

下载 zookeeper-3.4.5.tar.gz,并把它上传到 hadoop 集群。

下载地址为:http://zookeeper.apache.org/releases.html♯download。

1. 解压

```
hadoop@hadoop01:~$tar -zxvf zookeeper-3.4.5.tar.gz
hadoop@hadoop01:~$mv zookeeper-3.4.5 zookeeper
```

2. 修改配置

```
hadoop@hadoop01:~$cd zookeeper/conf
hadoop@hadoop01:~/zookeeper/conf$cp zoo_sample.cfg  zoo.cfg
nano zoo.cfg
```

修改:

```
dataDir=/home/hadoop/zookeeper/tmp
```

在最后添加:

```
server.1=hadoop01:2888:3888
server.2=hadoop02:2888:3888
server.3=hadoop03:2888:3888
```

保存退出。
然后创建一个 tmp 文件夹。

```
mkdir /home/hadoop/zookeeper/tmp
```

再创建一个空文件。

```
hadoop@hadoop01:~/zookeeper/tmp$touch myid
```

最后向该文件写入 ID。

```
hadoop@hadoop01:~/zookeeper/tmp$echo 1>myid
```

3. 将配置好的 Zookeeper 复制到其他节点

```
hadoop@hadoop01:~$scp -r zookeeper hadoop@hadoop02:/home/hadoop/zookeeper
hadoop@hadoop01:~$scp -r zookeeper hadoop@hadoop03:/home/hadoop/zookeeper
```

提示：修改 hadoop02、hadoop03 对应 zookeeper/tmp/myid 内容：

```
hadoop02:
    echo 2>/home/hadoop/zookeeper/tmp/myid
hadoop02:
    echo 3>/home/hadoop/zookeeper/tmp/myid
```

3.4.2　安装 Hadoop 2.2.0

1. 解压 Hadoop 2.2.0

```
hadoop@hadoop01:~$tar -zxvf hadoop-2.2.0.tar.gz
hadoop@hadoop01:~$mv hadoop-2.2.0 hadoop
```

2. 修改/etc/profile

添加以下内容，这一步需在所有节点上都做。

```
export HADOOP_HOME=/home/hadoop/hadoop
export PATH=$PATH:$HADOOP_HOME/sbin:$HADOOP_HOME/bin
```

3. 修改 hadoo-env.sh

配置文件在 $ HADOOP_HOME/etc/hadoop 目录下。

```
hadoop@hadoop01:~$cd hadoop/etc/hadoop
hadoop@hadoop01:~/hadoop/etc/hadoop$nano hadoop-env.sh
export JAVA_HOME=/usr/lib/jdk
```

4. 修改 core-site.xml

```
<configuration>
<!--指定 hdfs 的 nameservice 为 ns1 -->
<property>
<name>fs.defaultFS</name>
<value>hdfs://ns1</value>
</property>
<!--指定 hadoop 临时目录 -->
<property>
<name>hadoop.tmp.dir</name>
<value>/home/hadoop/hadoop/tmp</value>
</property>
<!--指定 zookeeper 地址 -->
<property>
<name>ha.zookeeper.quorum</name>
<value>hadoop01:2181,hadoop02:2181,hadoop03:2181</value>
</property>
</configuration>
```

建 tmp 文件夹：hadoop@hadoop01：~/hadoop $ mkdir tmp。

5. 修改 hdfs-site.xml

```
<configuration>
<!--指定 hdfs 的 nameservice 为 ns1,需要和 core-site.xml 中的保持一致 -->
<property>
<name>dfs.nameservices</name>
<value>ns1</value>
</property>
<!--ns1 下面有两个 NameNode,分别是 nn1,nn2 -->
<property>
<name>dfs.ha.namenodes.ns1</name>
<value>nn1,nn2</value>
</property>
<!--nn1 的 RPC 通信地址 -->
<property>
<name>dfs.namenode.rpc-address.ns1.nn1</name>
<value>hadoop01:9000</value>
</property>
<!--nn1 的 http 通信地址 -->
<property>
<name>dfs.namenode.http-address.ns1.nn1</name>
<value>hadoop01:50070</value>
</property>
<!--nn2 的 RPC 通信地址 -->
<property>
<name>dfs.namenode.rpc-address.ns1.nn2</name>
<value>hadoop02:9000</value>
</property>
<!--nn2 的 http 通信地址 -->
<property>
<name>dfs.namenode.http-address.ns1.nn2</name>
<value>hadoop02:50070</value>
</property>
<!--指定 NameNode 的元数据在 JournalNode 上的存放位置 -->
<property>
<name>dfs.namenode.shared.edits.dir</name>
<value>qjournal://hadoop01:8485;hadoop02:8485;hadoop03:8485/ns1</value>
</property>
<!--指定 JournalNode 在本地磁盘存放数据的位置 -->
<property>
<name>dfs.journalnode.edits.dir</name>
<value>/home/hadoop/hadoop/journal</value>
</property>
<!--开启 NameNode 失败自动切换 -->
<property>
<name>dfs.ha.automatic-failover.enabled</name>
<value>true</value>
</property>
<!--配置失败自动切换实现方式 -->
<property>
<name>dfs.client.failover.proxy.provider.ns1</name>
```

```
<value>org.apache.hadoop.hdfs.server.namenode.ha.
ConfiguredFailoverProxyProvider</value>
</property>
<!--配置隔离机制 -->
<property>
<name>dfs.ha.fencing.methods</name>
<value>sshfence</value>
</property>
<!--使用隔离机制时需要 ssh 免登录 -->
<property>
<name>dfs.ha.fencing.ssh.private-key-files</name>
<value>/home/hadoop/.ssh/id_rsa</value>
</property>

</configuration>
```

6. 修改 slaves

```
hadoop01
hadoop02
hadoop03
```

7. 配置 YARN

修改 yarn-site.xml

```
<configuration>
    <!--指定 resourcemanager 地址 -->
    <property>
        <name>yarn.resourcemanager.hostname</name>
        <value>hadoop01</value>
    </property>
    <!--指定 nodemanager 启动时加载 server 的方式为 shuffle server -->
    <property>
        <name>yarn.nodemanager.aux-services</name>
        <value>mapreduce_shuffle</value>
    </property>
</configuration>
```

8. 修改 mapred-site.xml

```
<configuration>
    <!--指定 mr 框架为 yarn 方式 -->
    <property>
        <name>mapreduce.framework.name</name>
        <value>yarn</value>
    </property>
</configuration>
```

9. 复制 hadoop 文件夹

```
hadoop@hadoop01:~$scp -r hadoop hadoop@hadoop02:/home/hadoop/hadoop
hadoop@hadoop01:~$scp -r hadoop hadoop@hadoop03:/home/hadoop/hadoop
```

10. 启动 Zookeeper

分别在 hadoop01、hadoop02、hadoop03 上启动 Zookeeper。

```
hadoop@hadoop02:~$cd zookeeper/bin
hadoop@hadoop02:~/zookeeper/bin$./zkServer.sh start
```

查看状态：

```
hadoop@hadoop03:~/zookeeper/bin$./zkServer.sh status
```

在每个节点上执行一次以上命令，会发现有一个是 leader，两个是 follower。

11. 启动 JournalNode

在 hadoop01 上启动所有 JournalNode。

```
hadoop@hadoop01:~/zookeeper/bin$cd /home/hadoop/hadoop/sbin
hadoop@hadoop01:~/hadoop/sbin$hadoop-daemons.sh start journalnode
```

运行 jps 命令检验，多了 JournalNode 进程：

```
hadoop@hadoop01:~/hadoop/sbin$jps
1953 QuorumPeerMain
2071 JournalNode
2115 Jps
```

12. 格式化 NameNode

```
hadoop@hadoop01:~/hadoop/sbin$hadoop namenode -format
```

格式化后会在根据 core-site. xml 中的 hadoop. tmp. dir 配置生成一个文件夹 dfs，复制 tmp 文件夹：

```
hadoop@hadoop01:~/hadoop$cd tmp
hadoop@hadoop01:~/hadoop/tmp$scp -r dfs/ hadoop@hadoop02:/home/hadoop/hadoop/
tmp
```

13. 格式化 Zookeeper

```
hadoop@hadoop01:~/hadoop/sbin$hdfs zkfc -formatZK
```

14. 启动 HDFS

在 hadoop01 上启动 HDFS。

```
hadoop@hadoop01:~/hadoop/sbin$start-dfs.sh
```

15. 启动 YARN

在 hadoop01 上启动 YARN。

```
hadoop@hadoop01:~/hadoop/sbin$start-yarn.sh
```

可以统计浏览器访问：

```
http://192.168.1.10:50070
NameNode 'hadoop01:9000' (active)
```

16. 验证 HDFS HA

首先向 HDFS 上传一个文件。

```
hadoop@hadoop01:~/hadoop/sbin$hadoop fs -put/etc/profile /profile
hadoop@hadoop01:~/hadoop/sbin$hadoop fs -ls/
```

然后再 kill 掉 active 的 NameNode。

```
kill -9
```

说明：这里的 9，是 NameNode 的 pid，用 jps 可以看到。

通过浏览器访问：http://192.168.1.20:50070。

```
NameNode 'hadoop02:9000' (active)
```

这时 hadoop02 上的 NameNode 变成了 active。

在执行命令：

```
hadoop fs -ls /
-rw-r--r--   3 root supergroup   1926 2014-02-06 15:36 /profile
```

刚才上传的文件依然存在!

手动启动那个挂起的 NameNode：

```
sbin/hadoop-daemon.sh start namenode
```

通过浏览器访问：http://192.168.1.10:50070。

```
NameNode 'hadoop01:9000' (standby)
```

发现刚才处于 active，然后又被"杀掉"的 hadoop01，现在已经处于 standby 状态了。验证 YARN 如下。

运行 hadoop 提供的 demo 中的 WordCount 程序：

```
hadoop@hadoop01:~/hadoop$hadoop jar share/hadoop/mapreduce/hadoop-mapreduce-
examples-2.2.0.jar wordcount /profile /out
```

查看执行结果：

```
hadoop@hadoop01:~/hadoop$hadoop fs -ls /out
Found 2 items
-rw-r--r--   3 hadoop supergroup        0 2014-06-09 18:43 /out/_SUCCESS
-rw-r--r--   3 hadoop supergroup      787 2014-06-09 18:43 /out/part-r-00000
hadoop@hadoop01:~/hadoop$hadoop fs -cat /out/part-r-00000
!=       1
"$BASH" 2
#        6
...
then     6
umask    1
unset    1
```

17. 启动/停止服务

1）启动 Zookeeper（所有节点）

```
hadoop@hadoop02:~$/home/hadoop/zookeeper/bin/zkServer.sh start
```

若不启动，hadoop01 将会是 standby 状态。

2）启动 DFS

```
hadoop@hadoop01:~$start-dfs.sh
```

3）启动 YARN

```
start-yarn.sh
```

4）停止 YARN

```
hadoop@hadoop01:~$stop-yarn.sh
```

5）停止 DFS

```
hadoop@hadoop01:~$stop-dfs.sh
```

6）停止 Zookeeper

```
hadoop@hadoop01:~$/home/hadoop/zookeeper/bin/zkServer.sh stop
```

HDFS 文件系统

随着互联网应用的发展,对数据存储提出了许多新的要求,面对这些新的要求,传统的文件系统已经不能很好地应对了,需要有新的技术来满足这些要求。Hadoop 的 HDFS 系统正是在这种背景下产生的。本章将对 HDFS 进行详细介绍。

4.1 互联网时代对存储系统的新要求

自 20 世纪 90 年代互联网产生以来,互联网应用迅猛发展,产生了许多前所未有的应用,如:搜索引擎、电子商务、网络社交等。这些新的应用产生了海量的数据。2008 年的 Google 公司,当时它就已经拥有超过 200 个 GFS(Google 文件系统)集群在运行,每个集群有 1 000~5 000 台机器,每个 GFS 存储高达 5PB 的数据,成千上万的机器需要的数据都从 GFS 集群中检索,这些集群中数据读写的吞吐量可高达 40GB 每秒,每天大约要处理的数据量超过 20PB。在应用程序方面,Google 已经拥有 6 000 个 MapReduce 应用程序在运行,并且以每月编写数百个新应用程序的速度在增长。如此巨量的数据以及快速的增长速度,对存储系统提出了新的要求。此外,目前百度搜索引擎的数据量也大于 200PB,雅虎和脸谱的数据量在 100PB 以上,电商淘宝的数据量在 15PB 以上,eBay 数据量在 10PB 以上。这些数据说明了一个问题,随着互联网应用的普及与发展,数据量在飞速地增长,要求存储系统必须能够满足这种飞速的发展,能够存储海量的数据。除了容量的要求以外,还要满足以下几个要求。

1. 存储系统要廉价且稳定

虽然现在的存储技术在不断地发展,先后出现了磁盘阵列存储的直连式存储技术(DAS)、网络接入存储技术(NAS)、存储区域网络技术(SAN)等。但是随着海量数据的产生,这些技术的存储成本也在不断地增加。作为商业应用,成本是第一个要考虑的因素。能否发明一种廉价的存储技术,使单位数据的存储成本降下来,同时,要求这种技术还要非常稳定,不能因为硬件或软件的故障而影响数据的使用。

2. 满足大并发量的访问请求

首先,看一下 2012 年 11 月 11 日购物狂欢节这一天,各电商访问量及变化率。

通过表 4-1 可以看到"双 11"这一天,淘宝和天猫的日访问量都在 6 000 万次以上,其他电商的访问量也是非常巨大的。如此高的访问量也带来了非常高的并发访问量,在如此严峻的运行环境下,如何进行顺畅的文件访问及管理成为一个技术难题。

表 4-1 "双 11"购物狂欢节日访问量表

电商名称	2012-11-11 访问量	2012-10-11 访问量	变化率/%
淘宝网	65 921 331	34 629 999	90
天猫商城	60 633 770	9 032 382	571
京东商城	19 408 285	8 687 256	123
苏宁易购	6 989 279	1,388 563	403
易讯	3 988 016	1 486 228	168
库巴网	784 211	294 489	166

3. 支持超大的文件

现在很多面向互联网的应用系统都在记录着各种各样的数据,如:电商网站需要记录用户的浏览购物行为;Web 网站记录用户访问日志;搜索引擎记录用户的搜索记录;业务系统记录本公司的业务数据等,数据被持续追加到文件中,最终形成一个个超大的文件,一般都在 TB 级甚至更大,如此巨大的文件,一般的文件系统是不可能进行很好存储的。

4. 文件系统要有超大的吞吐量

正如表 4-1 所示,一个电商系统的日访问量非常巨大,达到千万人次,每个顾客在网站浏览时间从几分钟到几十分钟,甚至几个小时。在此期间系统要不断地记录各种数据,如果系统的吞吐量比较小,不能快速处理业务数据,这对电商系统来说是致命的,在现实世界中不乏因为系统的吞吐量较小,系统运行缓慢,最终导致业务系统失败的案例。

4.2 HDFS 系统的特点

Hadoop 借鉴了 Google 公司的 GFS 系统的技术,实现了 HDFS(Hadoop Distributed File System)系统,并开放源代码,使人们有幸领略到了大数据处理的风采,它是否能满足互联网时代的业务需求呢? 以下来看它的表现。

1. 廉价且稳定的存储解决方案

为了降低系统的建设和运维成本,Hadoop 并不是运行在昂贵且高可靠的硬件上,而是运行在由普通的商用硬件(在零售店能够买到的硬件)组成的庞大集群上,对庞大的廉价集群来说,硬件损坏是常态,怎样来保证系统的稳定性呢? Hadoop 采用了数据块多副本机制,Hadoop 默认把数据分成 64MB 的数据块,并制作 3 个备份,一份放在一个机架内的本地节点上,另一份放在同一机架内的另一节点上,第三份放在另一机架的节点上,三个数据块同时坏掉的可能性是微乎其微的。当数据块的副本数低于 3 时,系统的错误检测与自动恢复技术就会自动把数据块的副本数恢复到正常水平。这样保证了数据的安全与系统的稳定。

2. 高吞吐量的文件系统

HDFS 文件系统上,对文件采取流式读取批量处理的方式,而不是交互式的读写方式。Hadoop 应用对文件实行一次写入、多次读取的访问方式,文件一经创建就不再进行修改,这样极大地提高了系统的吞吐量。

3. 超大文件的支持

HDFS 采用数据块来存储数据，HDFS 中的文件被划分为块大小的多个分块（chunk），作为独立的存储单元。这样一来，文件的大小可以大于网络中任意一个磁盘的容量，文件的所有块并不需要存储在同一个磁盘上，因此他们可以利用集群上的任意一个磁盘进行存储。使用块抽象而非整个文件作为存储单元，大大简化了存储子系统的设计，这对故障种类繁多的分布式系统来说尤为重要。

在 Hadoop 中最常见的超大文件就是日志文件，一个大型的应用系统日志通常会上百GB，甚至达到 TB。正是因为系统中的文件特别巨大，移动起来特别费时费力，因此，在Hadoop 中采用了移动计算，而不是移动数据。也就是说把计算移动到数据旁边比把数据移动到计算旁边更经济高效。

4. 简单一致性的文件系统

Hadoop 的 HDFS 文件系统采用的是一次写入多次读取的模式，文件内容一经写入就不再更改，这样把数据的一致性问题轻而易举地简单化了。

5. 流式的数据访问方式

Hadoop 中数据以流式读取为主，而不是交互地随机读取，这种一次写入多次流式读取的方式极大地提高了文件系统的吞吐量。

正是因为以上所述的特点，Hadoop 得到了广泛的应用，但它也有应用上的短板，主要表现为在以下几种场景不适合使用 HDFS。

1) 低时间延迟的数据访问

要求低时延数据访问的应用，例如几十毫秒范围，不适合在 HDFS 上运行。HDFS 是为高数据吞吐量优化的，这可能会以高时间延迟为代价。

2) 大量的小文件

由于 NameNode 把整个文件系统的元数据存储在内存中，因此该文件系统所能存储的文件总数受限于 NameNode 的内存容量。根据经验，每个文件、目录和数据块的存储信息大约占 150 字节。因此举例来说，如果有 100 万个文件，且每个文件占一个数据块，至少需要 300M 内存。存储数十亿个文件就会超出当前硬件的处理能力。

3) 多用户写入，任意修改文件

HDFS 中的文件可能只有一个 writer，而且写操作总是将数据添加到文件的末尾。它不支持具有多个写入者的操作，也不支持在文件的任意位置进行修改。

4.3　HDFS 文件系统

4.3.1　HDFS 系统组成

HDFS 分布式文件系统是一个主/从（Master/Slave）架构的系统，它主要由NameNode、DataNode、SecondaryNameNode、事务日志、映像文件等构成。系统内有一个NameNode 节点、SecondaryNameNode 节点和一些 DataNodeNameNode 节点，其中NameNode 为主节点、DataNode 为从节点，主从节点都以 Java 程序的形式运行在普通商用计算机上，操作系统为 Linux，系统架构如图 4-1 所示。SecondaryNameNode 是 NameNode 的备份，客户端联系 NameNode 后，取得文件的元数据，而真正的文件读写发生在客户端与 DataNode 之间。

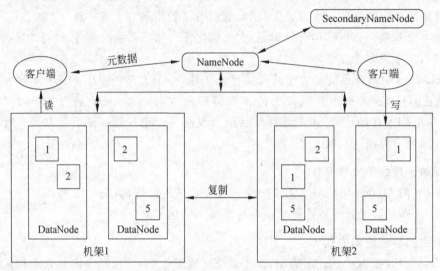

图 4-1　HDFS 结构示意图

1. NameNode

NameNode 是 HDFS 系统中的管理节点，它管理文件系统的命名空间、记录每个文件数据块在 DataNode 上的位置和副本信息、协调客户端对文件的访问、记录命名空间内的改动和空间本身属性的改动。

NameNode 使用事务日志（EditsLog）记录 HDFS 元数据的变化。使用映像文件存储文件系统的命名空间，包括文件映射、文件属性等。

2. DataNode

DataNode 节点是 HDFS 系统中保存数据的节点，负责所在物理节点的存储管理，一次写入，多次读取。文件由数据块组成，默认的块大小是 64MB，数据块以冗余备份的形式分布在不同机架的不同机器上，DataNode 定期向 NameNode 提供其保存的数据块的列表，以便于客户端在获取文件元数据后直接在 DataNode 上进行读写。

3. SecondaryNameNode

在 Hadoop 中只有一个 NameNode，所以存在单点问题，即当 NameNode 节点宕机时，整个系统就瘫痪了。为了解决这个问题，在 Hadoop 中增加了一个 SecondaryNameNode 节点，它一般运行在单独的计算机上，定期从 NameNode 节点获取数据，形成 NameNode 的备份，一旦 NameNode 出现问题，SecondaryNameNode 便可以顶替 NameNode。Hadoop 1.X 中没有真正解决单点问题，到 2.X 后解决了系统的单点问题，提高了系统的可用性，请参照 4.6 节内容。

4. 客户端

客户端是 Hadoop 集群的使用者，他通过 HDFS 的 Shell 和 API 对系统中的文件进行操作。

5. 机架

机架(Rack)是容纳组成集群的普通商用计算机(节点)的架子,各节点被分到不同的机架内,这样做是为了管理和施工的需要,也是为了防灾容错的需要,一个机架内的机器因为灾难、掉电、故障等原因一起宕机的可能性比较大,把机器分配到不同机架后,所有机器一起宕机的可能性则比较小,这也是 HDFS 文件系统安全的原因。一般来说,一个机架内的节点间数据传输速率要快,而不同机架内的节点间数据传输速率要慢一些。

6. 数据块

在操作系统中有数据块的概念,比如磁盘中有扇区,它的大小为 512 字节,这是进行数据读写的最小单位,操作系统中的数据块是磁盘扇区块的整数倍。在 HDFS 中也有数据块的概念,不过要大得多,默认是 64MB,与磁盘数据块类似,数据块(Chunk)是 Hadoop 处理数据的最小单位,一个 Hadoop 文件被分成若干数据块,根据 Hadoop 数据管理的策略,数据块被放置在不同的数据节点(DataNode)中,当数据块的副本数小于规定的份数时,Hadoop 系统的错误检测与自动恢复技术就会自动把数据块的副本数恢复到正常水平。

4.3.2　HDFS 文件数据的存储组织

HDFS 是一个分布式文件系统,它当然拥有读、写、改、复制、删除等基础的文件访问方式,并且这些访问对用户是透明的,用户可以通过 Shell 和 API 两种方式来访问数据。HDFS 是构建在 Linux 之上的一个分布式文件系统,从 Linux 角度来看 HDFS 文件数据是怎样存储的呢?下面就来看一看 HDFS 文件数据的存储组织形式。

1. NameNode 目录结构

NameNode 使用 Linux 操作系统的文件系统来存储数据,保存数据的文件夹位置由{dfs. name. dir}来决定,如果配置文件中未设置该项,则文件夹放在 Hadoop 安装目录下的/tmp/dfs/name,下面来看一下 NameNode 的目录结构。

hadoop@master:~/hadoop/tmp/dfs/name$ **tree -L 2**

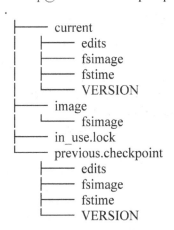

提示:tree 命令,默认情况下可能没有安装,需另外安装。

连接互联网情况下,安装命令为:

```
sudo apt-get update
sudo apt-get install tree
```

tree 命令常见的用法：

tree -a 显示所有。

tree -d 仅显示目录。

tree -L n n 代表数字，表示要显示几层，本例中，表示显示 2 层。

tree -f 显示完整路径。

tree -L 4＞dirce.txt 即可生成 UTF8 格式的文档，查看文档时，需选择 UTF8 编码，否则文件显示为乱码。

(1) current 目录：该目录下保存了 4 个文件。

① edits：EditLog 编辑日志。

② fsimage：整个系统的空间镜像文件。

③ fstime：上一次检查点的时间。

④ VERSION：保存了当前运行的 HDFS 版本信息。

(2) image 目录：fsimage 文件的保存位置。

(3) previous.checkpoint 目录：该目录保存的内容与 current 目录一样，只是这里保存的是上一次检查点的内容。

(4) in_use.lock 文件：NameNode 锁，只在 NameNode 启动并能和 DataNode 正常交互时存在，否则该文件不存在。该文件具有"锁"的功能，可以防止多个 NameNode 共享同一目录。一般来说，一个机器上只有一个 NameNode，这时，这个文件存在的价值就不大了。

2. DataNode 目录结构

DataNode 使用 Linux 操作系统的文件系统来存储数据，保存数据的文件夹位置由｛dfs.data.dir｝来决定，如果配置文件中未设置该项，则文件夹放在 Hadoop 安装目录下的/tmp/dfs/data，其具体结构如下。

hadoop@master:~/hadoop/tmp/dfs/data$ **tree -L 2**

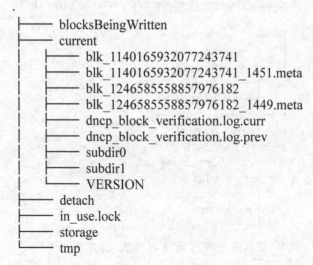

```
.
├── blocksBeingWritten
├── current
│   ├── blk_1140165932077243741
│   ├── blk_1140165932077243741_1451.meta
│   ├── blk_1246585558857976182
│   ├── blk_1246585558857976182_1449.meta
│   ├── dncp_block_verification.log.curr
│   ├── dncp_block_verification.log.prev
│   ├── subdir0
│   ├── subdir1
│   └── VERSION
├── detach
├── in_use.lock
├── storage
└── tmp
```

(1) current 目录：已经成功写入的数据块，以及一些系统需要的文件，包括以下文件。

① blk_××××，blk_××××.meta：分别表示数据块和数据块对应的元数据。

② subdir××：当同一目录下文件数超过一定限制（比如 64）时，会新建一个 subdir 目录，保存多出来的数据块和元数据；这样可以保证同一目录下目录＋文件数不会太多，可以提高搜索效率。

③ VERSION：保存了当前运行的 HDFS 版本信息。

（2）tmp：保存的是用户操作引发的写入操作对应的数据块。

（3）blocksBeingWritten 目录：是 HDFS 系统内部副本创建时（当出现副本错误或者数据不够等情况时）引发的数据块。

（4）detach 目录：用于 DataNode 升级。

（5）storage 文件：由于旧版本的存储目录是 storage，因此如果在新版本的 DataNode 中启动旧版本的 HDFS，会因为无法打开 storage 目录而启动失败，这样可以防止因版本不同带来的风险。

（6）in_use.lock 文件：DataNode 锁，只有在 DataNode 启动并能和 NameNode 正常交互时该文件才存在，否则该文件不存在。这一文件具有"锁"的功能，可以防止多个 DataNode 共享同一目录。一般来说，一个机器上只有一个 DataNode，这时，这个文件存在的价值就不大了。

3. CheckPointNode 目录结构

CheckPointNode 使用 Linux 操作系统的文件系统来存储数据，保存数据的文件夹位置由{dfs.checkpoint.dir}来决定，如果配置文件中未设置该项，则文件夹放在 Hadoop 安装目录下的/tmp/dfs/namesecondary 目录。CheckPointNode 目录下的文件与 NameNode 目录下的同名文件作用基本一致，不同之处在于 CheckPointNode 保存的是自上一个检查点之后的临时镜像和日志。

4.3.3　元数据及其备份机制

Hadoop 是典型的主/从架构，集群中有一个 NameNode 和多个 DataNode，数据以数据块的形式保存在 DataNode 中，在 NameNode 中则管理着文件系统的命名空间。命名空间与现在许多文件系统相类似是一个树状结构，用户可以创建、修改、删除、复制、重命名一个目录或文件。NameNode 也保存着每个数据块的所在节点的信息。这些文件块的映射和文件系统的配置信息都保存在一个叫 fsimage 的映像文件中，事务日志文件（EditsLog）则记录着对文件系统的元数据的改变。如：在 HDFS 中创建了一个新的文件，则在 EditsLog 事务日志文件中插入一条记录标示这个改变。NameNode 对整个 Hadoop 集群来说是至关重要的，它的损坏将导致整个集群不能工作，因为不知道如何根据 DataNode 节点中的数据块来重构文件系统。因此，Hadoop 采取了两种机制来保护 NameNode 的安全。

第一种机制是元数据的持久化。当 NameNode 启动时，它将从磁盘中读取 fsimage 和 EditsLog 文件，将新的元数据刷新到本地磁盘中，生成一个新的 fsimage 文件，至此，EditsLog 文件中的事务日志已经被处理并持久化到 fsimage 中，这个过程叫检查点，它发生在 NameNode 启动时。

第二种机制是在系统中增加了一个辅助的 NameNode，也就是上文中介绍的 SecondaryNameNode，SecondaryNameNode 会周期性地从 NameNode 处获取 EditsLog 日志文件,并把日志合并到 fsimage 文件中,然后清空 EditsLog 文件。NameNode 启动时就会加载新的 fsimage 文件,并创建一个 EditsLog 文件来记录对 HDFS 的操作。SecondaryNameNode 工作原理如图 4-2 所示。

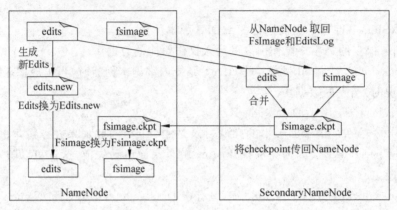

图 4-2 SecondaryNameNode 工作原理

客户端(Client)进行 HDFS 文件操作(创建、修改、复制、删除)时,首先会把这个操作记录在日志(EditsLog)中。在日志中记录这个操作后,NameNode 修改内存中的文件系统的元数据信息。这个操作成功之后,日志都会被同步到文件系统中。fsimage 文件(命名空间映像文件)是内存中元数据在硬盘上 CheckPoint 的结果,它是一种序列化的格式,不能直接从硬盘上打开修改。SecondaryDataNode 的作用就是帮助 NameNode 将内存中的元数据 CheckPoint 到硬盘上。

CheckPoint 的过程如下。

(1) SecondaryNameNode 通知 NameNode 生成新的日志文件,以后的日志都会被记录在新的日志文件中。

(2) SecondaryNameNode 用 HTTP Get 从 NameNode 节点获得 fsimage 文件及旧的日志文件。

(3) SecondaryNameNode 将 fsimage 映像文件加载到内存中,并执行日志文件中的所有操作,然后生成新的 fsimage 文件。

(4) SecondaryNameNode 节点用 HTTP Post 方法把新的 fsimage 文件传回 NameNode。

(5) NameNode 这时就可以使用新的 fsimage 文件和新的日志文件,写入此次 CheckPoint 的时间。

这样,NameNode 中的 fsimage 文件保存了最新的 CheckPoint 的元数据信息,日志文件也重新开始,因为周期性地更换日志文件,所以日志文件不会太大。

SecondaryNameNode 周期性的进行这种合并,影响这种周期的因素有两个。

- editslog 文件的大小达到某一阈值时对其进行合并。
- 到了某一时间周期时进行合并。

这两个因素的配置信息是在 core-site.xml 文件中设置的,其内容如下:

```
<property>
    <name>fs.checkpoint.period</name>          //时间周期
    <value>3600</value>
```

```
</property>
<property>
    <name>fs.checkpoint.size</name>                //日志文件的大小
    <value>67108864</value>
</property>
```

时间间隔默认一小时合并一次,文件大小默认是 64MB。

如果 NameNode 损坏,这时就需要人工从 SecondaryNameNode 恢复数据,会或多或少地丢失一部分数据,因此,应尽量把 NameNode 与 SecondaryNameNode 分开,放在不同的机器上。

4.3.4　数据块备份

HDFS 能够存储管理超大文件是因为它把大文件存储为一系列数据块(Block),数据块默认大小为 64MB,为了容错,数据块被复制多份分布到集群的不同节点上,这些数据块以 Linux 文件的方式保存起来,对 Linux 操作系统来说它并不知道 HDFS 中的文件,当 DataNode 启动时,它会在内存中形成一个数据块与文件的对应关系列表,DataNode 周期性地把这个列表发送给 NameNode,这就是人们所说的心跳机制,NameNode 根据心跳信息知道集群中哪个 DataNode 存活着,哪个 DataNode 已经宕掉,当下一次进行文件读写时,不再给宕掉的 DataNode 节点分配任何新的 I/O 请求。这样,存储在宕掉的节点中的数据块因宕机而变得不可用,某些数据块的副本数因此而下降到指定值以下,NameNode 会不断进行错误检测,检查这些需要复制的数据块,在需要时启动自动恢复机制自动地把数据块的副本数恢复到正常水平。

当然,集群中数据块复制的副本数及数据块的大小都是可以设置的,可以在文件创建时指定,也可以在以后指定。HDFS 文件系统中都是采用一次写入多次读取的机制,并且限制任何时间只有一个用户可以进行写操作。

数据块副本数的配置是在 hdfs-site.xml 中设置的,通过这种方案,文件只在被写入时起作用,虽然改变了副本数的设置,但是不会改变以前写入文件的备份数。

```
<property>
    <name>dfs.replication</name>
    <value>3</value>
</property>
```

另外一种方法是通过命令改变参数:

```
bin/Hadoop fs - serrep - R 2/
```

这样可以改变整个 HDFS 里面的备份数,不需要重新启动,而上一方法需要重新启动 HDFS。

下面来看一下数据块的备份原则和过程。

数据块(Block)是 HDFS 中最小的组成单元,一个大文件被分成多个数据块后,同一个文件中除了最后一个数据块以外,其他所有数据块都是一样大小。数据块用一个 Long 型整数标识,每个数据块默认被复制 3 份,第一份副本放在机架 1 的一个 DataNode 节点上,第二份副本放在同一个机架(机架 1)的另一个 DataNode 节点上,第三份副本放在另外一个机架(机架 2)的一个 DataNode 节点上。在访问文件时会优先在本地机架中找到该文件下的数据块,如果这个机架出现了异常,则可以到另外的机架上找到这个数据块的副本,这样保证了数据的安全可靠。数据块的分布情况如图 4-1 所示。数据块的备份规则如图 4-3 所示。

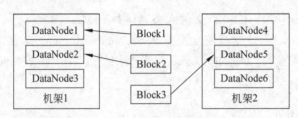

图 4-3　数据块备份规则

知道了备份规则,那么备份的过程又是怎么样的呢?

现在假设有一客户要往集群中存入文件,他首先与 NameNode 进行联系,NameNode 查询命名空间,这个文件没有重名并具有写入权限,NameNode 在命名空间中记录创建该文件的对应记录,文件被分为若干个数据块。客户端从 NameNode 请求分配一些存储数据的数据块信息以及适合存放这些数据块的 DataNode 地址。对每个数据块,NameNode 会分配若干个 DataNode 以复制存储数据块,例如要将数据块 2 存入 3 个 DataNode,它们分别是 DataNode1、DataNode2 和 DataNode5,则数据块 2 的存储过程,如图 4-4 所示。

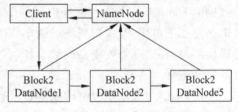

图 4-4　数据块的备份过程

(1) 客户端会与 DataNode1 联系,将 Block2 存入 DataNode1,DataNode1 完成数据写入后,会向 NameNode 报告自己完成了一个数据块的写入。

(2) DataNode1 又将数据块传给 DataNode2,DataNode2 完成数据写入后,向 NameNode 发送一份报告,报告完成了 Block2 的写入,并把数据传给 DataNode5。

(3) DataNode5 将 Block2 保存起来,并向 NameNode 报告自己完成了一个数据块的写入,至此完成所有数据块的写入工作。

4.3.5　数据的读取过程

从 Hadoop 集群中读取数据的过程大致如图 4-5 所示。

(1) 客户端生成一个 HDFS 类库中的 DistributedFileSystem 对象实例,并使用此实例的 open()方法打开一个文件。

(2) DistributedFileSystem 通过 RPC 向 NameNode 发出一个请求,以获得文件相关的数据块位置信息,NameNode 将包含此文件相关数据块所在的 DataNode 地址,经过与客户端相关的距离进行排序后,返回给 DistributedFileSystem。

(3) DistributedFileSystem 获得这些信息后,生成一个 FSDataInputStream 对象实例返回给客户端,此实例封装了一个 DFSInputStream 对象,负责存储数据块信息和 DataNode 地址信息,并负责后续的文件内容读取工作。

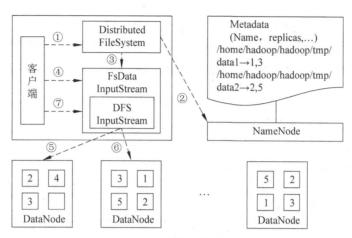

图 4-5　HDFS 数据读取过程

（4）客户端向 FSDataInputStream 发出读取数据的 read( )调用。

（5）收到 read( )调用请求后，FSDataInputStream 封装的 DFSInputStream 选择与第一个数据块最近的 DataNode，并读取相应的数据信息，返回给客户端，在数据块读取完成后，DFSInputStream 负责关闭到相应 DataNode 的链接。

（6）DFSInputStream 将继续选择后续数据块的最近 DataNode 节点，并读取数据返回给客户端，直到最后一个数据块读取完毕。

（7）客户端读取完所有数据块后，调用 FSDataInputStream 的 close( )接口关闭这个文件。

在 DFSInputStream 从 DataNode 读取数据的过程中，难免会遇到某个 DataNode 宕机的情况，DFSInputStream 会选择下一个包含此数据最近的 DataNode。以后的读取也不会再连接这个宕机的 DataNode。

通过介绍文件读取过程，可以看出对命名空间的管理主要集中在 NameNode 上，它的 I/O 任务较轻，但任务较集中，全集群只有一个 NameNode，存在单点问题。相对 I/O 任务较重的读写操作则分散在各个 DataNode 上，这种架构比较适合于大数据量存储，并且具有很好的扩展性。

4.3.6　数据的写入过程

相对于数据的读取过程来说写入过程较为复杂，过程如图 4-6 所示。

（1）使用 HDFS 提供的客户端开发库中的 DistributedFileSystem 对象的 creat( )方法创建一个文件。

（2）DistributedFileSystem 通过 RPC 向 NameNode 发出创建文件请求，NameNode 会检查该文件是否存在及用户是否有权限进行操作，检查成功后则在命名空间中创建此文件的对应记录，否则会抛出 IOException 异常。

（3）DistributedFileSystem 生成一个 FSDataOutputStream 对象实例，此实例封装了一个 DFSOutputStream 对象，负责后续文件的写入操作。

（4）客户端向 FSDataInputStream 发出写入数据的 write( )调用，写入数据。DFSOutputStream 在收到数据后将数据拆分成多个 Block，放入一个数据队列中。

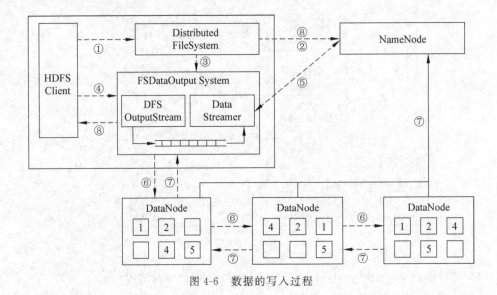

图 4-6 数据的写入过程

(5) DataStreamer 负责从数据队列中不断取出数据，准备写入 DataNode 中。在此之前，DataStreamer 需要从 NameNode 请求分配一些存放数据的数据块信息及适合存放这些数据块的 DataNode 地址。

(6) 对每个数据块，NameNode 会分配若干个 DataNode 以复制存储数据块。这个写入过程是以管道的形式将数据块写入所有 DataNode。例如，要把 Block2 写入三个 DataNode，DataStreamer 会将 Block2 写入第一个 DataNode，该 DataNode 把 Block2 存储后，再将其传递给下一个 DataNode，直到最后一个 DataNode。

(7) 每个 DataNode 存储数据后，会向 DataStreamer 报告已经完成数据存储任务，同时向 NameNode 报告自己完成了一个数据块的写入操作。循环执行步骤(6)与步骤(7)直至写完所有数据块。

(8) 写完所有数据块后，客户端将调用 FSDataInputStream 的 close()方法结束这次文件写入操作。

数据写入过程中，如果某个 DataNode 出现故障，DataStreamer 将关闭到此节点的链接，故障节点将从 DataNode 链中删除，其他 DataNode 继续完成写入操作。NameNode 通过返回的信息发现某个 DataNode 的写入任务没有完成，会分配另一个 DataNode 完成此写入操作。对某个数据块来说只要有一个 DataNode 写入成功，就视为写入完成，后续将启动自动恢复机制，恢复到指定的副本数。

4.4　HDFS Shell 命令

调用文件系统(FS)Shell 命令应使用 bin/hadoop fs<args>的形式。所有的 FS Shell 命令使用 URI 路径作为参数。URI 格式是 scheme://authority/path。对 HDFS 文件系统，scheme 是 hdfs；对本地文件系统，scheme 是 file。其中 scheme 和 authority 参数都是可选的，如果未加指定，就会使用配置中指定的默认 scheme。一个 HDFS 文件或目录比如 /parent/child 可以表示成 hdfs://namenode：namenodeport/parent/child，或者更简单的

/parent/child(假设你配置文件中的默认值是 namenode:namenodeport)。大多数 FS Shell 命令的行为和对应的 Unix Shell 命令类似,不同之处在下面介绍各命令使用详情时指出。出错信息会输出到 stderr,其他信息输出到 stdout。

　　HDFS 中具有与 Linux 类似的文件权限,分别为读权限(r)、写权限(w)和执行权限(x)。HDFS 中没有可执行文件,因此执行权仅用于控制对目录下的文件和子目录的访问。HDFS 中的每个文件和目录都有所属用户、所属组和权限属性,权限值是由文件和目录所属用户、所属组和其他用户的权限构成的一个控制属性。

　　输入 hadoop fs 将输出能够支持的命令列表。

```
hadoop@master:~/hadoop/bin$hadoop fs
```

1. cat 命令
用法:hadoop fs -cat URI [URI ...]。
将路径指定文件的内容输出到 stdout。
示例:

```
hadoop fs -cat /user/input.txt
```

2. chgrp 命令
用法:hadoop fs -chgrp [-R] GROUP URI [URI ...]。
改变文件所属的组。使用-R 将使改变在目录结构下递归进行。命令的使用者必须是文件的所有者或者超级用户。
示例:

```
hadoop fs -chgrp group1 /hadoop/hadoopfile
```

3. chmod 命令
用法:hadoop fs -chmod [-R]<MODE[,MODE]... | OCTALMODE>URI [URI ...]。
改变文件的权限。使用-R 将使改变在目录结构下递归进行。命令的使用者必须是文件的所有者或者超级用户。
示例:

```
hadoop fs -chmod 764 /hadoop/hadoopfile
```

4. chown 命令
用法:hadoop fs -chown [-R] [OWNER][:[GROUP]] URI [URI]。
改变文件的拥有者。使用-R 将使改变在目录结构下递归进行。命令的使用者必须是超级用户。
示例:

```
hadoop fs -chown user1 /hadoop/hadoopfile
```

5. copyFromLocal 命令
用法:hadoop fs -copyFromLocal<localsrc>URI。
从本地文件复制到 HDFS 文件系统中。
示例:

```
hadoop fs -copyFromLocal /home/hadoop/stdrj49.flv/user
```

6. copyToLocal

用法：hadoop fs -copyToLocal [-ignorecrc] [-crc] URI<localdst>。

从 HDFS 复制文件到本地,-ignorecrc 选项可忽略文件校验,-crc 选项进行校验并复制校验文件。

示例：

```
hadoop fs -copyToLocal /user/hadoop/stdrj.flv /home/hadoop/
```

7. cp 命令

用法：hadoop fs -cp URI [URI …]<dest>。

将文件从源路径复制到目标路径。这个命令允许有多个源路径,此时目标路径必须是一个目录。

示例：

```
hadoop fs -cp /user/hadoop/file1 /user/hadoop/file2
hadoop fs -cp /user/hadoop/file1 /user/hadoop/file2 /user/hadoop/dir
```

8. du 命令

用法：hadoop fs -du URI [URI …]。

显示目录中所有文件的大小,或者当只指定一个文件时,显示此文件的大小。

示例：

```
hadoop fs -du /user/hadoop/
```

9. dus 命令

用法：hadoop fs -dus<args>。

显示文件的大小,与 du 类似,区别在于对目录操作时显示的是目录下所有文件大小之和。

示例：

```
hadoop fs -dus /user
```

10. expunge 命令

用法：hadoop fs -expunge。

清空回收站。

11. get 命令

用法：hadoop fs -get [-ignorecrc] [-crc]<src><localdst>。

复制文件到本地文件系统。可用-ignorecrc 选项复制 CRC 校验失败的文件。使用-crc 选项复制文件以及 CRC 信息。

示例：

```
hadoop fs -get /user/input.txt /home/hadoop
```

12. getmerge 命令

用法：hadoop fs -getmerge<src><localdst>[addnl]。

接受一个源目录和一个目标文件作为输入，并且将源目录中所有的文件连接成本地目标文件。addnl 是可选的，用于指定在每个文件结尾添加一个换行符。

示例：

```
hadoop fs -getmerge /user   /home/hadoop/test.txt
```

将 HDFS 中/user 目录下的文件合并，输出到本地文件系统，保存为/home/hadoop/test.txt。

13. ls 命令

用法：hadoop fs -ls<args>。

如果是文件，则按照如下格式返回文件信息：

文件名<副本数>文件大小 修改日期 修改时间 权限 用户 ID 组 ID

如果是目录，则返回它直接子文件的一个列表，就像在 Unix 中一样。目录返回列表的信息如下：

目录名<dir>修改日期 修改时间 权限 用户 ID 组 ID

示例：

```
hadoop fs -ls /user/input.txt          显示/user/input.txt 文件信息
hadoop fs -ls /user/hadoop/            显示/user/hadoop/目录下的文件
```

14. lsr 命令

用法：hadoop fs -lsr<args>。

ls 命令的递归版本。类似于 Unix 中的 ls -R。

示例：

```
hadoop fs -lsr /
drwxr-xr-x  -hadoop supergroup        0 2014-09-14 15:42 /user
-rw-r--r-- 3 hadoop supergroup        8 2014-09-14 14:26 /user/aa.txt
-rw-r--r-- 3 hadoop supergroup       44 2014-09-14 13:13 /user/input.txt
```

15. mkdir 命令

用法：hadoop fs -mkdir<paths>。

接受路径指定的 URI 作为参数，创建这些目录。其行为类似于 Unix 的 mkdir -p，它会创建路径中的各级父目录。

示例：

```
hadoop fs -mkdir/user/hadoop/dir1 /user/hadoop/dir2
hadoop fs -mkdir hdfs://master:9000/user/hadoop/dir
hadoop fs -mkdir hdfs://192.168.1.10:9000/user/hadoop/dir3
```

16. movefromLocal 命令

用法：hadoop fs -moveFromLocal<src><dst>。

将文件或目录从本地文件系统移动到 HDFS。

示例：

```
hadoop@master:~$hadoop fs -moveFromLocal test.txt /user/hadoop
```

将本地文件系统中当前路径下的 test.txt 文件移动到 HDFS 中。

```
hadoop fs -moveFromLocal /home/hadoop/aa.txt /user/hadoop
```

17. mv 命令

用法：hadoop fs -mv URI [URI …]<dest>。

将文件从源路径移动到目标路径。这个命令允许有多个源路径，此时目标路径必须是一个目录。不允许在不同的文件系统间移动文件。

示例：

```
hadoop fs -mv /user/hadoop/aa.txt /user/hadoop/bb.txt
hadoop fs - mv hdfs://master:9000/user/hadoop/bb.txt hdfs://master:9000/user/
hadoop/cc.txt
```

18. put 命令

用法：hadoop fs -put<localsrc>…<dst>。

从本地文件系统中复制单个或多个源路径到目标文件系统。也支持从标准输入中读取输入写入到目标文件系统中。

示例：

```
hadoop fs -put /home/hadoop/aa.txt /user/hadoop/
```

把 Linux 服务器/home/hadoop/目录下的 aa.txt 文件复制到 HDFS/user/hadoop 目录下。

```
hadoop fs -put /home/hadoop/ aa.txt /user/hadoop/aa2.txt
```

把 Linux 服务器/home/hadoop/目录下的 aa.txt 文件复制到 HDFS/user/hadoop 目录下，并改名为 aa2.txt。

```
hadoop fs -put -hdfs://192.168.1.10:9000/user/input.txt
```

从标准输入中读取输入，保存到 hdfs://192.168.1.10:9000/user/input.txt。

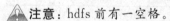 注意：hdfs 前有一空格。

19. rm 命令

用法：hadoop fs -rm URI [URI …]。
删除指定的文件。只删除非空目录和文件。
示例：

```
hadoop fs -rm /user/hadoop/test.txt
```

20. rmr 命令

用法：hadoop fs -rmr URI [URI …]。
delete 的递归版本。
示例：

```
hadoop fs -rmr /usr
```

21. setrep 命令

用法：hadoop fs -setrep [-R]<path>。

改变一个文件的副本系数。-R 选项用于递归改变目录下所有文件的副本系数。

示例：

```
hadoop fs -setrep -w 3 -R /user/hadoop/dir1
```

22. stat 命令

用法：hadoop fs -stat URI [URI ...]。

返回指定路径的统计信息。

示例：

```
hadoop fs -stat /user/hadoop/dir1
2014-09-14 09:51:24
```

23. tail 命令

用法：hadoop fs -tail [-f] URI。

将文件尾部 1K 字节的内容输出到 stdout。支持-f 选项,行为和 Unix 中一致。

示例：

```
hadoop fs -tail /user/input.txt
```

24. test 命令

用法：hadoop fs -test -[ezd] URI。

选项说明：

-e：检查文件是否存在。如果存在则返回 0。

-z：检查文件是否是 0 字节。如果是则返回 0。

-d：如果路径是个目录,则返回 1,否则返回 0。

示例：

```
hadoop fs -test -e /usr/hadoop/file1
```

25. text 命令

用法：hadoop fs -text<src>。

将源文件输出为文本格式。允许的格式是 zip 和 TextRecordInputStream。

示例：

```
hadoop fs -text /user/hadoop/cc.txt
```

26. touchz 命令

用法：hadoop fs -touchz URI [URI ...]。

创建一个 0 字节的空文件。

示例：

```
hadoop fs -touchz /user/hadoop/empty
```

4.5　API 访问 HDFS

Hadoop 的主体是用 Java 编写的,因此提供了大量的 API 供用户使用,操作 HDFS,本节将介绍使用 API 操作 HDFS 的方法。

4.5.1　编译 Hadoop 的 Eclipse 插件

Hadoop 在 0.20.2 之后就不再提供 Eclipse 插件的编译包,而是直接提供一堆源码,可能是考虑到 Eclipse 版本的问题,各个开发者的偏好不一样,用的版本都不一样,与其自己编译不如给开发者,这样会更好。

1. 下载 Hadoop 1.2.1

下载地址为: http://hadoop.apache.org/releases.html♯Download(注意不要下载有 bin 字样的,它不带源代码),解压在自定义的一个目录中(最好全英文路径,中文路径会出问题)。本例中解压的目录为 D:\hadoop_book\hadoop-1.2.1。

2. 导入 Hadoop-Eclipse 插件工程

在 Eclipse 中选择 File→Import→General/Existing Projects into Workspace 导入 Hadoop 的 Eclipse 插件项目。选择路径为 D:\hadoop_book\hadoop-1.2.1\src\contrib\eclipse-plugin,然后单击 Finish,其默认的项目名称是 MapReduceTools,如图 4-7 所示。

图 4-7　导入 Hadoop-Eclipse 插件工程

3. 修改 build.xml

(1) 在 Eclipse 窗口左侧双击 build.xml,打开该文件。其实这个文件就在 hadoop.home(这里的 hadoop.home 为 hadoop 主目录)\src\contrib\eclipse-plugin 目录下,在文件中找到＜target name＝"jar",里面的元素＜copy 相关的先全部删除,然后添加如下＜copy

file＝…，当然，这里的 hadoop-core-×××.jar 中的×××是版本号，根据下载的 hadoop 的版本进行设置，也可以在后面的 build-contrib.xml 中进行设置。

```
<copy file="${hadoop.root}/hadoop-core-${version}.jar" tofile="${build.dir}/
lib/hadoop-core.jar" verbose="true"/>
<copy file="${hadoop.root}/lib/commons-cli-${commons-cli.version}.jar" todir
="${build.dir}/lib" verbose="true"/>
<copy file="${hadoop.root}/lib/commons-lang-2.4.jar" todir="${build.dir}/
lib" verbose="true"/>
<copy file="${hadoop.root}/lib/commons-configuration-1.6.jar" todir=
"${build.dir}/lib" verbose="true"/>
<copy file="${hadoop.root}/lib/jackson-mapper-asl-1.8.8.jar" todir="${build.
dir}/lib" verbose="true"/>
<copy file="${hadoop.root}/lib/jackson-core-asl-1.8.8.jar" todir="${build.
dir}/lib" verbose="true"/>
<copy file="${hadoop.root}/lib/commons-httpclient-3.0.1.jar" todir="${build.
dir}/lib" verbose="true"/>
```

（2）添加 jar 包到 classpath

还是 build.xml 文件中，找到

```
<path id="classpath">
```

在其末尾加上：

```
<fileset dir="${hadoop.root}">
    <include name="*.jar"/>
</fileset>
```

4. 修改 META-INF/MANIFEST.MF

在 Eclipse 窗口左侧 META-INF 文件夹下，双击 MANIFEST.MF 文件，其实该文件在 hadoop.home\src\contrib\eclipse-plugin\META-INF 目录下找到 Bundle-ClassPath：，把内容改为如下内容：

```
Bundle-ClassPath: classes/, lib/hadoop-core.jar, lib/commons-cli-1.2.jar,
lib/commons-httpclient-3.0.1.jar, lib/jackson-core-asl-1.8.8.jar, lib/
jackson-mapper-asl-1.8.8.jar, lib/commons-configuration-1.6.jar, lib/
commons-lang-2.4.jar
```

⚠ 注意：这一大段不要换行，否则在生成 jar 包时会报错。

5. 修改 build-contrib.xml 文件

在 hadoop.home/src/contrib 文件夹下，找到 build-contrib.xml 文件，找到＜project name＝"hadoopbuildcontrib" xmlns:ivy＝"antlib:org.apache.ivy.ant"＞，把＜property name＝"hadoop.root" location＝"${root}/../../../"/＞语句改为如下内容：

```
<property name="hadoop.root" location="D:\hadoop_book\hadoop-1.2.1"/>
<property name="eclipse.home" location="D:\hadoop_book\eclipse" />
<property name="version" value="1.2.1"/>
```

这里 hadoop. root 是指 hadoop 源码所在目录,eclipse. home 是指 Eclipse 安装目录,version 是指 Hadoop 版本。

6. 编译

右击 build. xml,在弹出菜单中选择 Run As→Ant Build,在"控制台"会显示:

```
BUILD SUCCESSFUL
Total time: X seconds
```

也有可能停在编译处不动,重新执行 Run As→Ant Build,用户会发现编译很快完成。编译后的 jar 文件位于 D:\hadoop_book\hadoop-1. 2. 1\build\contrib\eclipse-plugin,文件名为 hadoop-eclipse-plugin-1. 2. 1. jar。把文件复制到 eclipse\plugins 目录下。

4.5.2　在 Eclipse 中安装 Hadoop 插件

(1) 启动 Eclipse(这里是 Indigo Service Release 2 版本,hadoop 插件对 Eclipse 版本有要求,二者有可能发生冲突),打开菜单 Windows→Preferences,在窗口左侧会看到 Hadoop Map/Reduce,设置 Hadoop installation directory,这里是 Windows 下解压的 hadoop 文件夹:D:\hadoop_book\hadoop-1. 2. 1。设置这个路径,以便开发时自动引入 jar 包,如图 4-8 所示。

(2) 打开透视图。选择菜单 Windows→Open Perspective,单击 Map/Reduce,打开一个新的 Perspective,如图 4-9 所示。

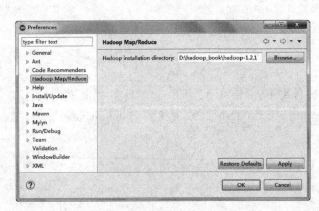

图 4-8　Map/Reduce 插件参数

图 4-9　打开 Map/Reduce

(3) 建立 Map/Reduce Locations。

在窗口的下方选择 Map/Reduce Locations 标签,在标签下方空白处右击,选择弹出菜单 New Hadoop location...,如图 4-10 所示。

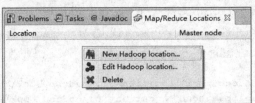

图 4-10　新建 Hadoop Location

新建一个 Map/Reduce Locations，打开 Edit Hadoop location 窗口，如图 4-11 所示。

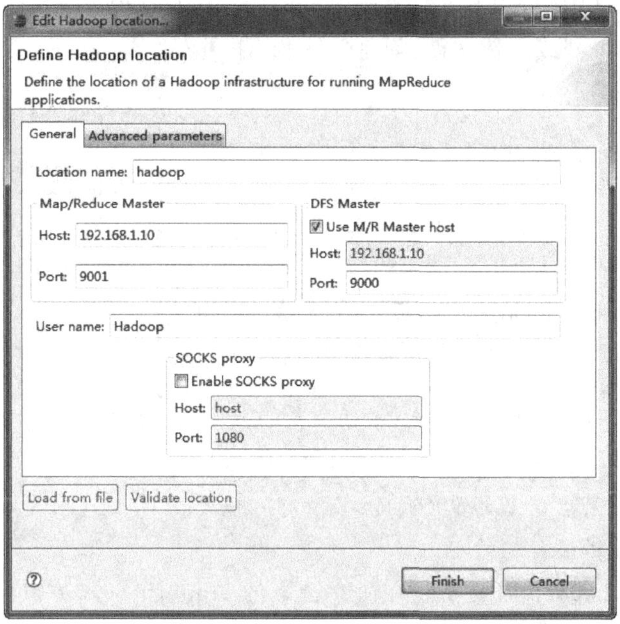

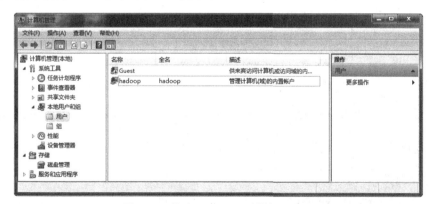

图 4-11　配置 Hadoop location 的 General 项目

在 Map/Reduce Master 框中输入 Master 的 IP 192.168.1.10，Port 输入 9001，DFS
Master 的端口是 9000，user name 是 Master 机器的登录用户名 hadoop。

配置 Advanced parameters 选项：找到 hadoop.tmp.dir，修改成为 core-site.xml 中设
置的地址，此处设为/home/hadoop/hadoop/tmp。

⚠ 注意：在 Hadoop 1.2.1 版本的 Advanced parameters 选项中已经没有 hadoop.
job.ugi 参数。

（4）修改 Windows 系统的用户名。

在桌面的"计算机"上右击，选择弹出菜单项"管理"，打开"计算机管理"窗口，展开"本地
用户和组"，单击"用户"，在中部窗口，把系统的 Administrator 更改为与 hadoop 集群的用户
名相一致，这里改为 hadoop，如图 4-12 所示。

图 4-12　修改 Windows 系统的用户名

设置完成后,需要注销或重启 Windows,启动 Eclipse 后,Project Explorer 窗口显示内容如图 4-13 所示,可以对 HDFS 文件系统进行操作。在某文件夹上右击,选择弹出菜单项,可以进行从 DFS 中下载或上传文件、创建文件夹等操作。

🔊 提示:

(1)创建修改 Hadoop Location 时,右击选择 New Hadoop location... 后,Eclipse 无反应,可能的原因是 Eclipse 版本与 Hadoop 插件不兼容,建议更换一个 Eclipse 版本。

(2)配置完 Hadoop location 后,Eclipse 无法连接到服务器中的 hadoop,可以在 master 服务器中执行

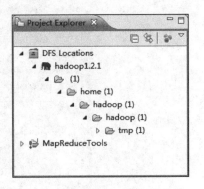

```
netstat -an | grep 9000
```

图 4-13 Project Explorer 窗口中的 DFS locations

查看 Hadoop 是否在监听 master 机器上 IP 的 9000 端口,若只监听了 127.0.0.1 的 9000 端口,很有可能是 /etc/hosts 文件配置错误引起的。

在本次安装中,hadoop 需要安装在命令行下的 Ubuntu Server 中,不能安装 Linux 版 Eclipse 进行开发,需要在 Windows 下安装 Eclipse 进行开发,在 hadoop 的/hadoop/ contrib/eclipse-plugin 下有 hadoop-1.2.1-eclipse-plugin.jar,把该文件放到 Eclipse 的 plugins 文件夹下。

4.5.3 Hadoop URL 读取数据

从 Hadoop 文件系统读取数据最简单的方法是使用 java.net.URL 类打开一个数据流,然后从中读取数据。但要让 Java 能够识别 Hadoop 文件系统的 URL,可以通过 URL 的 setURLStreamHandlerFactory 方法设置 Hadoop 文件系统的 URLStreamHandlerFactory 的实现类 FsUrlStreamHandlerFactory,而这一方法在 Java 虚拟机中只能被调用一次,因此,该方法要放在 static 块中。如果程序的其他组件设置了 URLStreamHandlerFactory,就不能再使用上述方法从 Hadoop 读取数据。

```
import java.io.IOException;
import java.io.InputStream;
import java.net.URL;
import org.apache.hadoop.fs.FsUrlStreamHandlerFactory;
import org.apache.hadoop.io.IOUtils;
public class HDFSURLReader {
    static{
        URL.setURLStreamHandlerFactory(new FsUrlStreamHandlerFactory());
    }
    public static void main(String[] args) {
        InputStream stream=null;
        try{
            stream=new URL(args[0]).openStream();
            //stream=new URL("hdfs://192.168.1.10:9000/user/input.txt").
```

```
        openStream();
        IOUtils.copyBytes(stream, System.out, 1024, false);
    } catch (IOException e) {
        IOUtils.closeStream(stream);
    }
}
}
```

在 Eclipse 中设置程序运行参数为 hdfs://192.168.1.10:9000/user/test1.txt,这样程序运行后,即可显示/user/目录下的 test1.txt 的内容。代码中用到 org.apache.hadoop.io.IOUtils.copyBytes()方法把数据从一个流复制到另一个流,其中第一个参数为输入流,第二个参数为输出流,第三个参数为复制缓冲区大小,第四个参数表示复制后关闭数据流。最后使用 IOUtils.closeStream()关闭数据流。

4.5.4　FileSystem 类

由于 URLStreamHandlerFactory 有使用上的限制,就要使用 Hadoop 提供的 FileSystem 类,它是一个抽象类,提供了多个基于此类的应用于不同场合的具体实现,例如用于本地文件访问的 fs.LocalFileSystem、用于 HDFS 文件访问的 hdfs.DistributedSystem 等。这些类的实例可以通过 FileSystem 类的 get()方法得到。get 方法描述为:

```
static FileSystem get(Configuration conf) throws IOException
static FileSystem get(URI uri, Configuration conf) throws IOException
```

Configuration 对象封装了客户端或服务器端的配置,这是用路径读取配置文件设置的,一般为 conf/core-site.xml。第一种方法返回的是默认的文件系统,若未设置则返回本地文件系统。第二种方法使用指定的 URI 方案,若未指定 URI 方案,则返回默认的文件系统。

该类封装了几乎所有的文件操作,例如 mkdir、delete 等。因此,可以得出操作文件的程序库框架是这样的:

```
operator()
{
    得到 Configuration 对象
    得到 FileSystem 对象
    进行文件操作
}
```

下面以实例介绍在 HDFS 中创建文件、删除文件、读取文件、写入文件。

1. 创建文件

通过 FileSystem.create(path, overwrite)可以在 HDFS 上创建文件,path 为文件的完整路径,overwrite 为是否覆盖。

```
import org.apache.hadoop.conf.Configuration;
import org.apache.hadoop.fs.FileSystem;
import org.apache.hadoop.fs.Path;
public class CreateFile{
```

```
public static void main(String[] args) throws Exception  {
    Configuration config=new Configuration();
        FileSystem hdfs=FileSystem.get(config);
        Path f=new Path("/test.txt");
    hdfs.create(f, true);          //true 表示覆盖创建
    hdfs.close();
    }
}
```

2. 重命名

通过 FileSystem. rename(Path src,Path dst)对指定的 HDFS 文件进行重命名,其中 src 为原文件名,dst 为改后文件名。

```
import java.io.IOException;
import org.apache.hadoop.conf.Configuration;
import org.apache.hadoop.fs.FileSystem;
import org.apache.hadoop.fs.Path;
public class HDFSRename {
    public static void main(String[] args) throws IOException {
        Configuration conf=new Configuration();
        FileSystem hdfs=FileSystem.get(conf);
        Path src=new Path("/test.txt");
        Path dst=new Path("/test2.txt");
        Boolean isRenamed=hdfs.rename(src, dst);
    }
}
```

3. 创建目录

通过 FileSystem 类的 mkdir(Path path)方法可以创建 HDFS 下的文件夹。

```
import java.io.IOException;
import org.apache.hadoop.conf.Configuration;
import org.apache.hadoop.fs.FileSystem;
import org.apache.hadoop.fs.Path;
public class HDFSMkdir {
    public static void main(String[] args) throws IOException {
        Configuration conf=new Configuration();
        FileSystem fs=FileSystem.get(conf);
        Path dir=new Path("/hadoopdir");
        fs.mkdirs(dir);
    }
}
```

4. 删除文件或文件夹

使用 FIleSystem 的 delete()方法可以永久地删除一个文件或目录:

```
public boolean delete(Path f, boolean recursive) throws IOException
```

如果传入的 Path f 是一个文件或者空目录,recursive 的值会被忽略。当 recursive 值为 true 时,给定的非空目录连同其下文件会被一并删除。

```
import java.io.IOException;
import org.apache.hadoop.conf.Configuration;
import org.apache.hadoop.fs.FileSystem;
import org.apache.hadoop.fs.Path;
public class DeleteFile {
    public static void main(String[] args) throws IOException {
        Configuration conf=new Configuration();
        FileSystem fs=FileSystem.get(conf);
        Path path1=new Path("/hadoop");
        fs.delete(path1, true);
        //递归删除/hadoop 文件夹,即文件夹及其下文件都被删除
        Path filepath=new Path("/test2.txt");
        fs.delete(filepath,false);                   //非递归删除/test2.txt 文件
        fs.close();
    }
}
```

5. 读取数据

读取 HDFS 中的文件,需要使用 FSDataInputStream 类,这个类的实例是通过 FileSystem 的 open()方法获得,获得 FSDataInputStream 类的实例后,可以通过此类的 read()方法读取数据,除了正常的顺序读取操作外,FSDataInputStream 还提供了 seek()方法定位到文件中的任意一个绝对位置,或者使用带有偏移量参数的 read()方法,实现数据的随机读取。需要注意的是 seek()方法的性能开销相对较高,使用时应注意。关于数据读取请参考 4.3.4 小节数据的读取过程。

```
import java.io.IOException;
import org.apache.hadoop.conf.Configuration;
import org.apache.hadoop.fs.FSDataInputStream;
import org.apache.hadoop.fs.FileSystem;
import org.apache.hadoop.fs.Path;
import org.apache.hadoop.io.IOUtils;
public class ReadFile {
    public static void main(String[] args) throws IOException {
        Configuration conf=new Configuration();
        FileSystem fs=FileSystem.get(conf);
        Path path=new Path("/user/test1.txt");
        if ( fs.exists(path) )                    //检查文件是否存在
        {
            try {
                FSDataInputStream is=fs.open(path);
                //使用 FileSystem 类的 open()方法获得 FSDataInputStream 类实例
                IOUtils.copyBytes(is, System.out, 1024, false);
                is.seek(5);
                //回到文件的 5 位置
                IOUtils.copyBytes(is, System.out, 1024, false);
            } catch (Exception e) {
                IOUtils. closeStream(fs);
            }
```

```
        }
    }
}
```

6. 写数据

FileSystem 类还有一系列创建文件的方法,最简单的方式就是给拟创建的文件指定一个路径对象,然后返回一个用来写的输出流。

```
public FSDataOutputStream create(Path path) throws IOException
```

create 方法有重载的版本,允许指定是否强制覆盖已有的文件、文件副本数量、写入文件时的缓冲大小、文件块大小及文件许可。

还有一个用于传递回调接口的重载方法 Progressable,这样,写数据的应用就会被告知数据写入数据节点的进度。

```
package org.apache.hadoop.util;
public interface Progressable{
    public void progress();
}
```

创建文件的方法还有 append(),它在一个已有文件中追加数据。

```
public FSDataOutputStream append(Path f) throws IOException
```

有了这个方法,可以在文件尾部写入数据,这在写日志的应用中比较重要。

下面的代码演示了如何将本地文件写入 HDFS 中,每 64KB 数据写入数据节点后会打印一个星号告知写入进度。

```
import java.io.BufferedInputStream;
import java.io.IOException;
import java.io.InputStream;
import java.io.OutputStream;
import java.net.URI;
import java.io.FileInputStream;
import org.apache.hadoop.conf.Configuration;
import org.apache.hadoop.fs.FileSystem;
import org.apache.hadoop.fs.Path;
import org.apache.hadoop.io.IOUtils;
import org.apache.hadoop.util.Progressable;
public class CopyFileWithProgress {
    public static void main(String[] args) throws IOException {
        String localfile=args[0];
        String dst=args[1];
        Configuration conf=new Configuration();
        InputStream is=new BufferedInputStream(new FileInputStream(localfile));
        FileSystem fs=FileSystem.get(URI.create(dst), conf);
        OutputStream out=fs.create(new Path(dst), new Progressable(){
            public void progress(){
                System.out.print("*");
            }
```

```
        });
        IOUtils.copyBytes(is, out, conf, false);
    }
}
```

在 Eclipse 中运行时,输入运行参数:

```
C:\\aa.txt
hdfs://192.168.1.10:9000/user/test1.txt
```

4.5.5　取得 HDFS 的元信息

HDFS 文件系统中文件或目录的元信息非常重要,要得到这些元数据信息可以使用 FileStatus 类,该类封装了文件系统中文件和目录的元数据信息,包括文件长度、块大小、副本数、修改时间、所有者及权限等信息。

FileSystem 类的 getFileStatus()方法用于获得文件或目录的 FileSystem 对象, FileSystem 类封装了大量的方法用于获取元数据信息。下列代码显示了一个文件的元信息:

```
import java.io.IOException;
import org.apache.hadoop.conf.Configuration;
import org.apache.hadoop.fs.FileStatus;
import org.apache.hadoop.fs.FileSystem;
import org.apache.hadoop.fs.Path;
import java.sql.Timestamp;

public class GetFileMetadata {
    public static void main(String[] args) throws IOException {
        Configuration conf=new Configuration();
        FileSystem hdfs=FileSystem.get(conf);
        Path fpath=new Path("/user/hadoop/stdrj49.flv");
        FileStatus fileStatus=hdfs.getFileStatus(fpath);
        if(fileStatus.isDir()==false){
            System.out.println("这是一个文件");
        }
        System.out.println("文件路径为: "+fileStatus.getPath());
        System.out.println("文件长度为: "+fileStatus.getLen());
        System.out.println("文件块大小为: "+fileStatus.getBlockSize());
        System.out.println("文件的副本数: "+fileStatus.getReplication());
        System.out.println("文件所有者为: "+fileStatus.getOwner());
        System.out.println("文件所在的组群为: "+fileStatus.getGroup());
        System.out.println("文件的权限为: "+fileStatus.getPermission());
        System.out.println("最后访问时间: "+new Timestamp(fileStatus.
        getAccessTime()));
        System.out.println("最后修改时间: "+new Timestamp(fileStatus.
        getModificationTime()).toString());

    }
}
```

运行结果如下所示。

这是一个文件
文件路径为：hdfs://192.168.1.10:9000/user/hadoop/stdrj49.flv
文件长度为：95281174
文件块大小为：67108864
文件的副本数：3
文件所有者为：hadoop
文件所在的组群为：supergroup
文件的权限为：rw-r--r--
最后访问时间：2014-09-16 20:33:10.818
最后修改时间：2014-09-14 23:41:51.532
数据第 0 块：slave1
数据第 1 块：slave2

下列代码显示了一个目录的元数据信息，代码中用到了 listStatus() 方法，它会返回 0 个或多个 FileStatus 对象，代表目录所包含的文件或目录。该段代码模拟了 hadoop fs -ls path 的功能。

```java
import java.io.IOException;
import java.sql.Timestamp;
import org.apache.hadoop.conf.Configuration;
import org.apache.hadoop.fs.FileStatus;
import org.apache.hadoop.fs.FileSystem;
import org.apache.hadoop.fs.Path;

public class GetDirMetaData {
    public static void main(String[] args) throws IOException {
        Configuration conf=new Configuration();
        FileSystem hdfs=FileSystem.get(conf);
        Path fpath=new Path(args[0]);
        FileStatus dirStatus=hdfs.getFileStatus(fpath);
        if(dirStatus.isDir()){
            System.out.println("这是一个目录，目录下的文件及子目录有：");
            for(FileStatus fs: hdfs.listStatus(fpath)){
                System.out.println((fs.isDir()?"d":"-")
                    +fs.getPermission()+"   "
                    +fs.getOwner()+":"
                    +fs.getGroup()+"   "
                    +fs.getLen()+"   "
                    +new Timestamp(dirStatus.getModificationTime()).toString()
                    +"   "
                    +fs.getPath());
            }
        }
    }
}
```

程序运行时，输入参数：/user/hadoop，运行结果如下所示。

这是一个目录，目录下的文件及子目录有：

```
-rw-r--r--hadoop supergroup 8 2014-09-14 23:41:51.532 hdfs://192.168.1.10:
9000/user/hadoop/cc.txt
drwxr-xr-x hadoop supergroup 0 2014-09-14 23:41:51.532 hdfs://192.168.1.10:
9000/user/hadoop/dir
drwxr-xr-x hadoop supergroup 0 2014-09-14 23:41:51.532 hdfs://192.168.1.10:
9000/user/hadoop/dir1
drwxr-xr-x hadoop supergroup 0 2014-09-14 23:41:51.532 hdfs://192.168.1.10:
9000/user/hadoop/dir2
drwxr-xr-x hadoop supergroup 0 2014-09-14 23:41:51.532 hdfs://192.168.1.10:
9000/user/hadoop/dir3
-rw-r--r--hadoop supergroup 0 2014-09-14 23:41:51.532 hdfs://192.168.1.10:
9000/user/hadoop/empty
-rw-r--r--hadoop supergroup 1166 2014-09-14 23:41:51.532 hdfs://192.168.1.10:
9000/user/hadoop/start-all.sh
-rw-r--r--hadoop supergroup 95281174 2014-09-14 23:41:51.532 hdfs://192.168.1.
10:9000/user/hadoop/stdrj49.flv
```

4.6　HDFS 的高可用性

可用性是衡量一个系统对外提供服务质量的重要指标,通常用正常服务时间与总运行时间的百分比来表示,可用性计算公式如下所示:

$$HA = \frac{MTTF}{MTTF + MTTR} \times 100\%$$

百分比越大可用性越高。根据以上公式可知,影响可用性指标的因素有两个:平均无故障时间(MTTF)与平均维修时间(MTTR)。平均无故障时间越长可用性越高,平均维修时间越短可用性也越高。因此,提高 HDFS 系统的可用性,也就是要尽量延长 Hadoop 系统的服务时间,缩短维护时间。

影响 Hadoop 系统可用性的因素有两种。

- 因软硬件等各种因素导致 NameNode 所在的服务器宕机,使整个集群停止工作。
- 因为 NameNode 节点软硬需要升级,导致系统在短时间内不可用。

Hadoop 2.X 之前,在集群中只有一个 NameNode 节点,这个 NameNode 节点中只有一个命名空间,它存储整个 HDFS 文件系统中所有的元数据(包括文件路径、数据块分布、索引信息等),这样就存在单节点问题的隐患。一旦 NameNode 节点宕机,整个集群将停止运行。

4.6.1　元数据的备份

为了保护 NameNode 节点上元数据的安全,可以在 Hadoop 配置文件中进行设置把元数据保存到多个路径下。在配置文件 hdfs-site.xml 中有 dfs.name.dir 参数指定文件系统存放的路径,如不指定则默认为 core-site.xml 中配置的 hadoop.tmp.dir 目录。可以在 dfs.name.dir 参数中用逗号分隔的方式指定多个路径,文件系统的元数据就会被复制多份存放到指定的路径下。这些路径可以是一个或多个远程共享目录,如网络文件系统(NFS)下的共享目录。当 NameNode 宕机时,可以启用备用的 NameNode 节点,将备用节点的路径也指向远程共享目录,从而保障了元数据的安全。

下面是 dfs. name. dir 参数配置示例:

```
<property>
    <name>dfs.name.dir</name>
    <value>/home/hadoop/hadoop/name,,/mnt/namenode-backup</value>
    <final>true</final>
</property>
```

示例中的参数值/mnt/namenode-backup 即为一个远程 NFS 共享目录。参数 dfs. name. edits. dir 也可以采用这种方式把日志文件备份到共享目录中。

4.6.2　使用 SecondaryName 进行备份

Hadoop 1. X 版本中,系统中除了一个主 NameNode 外,还运行一个辅助 NameNode 节点,称为 SecondaryNameNode。SecondaryNameNode 的作用是定期为 NameNode 创建检查点,备份元数据(fsimage 文件)和元数据操作日志(edits)。SecondaryNameNode 节点备份数据的过程参见 4.3.3 小节。

当 NameNode 宕机时,可以利用 SecondaryNameNode 节点中的数据恢复 NameNode 的数据,或直接使用 SecondaryNameNode 代替 NameNode,恢复集群的正常运行。注意:由于 Secondary NameNode 仅保留了执行检查点时的 fsimage 数据,所以有可能会丢失部分数据。

4.6.3　BackupNode 备份

在 Hadoop 新版本中,引入了一种新的节点 BackupNode,BackupNode 不仅执行了检查点的功能,还在内存中保存了一份与 NameNode 一致的元数据。BackupNode 只需要把从 NameNode 中复制过来的 Edits 文件应用到内存元数据上,即可获得最新的元数据信息。但是,集群中只能有一个 BackupNode,并且 NameNode 出现故障时,BackupNode 不能自动顶替,需要手工方式启动 NameNode。

4.6.4　Hadoop 2.X 中 HDFS 的高可用性实现原理

在 Hadoop 2.0.0 之前,NameNode(NN)在 HDFS 集群中存在单点故障(single point failure),每一个集群中只存在一个 NameNode,如果 NN 所在的机器出现了故障,那么将导致整个集群无法利用,直到 NN 重启或者在另一台主机上启动 NN 守护线程。

Hadoop 2. X 引入了全新的架构,在该架构下,HDFS 的高可用性将通过在同一个集群中运行两个 NN 来解决因 NN 失效或系统维护而引起的集群无法利用的问题,这种方案允许在机器崩溃或者机器维护时快速地启用一个新的 NN 来恢复故障。

在典型的高可用集群中,通常有两台不同的机器充当 NN。在任何时间,只有一台机器处于 Active 状态;另一台机器是处于 Standby 状态。Active NN 负责集群中所有客户端的操作;而 Standby NN 主要用于备用,它主要维持足够的状态,如果必要,可以提供快速的故障恢复。

为了让 Standby NN 的状态和 Active NN 保持同步,即元数据保持一致,它们都将会和

JournalNodes 守护进程通信。当 Active NN 执行任何有关命名空间的修改时,它需要持久化到一半以上的 JournalNodes 上(通过 edits log 持久化存储),而 Standby NN 负责观察 edits log 的变化,它能够从 JNs 中读取 edits 信息,并更新其内部的命名空间。一旦 Active NN 出现故障,Standby NN 将会保证从 JNs 中读出全部的 Edits,并切换成 Active 状态。Standby NN 读取全部的 edits 可确保发生故障转移之前,是和 Active NN 拥有完全同步的命名空间状态。

为了提供快速的故障恢复,Standby NN 也需要保存集群中各个文件块的存储位置。为了实现这个功能,集群中所有的 DataNode 将配置好 Active NN 和 Standby NN 的位置,并向它们发送块文件所在的位置及心跳,如图 4-14 所示。

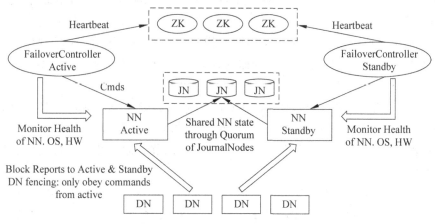

图 4-14　Hadoop 2.2.0 中 HDFS 的高可用性实现原理

在任何时候,集群中只有一个 NN 处于 Active 状态是极其重要的。否则,在两个 Active NN 的状态下命名空间的状态将会出现分歧,这将会导致数据的丢失及其他不正确的结果。为了保证这种情况不会发生,在任何时间,JNs 只允许一个 NN 充当 writer。在故障恢复期间,要变成 Active 状态的 NN 将取得 writer 的角色,并阻止另外一个 NN 继续处于 Active 状态。

为了部署 HA 集群,需要准备以下事项。

(1) 运行 Active NN 和 Standby NN 的机器需要相同的硬件配置。

(2) JournalNode 守护进程相对来说比较轻量,所以这些守护进程可以和其他守护线程(比如 NN,YARN ResourceManager)运行在同一台机器上。在一个集群中,最少要运行 3 个 JN 守护进程,这将使得系统有一定的容错能力。当然,也可以运行 3 个以上的 JN,但是为了增加系统的容错能力,应该运行奇数个 JN(3、5、7 等)。当运行 N 个 JN 时,系统将最多容忍 (N−1)/2 个 JN 崩溃。

在 HA 集群中,Standby NN 也执行命名空间状态的 Checkpoints,所以不必要运行 Secondary NN、CheckpointNode 和 BackupNode;事实上,运行这些守护进程是错误的。

4.6.5　Federation 机制

1. 当前 HDFS 架构和功能概述

Hadoop 2.X 以前,整个集群中只有一个 NameNode 和一个命名空间。NameNode 中命名空间以层次结构存储文件名与 BlockID 的对应关系、BlockID 与具体 Block 位置的对应关系。这个单独的 NameNode 管理许多的 DataNode，DataNode 中分布各个数据块，每个 DataNode 会周期性地向 NameNode 传递心跳信息（HeartBeat），报告节点状态及 Block 分布信息，Block 是存储信息的最小单元，通常第一个文件存储在一个或多个 Block 中，Block 默认大小为 64MB。

2. 单个 NameNode 的 HDFS 架构的局限性

由于 NameNode 在内存中存储着所有的元数据，因此，每个 NameNode 所能存储的对象（文件＋块）的数目受到 NameNode 所在的 JVM 的 heapsize 限制。比如 50GB 的 Heap 能够存储 20 亿个对象，这 20 亿个对象支持 4 000 个 DataNode，12PB 的存储（假设文件平均大小为 40MB）。

随着数据的飞速增长，存储的需求也随之增长。单个 DataNode 从 4T 增长到 36T，集群的尺寸增长到 8 000 个 DataNode。存储的需求从 12PB 增长到大于 100PB。

局限性如下所示。

- 集群的可用性：集群中只有一个 NameNode，无疑这个 NameNode 将成为集群可用性的最大隐患，NameNode 一旦出现问题，集群将不能运行。
- 性能问题：由于集群中只有一个 NameNode，该节点的吞吐量成为整个集群的最大限制。
- 隔离问题：由于集群中仅有一个 NameNode，不能隔离各个程序，因此 HDFS 上的一个实验性程序可能会影响整个集群中正在运行的其他程序。这就需要集群中有不同的命名空间来隔离不同的应用程序，不同的应用程序才会不相互影响。
- 命名空间和块管理的紧密耦合：当前在 NameNode 中的命名空间和块管理组合的紧密耦合关系会导致如果想要实现另外一套 NameNode 方案比较困难，而且也限制了其他想要直接使用块存储的应用。

3. 为什么纵向扩展目前的 NameNode 不可行

比如将 NameNode 的 Heap 空间扩大到 512GB。

这样纵向扩展带来的第一个问题就是启动问题，启动花费的时间太长。当前具有 50GB Heap 的 NameNode 的 HDFS，启动一次需要 30 分钟到 2 小时，那么 512GB 的需要多久？

第二个问题就是 NameNode 在 Full GC 时，如果发生错误将会导致整个集群宕机。

第三个问题是对大 JVM Heap 进行调试比较困难。优化 NameNode 的内存使用性价比比较低。

4. 为什么要引入 Federation

引入 Federation 的最主要原因是简单，其简单性是与真正的分布式 NameNode 相比而言的。Federation 能够快速地解决大部分单 NameNode HDFS 的问题。

Federation 是简单鲁棒的设计，由于联盟中各个 NameNode 之间是相互独立的。Federation 整个核心设计实现大概用了 3 个半月。大部分改变是在 DataNode、Config 和 Tools，而 NameNode 本身的改动非常少，这样 NameNode 原先的鲁棒性不会受到影响，比真正的分布式的 NameNode 简单,虽然这种实现的扩展性比起真正的分布式的 NameNode 要小些,但是可以迅速满足需求。另外一个原因是 Federation 良好的向后兼容性,已有的单 NameNode 的部署配置不需要任何改变就可以继续工作。

因此 Federation(联盟)是未来可选的方案之一。在 Federation 架构中可以无缝的支持目前单 NameNode 架构中的配置。

5. HDFS Federation 架构

HDFS Federation 使用了多个独立的 NameNode/NameSpace 来使得 HDFS 的命名服务能够水平扩展,如图 4-15 所示。在 HDFS Federation 中的 NameNode 之间是联盟关系,它们之间相互独立且不需要相互协调。HDFS Federation 中的 NameNode 提供了命名空间和块管理功能。HDFS Federation 中的 DataNode 被所有的 NameNode 用作公共存储块的地方。每一个 DataNode 都会向所在集群中所有的 NameNode 注册,并且会周期性地发送心跳和块信息报告,同时处理来自 NameNode 的指令。

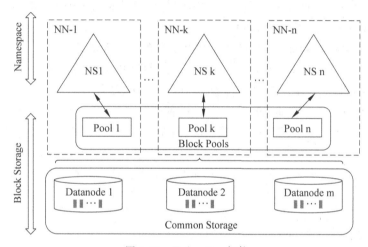

图 4-15　Federation 架构

1) Federation HDFS 与以前 HDFS 的比较

以前 HDFS 只有一个命名空间(NameSpace),它使用全部的块。而 Federation HDFS 中有多个独立的命名空间(NameSpace),并且每一个命名空间使用一个块池(Blockpool)。

以前 HDFS 中只有一组块。而 Federation HDFS 中有多组独立的块。块池(Blockpool)就是属于同一个命名空间的一组块。

以前 HDFS 由一个 NameNode 和一组 DataNode 组成。而 Federation HDFS 由多个 NameNode 和一组 DataNode 组成,每一个 DataNode 会为多个块池(block pool)存储块。

2) BlockPool(块池)

所谓 BlockPool(块池)就是属于单个命名空间的一组 Block(块)。每一个 DataNode 为所有的 BlockPool 存储块。DataNode 是一个物理概念,而 BlockPool 是一个重新将 Block 划分的逻辑概念。同一个 DataNode 中可以存储属于多个 BlockPool 的多个块。BlockPool 允许一个命名空间在不通知其他命名空间的情况下为一个新的 Block 创建 Block ID。同时,一个 NameNode 失效不会影响其下的 DataNode 为其他 NameNode 的服务。

当 DataNode 与 NameNode 建立联系并开始会话后自动建立 BlockPool。每个 Block

都有一个唯一的标识,这个标识称为扩展的块 ID(Extended BlockID)＝BlockID＋BlockID。这个扩展的块 ID 在 HDFS 集群之间都是唯一的,这为以后集群归并创造了条件。

DataNode 中的数据结构都通过块池 ID(BlockPoolID)索引,即 DataNode 中的 BlockMap、Storage 等都通过 BPID 索引。

在 HDFS 中,所有的更新、回滚都是以 NameNode 和 BlockPool 为单元发生的。即同一 HDFS Federation 中不同的 NameNode/BlockPool 之间没有什么关系。

Hadoop 0.23 版本中 Block Pool 的管理功能依然放在了 NameNode 中,将来的版本中将 Block Pool 的管理功能移动到新的功能节点中。

3) DataNode 的改进

在 DataNode 中,对应于每个 NameNode 都有一条相应的线程。每个 DataNode 去每一个 NameNode 注册,并且周期性地给所有的 NameNode 发送心跳及 DataNode 的使用报告。DataNode 还给 NameNode 发送其所在的 BlockPool 的 BlockReport(块报告)。由于有多个 NameNode 同时存在,因此任何一个 NameNode 都可以随时动态加入、删除和更新。

4) Federation 中其他方面的改进

- 提供了工具,对 NameNode 的初始化和退役的监控和管理。
- 允许在 DataNode 级别或者 BlockPool 级别的负载均衡。
- DataNode 的后台守护进程,为 Federation 所做的磁盘和目录扫描。
- 提供了显示 NameNode 的 BlockPool 的使用状态的 Web UI。
- 还提供了对全部集群存储使用状态的 UI 展示。
- 在 Web UI 中列出了所有的 NameNode 及其细节,如 NameNode-BlockPoolID 和存储的使用状态,失去联系的、活的和死的块信息。还有前往各个 NameNode Web UI 的链接。
- DataNode 退役状态的展示。

5) 多命名空间的管理问题

在一个集群中需要唯一的命名空间还是多个命名空间,核心问题是命名空间中数据的共享和访问问题。使用全局唯一的命名空间是解决数据共享和访问的一种方法。在多命名空间下,还可以使用 Client Side Mount Table 方式做到数据共享和访问。

如图 4-16 所示,每个深色三角形代表一个独立的命名空间,上面浅色的三角形代表从客户角度去访问下面的子命名空间。各个深色的命名空间挂载(Mount)到浅色的表中,客户可以通过不同的挂载点来访问不同的命名空间,这就如同在 Linux 系统中访问不同挂载点一样。这就是 HDFS Federation 中命名空间管理的基本原理:将各个命名空间挂载到全局 mount-table 中,就可以将数据挂到全局共享;同样的命名空间挂载到个人的 mount-table 中,这就成为应用程序可见的命名空间视图。

6) Namespace Volume(命名空间卷)

一个 NameSpace 和它的 BlockPool 合在一起称作 NameSpace Volume。NameSpace Volume 是一个独立完整的管理单元。当一个 NameNode/NameSpace 被删除,与之相对应的 BlockPool 也被删除。在升级时每一个 NameSpace Volume

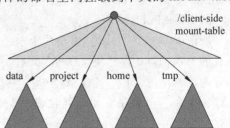

图 4-16　Federation 中命名空间

也会整体作为一个单元。

7）ClusterID

在 HDFS Federation 中添加了 ClusterID 用来区分集群中的每个节点。当格式化一个 NameNode 时，这个 ClusterID 会自动生成或者手动提供。在格式化同一集群中其他 NameNode 时会用到这个 ClusterID。

8）HDFS Federation 对旧版本的 HDFS 是兼容的

这种兼容性可以使得已有的 NameNode 配置不需要任何改变继续工作。

4.7   HDFS 中小文件存储问题

HDFS 是针对大文件进行设计的，在处理大文件时能够体现出它的性能优势，然而，在许多应用中都存在着许多小文件，如图片文件、Office 文档等，这些文件一般都小于 HDFS 数据块的大小，在小文件的存储过程中，会面临以下问题。

1. 文件系统的效率低下

系统需要为每一个小文件保存元数据信息，并且由于存在多个副本，需要为其分配多个存储节点。大部分的时间都花费在系统开销上，真正用于传输文件内容的时间所占比例非常小，导致小文件数目过多时存储速度变慢。

2. 集群内部节点内存占用率过高

原因在于不论是命名服务器还是数据服务器，都需要保存小文件的元数据信息，在 HDFS 的实现中，这部分信息是常驻内存的，因而当文件数目变得庞大时，所占用的内存也急剧增加。如果将这些文件元数据信息保存在磁盘中，那么可以预见，由于需要频繁地进行磁盘 I/O 访问，访问性能将急剧下降。

3. 浪费大量的存储空间

HDFS 采用比较大的数据块，存储数据时数据块是最小的存储单元，当文件远小于数据块大小时，将会有大量的存储空间被浪费。

Yahoo 内部有一个生产集群，统计下来有 57 000 000 个小于 128MB 块大小的文件，这些小文件消耗了 95% 的命名空间，占用了 30% 的存储空间。NameNode 的压力常常是因为有海量的小文件存在，如果没有这些小文件存在，NameNode 内存还没撑爆，估计存储空间就先爆了。

为了解决这些面临的问题，Hadoop 对 HDFS 进行了改善，同时一些专家学者也提出了一些解决方案，改善了小文件的存储问题。

4.7.1   文件归档技术

Hadoop 从 0.18.0 版本开始引入了 Archive，系统可以运行 MapReduce 任务把多个小文件合并成为一个归档文件。归档文档包含元数据和数据文件。元数据包含两层索引文件：_masterIndex 和_index，索引部分记录了原有的目录结构和文件状态。HAR 文件格式如图 4-17 所示，采用归档文件处理小文件的方法确实降低了 NameNode 的内存使用率，但是在读取文件方面，与直接从 HDFS 中读取数据相比效率明显下降。同时，一个归档文件一旦创建将不可更改,将不允许在此基础上进行增加或删除文件等操作。

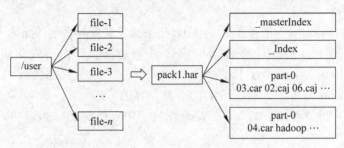

图 4-17　HAR 文件结构

Archive 命令的格式为:

```
Hadoop archive -archiveName test.har -p /A/B/C/D/ E1/F1 E2/F2 /A/G/
```

其中,-archiveName test.har 为目标文件名,-p /A/B/C/D/为源文件的父目录,E1/F1
和 E2/F2 为源文件(夹),文件(夹)可以有多个,源文件其实是:父目录路径＋相对子路径,
最后一个参数就是目录文件夹 dest path,所以最终结果的路径是 dest path＋achiveName。
命令及执行结果如下:

```
hadoop@master:~$hadoop fs -ls /user
Found 10 items
-rw-r--r--   3 hadoop supergroup     451959 2014-09-23 12:58 /user/01.caj
-rw-r--r--   3 hadoop supergroup     393536 2014-09-23 12:58 /user/02.caj
-rw-r--r--   3 hadoop supergroup    1470785 2014-09-23 12:58 /user/03.caj
-rw-r--r--   3 hadoop supergroup     133124 2014-09-23 12:58 /user/04.caj
-rw-r--r--   3 hadoop supergroup    1572394 2014-09-23 12:58 /user/05.caj
-rw-r--r--   3 hadoop supergroup     358683 2014-09-23 12:58 /user/06.caj
-rw-r--r--   3 hadoop supergroup      79857 2014-09-23 12:58 /user/07.caj
drwxr-xr-x  -hadoop supergroup          0 2014-09-14 23:41 /user/hadoop
-rw-r--r--   3 hadoop supergroup         44 2014-09-14 13:13 /user/input.txt
-rw-r--r--   3 hadoop supergroup     430744 2014-09-16 17:24 /user/test1.txt
```

在 HDFS 中创建 archiveDir 目录。

```
hadoop@master:~$hadoop fs -mkdir archiveDir
```

将/user 目录下的所有 *.caj 文件及 hadoop 文件夹下的文件添加到归档。

```
hadoop@master:~$ hadoop archive -archiveName pack1.har -p /user/*.caj
hadoop archiveDir
hadoop@master:~$hadoop fs -lsr har:///user/hadoop/archiveDir/pack1.har
-rw-r--r-- 3 hadoop supergroup   1470785 2014-09-23 12:58 /user/hadoop/
                                                          archiveDir/pack1.har/03.caj
-rw-r--r-- 3 hadoop supergroup    393536 2014-09-23 12:58 /user/hadoop/
                                                          archiveDir/pack1.har/02.caj
-rw-r--r-- 3 hadoop supergroup    358683 2014-09-23 12:58 /user/hadoop/
                                                          archiveDir/pack1.har/06.caj
-rw-r--r-- 3 hadoop supergroup    133124 2014-09-23 12:58 /user/hadoop/
                                                          archiveDir/pack1.har/04.caj
```

```
drwxr-xr-x    -hadoop supergroup      0 2014-09-23 14:14 /user/hadoop/
                                        archiveDir/pack1.har/hadoop
-rw-r--r--    3 hadoop supergroup      0 2014-09-14 19:08 /user/hadoop/
                                        archiveDir/pack1.har/hadoop/empty
-rw-r--r--    3 hadoop supergroup      8 2014-09-14 18:04 /user/hadoop/
                                        archiveDir/pack1.har/hadoop/cc.txt
-rw-r--r--    3 hadoop supergroup      1166 2014-09-14 18:03 /user/hadoop/
                                        archiveDir/pack1.har/hadoop/start-all.sh
drwxr-xr-x    -hadoop supergroup      0 2014-09-14 17:52 /user/hadoop/
                                        archiveDir/pack1.har/hadoop/dir
drwxr-xr-x    -hadoop supergroup      0 2014-09-14 17:53 /user/hadoop/
                                        archiveDir/pack1.har/hadoop/dir3
drwxr-xr-x    -hadoop supergroup      0 2014-09-14 17:51 /user/hadoop/
                                        archiveDir/pack1.har/hadoop/dir2
drwxr-xr-x    -hadoop supergroup      0 2014-09-14 17:51 /user/hadoop/
                                        archiveDir/pack1.har/hadoop/dir1
drwxr-xr-x    -hadoop supergroup      0 2014-09-23 14:16 /user/hadoop/
                                        archiveDir/pack1.har/hadoop/archiveDir
-rw-r--r--    3 hadoop supergroup      451959 2014-09-23 12:58 /user/hadoop/
                                        archiveDir/pack1.har/01.caj
-rw-r--r--    3 hadoop supergroup      1572394 2014-09-23 12:58 /user/hadoop/
                                        archiveDir/pack1.har/05.caj
-rw-r--r--    3 hadoop supergroup      79857 2014-09-23 12:58 /user/hadoop/
                                        archiveDir/pack1.har/07.caj
hadoop@master:~$hadoop fs -cat har:///user/hadoop/archiveDir/pack1.har/
hadoop/cc.txt
```

查看 archive 中的 cc.txt 文件的命令。

归档文件与原文件分别使用不同的 Block，并没有共用 Block。当归档文件较多时，性能并不明显（典型的 HDFS 复制）。小文件归档以后，需要手工删除原始文件，否则仍将占用存储空间；HAR 文件不支持压缩，因此会占用较多磁盘空间。

下面的代码显示 pack1.har 文件中/hadoop 路径下的文件：

```java
import java.net.URI;
import org.apache.hadoop.conf.Configuration;
import org.apache.hadoop.fs.FileStatus;
import org.apache.hadoop.fs.HarFileSystem;
import org.apache.hadoop.fs.Path;

public class HarTest {
    public static void main(String[] args) throws Exception {
        Configuration conf=new Configuration();
        conf.set("fs.default.name", "hdfs://192.168.1.10:9000");
        HarFileSystem fs=new HarFileSystem();
        fs.initialize(new URI("har://////192.168.1.10/user/hadoop/archiveDir/
        pack1.har"), conf);
        FileStatus[] listStatus=fs.listStatus(new Path("/user/hadoop/
        archiveDir/pack1.har/hadoop"));
        for (FileStatus fileStatus: listStatus) {
            System.out.println(fileStatus.getPath().toString());
```

```
        }
    }
}
```

4.7.2 SequenceFile 格式

SequenceFile 文件是 Hadoop 用来存储二进制形式的 key-value 而设计的一种平面文件(Flat File)。目前,有学者在该文件的基础之上提出一些 HDFS 中小文件存储的解决方案,他们的基本思路就是将小文件进行合并成一个大文件,用文件名称作为关键字,文件内容作为值。可以将一些小文件合并后写入一个单独的序列文件中去,完成后可以直接使用这个文件。序列文件是可以被分割的,利用 MapReduce 可以将它们分成块,这些块可以被独立处理。SequenceFile 序列文件支持数据压缩和文件分割,为 MapReduce 任务的本地数据操作提供了良好的支撑。但 SequenceFile 有它本身的缺陷,在将小文件合并为大文件后,没有完善小文件到大文件的映射,使得检索小文件的过程效率低下。

SequenceFile 文件由 Header、Record 和同步标志 3 种数据组成,可以支持无压缩、记录压缩、数据块压缩 3 种格式。Header 中主要包括版本信息、keyClassName、valueClassName、压缩标志等,同步标志主要是为了分割 Header 和 Record。每个 Record 的关键内容是一个 key-value 数据对。

用 SequenceFile 解决小文件问题的关键点是利用它的 key-value 数据对的存储能力,即将每个小文件的关键点是利用每个小文件名作为 key,将文件的内容作为 value,这样,多个小文件可以存储在一个 SequenceFile 文件。SequenceFile 是可以分割的,因此 MapReduce 程序可以像处理其他文件一样将一个超大 SequenceFile 分割并行处理,SequenceFile 还支持数据压缩,利用该功能可以显著提高存储效率。

与 SequenceFile 相关的一个数据结构是 MapFile,这是一种排序后的 SequenceFile,它增加了将 key 进行排序与查排的能力,因此可根据 key 值快速地查找到对应的 Record。它拥有较高的检索效率,但会占用更多的内存。

4.7.3 CombineFileInputFormat

Hadoop 提供了一种 CombineFileInputFormat 类,它可以将多个文件打包到一个分片中交给一个 Map 任务处理,而且它还有拓扑感知能力,即根据文件的网络拓扑位置选择相近的文件打包到一个分片中,从而提高效率。CombineFileInputFormat 是一个抽象类,开发者需要对该类的一些接口进行具体实现,才能完成完整的逻辑。

使用 CombineFileInputFormat 可以提高 MapReduce 作业的运行速度,但是并不能减少文件的数量,因此对 NameNode 的运行效率没有任何改善。而且 MapReduce 作业仍然需要在大量小文件中进行寻址和数据传输,因此仍然存在效率问题。

除了以上介绍的三种机制外,许多学者也提出了 Hadoop 进行小文件存储的方法,这些方法都比较关注的问题有两点。

1. 小文件合并问题

当海量的小文件在系统中进行存储时,这些小文件的元数据信息将占用 NameNode 的内存空间,对其造成极大的负载;同时,大量小文件的存在造成了对 NameNode 节点频繁的数据读写,每次读写文件,都要向 NameNode 节点请求数据分配和路径等信息,这种频繁的交互对整个 HDFS 性能造成严重的影响。

2. 创建小文件索引问题

当小文件数量非常大时,MapReduce 处理需要做更多的任务,在 map 任务完成之后产生大量的中间数据,浪费了大量的系统资源。通过合并小文件为大文件可以解决这个问题,在合并小文件之后,为了高效的检索小文件,需要为其创建相应的索引。

MapReduce 原理及开发

5.1 初识 MapReduce

5.1.1 试用 WordCount

学习 Hadoop 的 HDFS 以后,已经初步领略了 Hadoop 的强大,其实 Hadoop 还有另一项强大的功能——MapReduce 计算框架,这是一个应用于大规模数据集的并行编程模型,它非常简单,容易实现,且易于扩展。用它编写程序用户不用考虑后面的细节,MapReduce 替人们完成了分布式存储、工作调度、负载均衡、容错处理、网络通信等实现起来比较困难的工作,程序员不用关心这些,只需要关心自己的业务即可。MapReduce 核心思想就是"分而治之",它把大规模数据集分成一个个小的数据集(splite),交由主节点管理下的各分节点共同处理,然后把各分节点的中间结果进行整合,得到最终结果。

了解了 MapReduce 框架的概况后,下面来领略一下它的风采,试用 Hadoop 提供的试验程序——WordCount。WordCount 能够统计一批文本文件中各单词出现的频次,展示 MapReduce 思想。现在试用一下 WordCount,体会一下 MapReduce 的精妙之处。

WordCount 首先把输入的文本文件按单词进行切分,然后统计每一个单词出现的次数,并把结果输出。

(1) 在 Master 服务器上创建一个 input 目录。

```
hadoop@master:~$mkdir input
hadoop@master:~$cd input
```

(2) 在 input 目录下创建两个文本文件: text1.txt、text2.txt。

```
hadoop@master:~/input$echo "Hello Hadoop
>bye Hadoop">text1.txt
hadoop@master:~/input$echo "Hello world
>Bye world">text2.txt
```

⚠️ 注意:输入 text1.txt 内容时第一个 Hadoop 后有一个软回车,输入方法是在 Hadoop 后按住 Ctrl＋Enter 组合键,这样文件中就有一个回车了。在 text2.txt 中第一个 world 后面也输入一个软回车。内容输入完成后,输入"回车"完成文件输入。

（3）把 input 目录复制到 HDFS 文件系统中，并命名为 in 目录。

```
hadoop@master:~/input$cd ...
hadoop@master:~$hadoop fs -put input in
```

（4）执行 WordCount 程序。

```
hadoop@master:~$cd hadoop
hadoop@master:~/hadoop$hadoop jar hadoop-examples-1.2.1.jar wordcount in out
```

至此，任务就完成了，下面来看一下执行的结果。

```
hadoop@master:~/hadoop$hadoop fs -cat out/*
    Bye     2
    Hadoop  2
    Hello   2
    world   2
```

从上面的结果可以看出，WordCount 最终统计的结果是：Bye、Hadoop、Hello、word 都出现了 2 次。

5.1.2　自己编写 WordCount

通过上面的操作，领略到 MapReduce 的强大与巧妙，它统计了输入的文本文件中各单词出现的频次，MapReduce 是怎样完成这个工作的呢？下面就来自己编写一个 WordCount 程序，熟悉 Hadoop 程序开发的过程，进而了解 MapReduce 的工作原理。

在 4.5.1 小节和 4.5.2 小节中，已经把 Hadoop 的 Eclipse 插件编译完成，生成了一个 jar 文件，并安装到了 Eclipse 中。下面利用这个开发环境自己编写一个 WordCount 程序，体会一下 MapReduce 的强大与巧妙。

（1）新建 MapReduce 项目。

在 Eclipse 中，单击菜单 File→New→Other，选择 Map/Reduce Project，建立 MapReduce 项目，如图 5-1 所示。

图 5-1　创建一个 Map/Reduce 项目

（2）单击 Next 按钮，输入项目名称 MyWordCount，如图 5-2 所示。

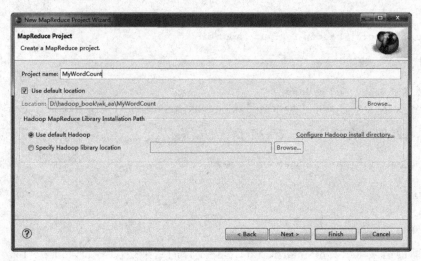

图 5-2　输入项目名称

（3）选择 Libraries 选项卡，单击 Add External JARs 按钮导入 Hadoop 目录下的 hadoop-core-1.2.1.jar、hadoop-ant-1.2.1.jar、hadoop-tools-1.2.1.jar 及 Hadoop\lib 目录下的所有 jar 包，如图 5-3 所示。

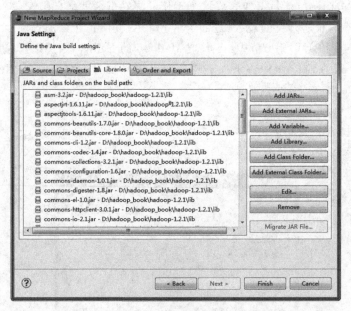

图 5-3　导入外部 jar 包

（4）新建类，单击菜单 File→New→Other，选择 Map/Reduce 下的 Mapper，如图 5-4 所示。

（5）WordMapper 类继承了 MapReduceBase 类，通过提供 map 方法实现了 mapper 接口。map 是作业的核心之一，它将输入键值对（key-value pair）映射到一组中间格式的键值对集合。具体地说，在 WordMapper 类中，map 方法接收到一行文本，然后，它通过

图 5-4　新建 WordMapper 类

StringTokenizer 以空格为分隔符将一行切分为若干 tokens，之后，输出＜world,1＞形式的
键值对。为了显示数据处理过程，在 map 函数开始时，输出＜key,value＞键值对，此时 key
值为该行的首字符相对于文本文件的首地址的偏移量，value 为该行内容。在 while 循环体
的最后，输出 map 函数的输出值，即＜world,1＞。

```java
import java.io.IOException;
import java.util.StringTokenizer;
import org.apache.hadoop.io.IntWritable;
import org.apache.hadoop.io.LongWritable;
import org.apache.hadoop.io.Text;
import org.apache.hadoop.mapred.MapReduceBase;
import org.apache.hadoop.mapred.Mapper;
import org.apache.hadoop.mapred.OutputCollector;
import org.apache.hadoop.mapred.Reporter;

public class WordMapper extends MapReduceBase implements Mapper<LongWritable,
Text, Text, IntWritable>{
    private final static IntWritable one=new IntWritable(1);
        private Text word=new Text();
        public void map(LongWritable key, Text value, OutputCollector<Text,
        IntWritable>output, Reporter reporter) throws IOException {
        System.out.println("map input key:"+ key.toString()+"value:"+value.
        toString());
        String line=value.toString();
        StringTokenizer tokenizer=new StringTokenizer(line);
        while (tokenizer.hasMoreTokens()) {
            word.set(tokenizer.nextToken());
            output.collect(word, one);
            System.out.println("map output:<"+word+","+one+">");
        }
    }
}
```

（6）用步骤（4）类似的方法创建类 WordReducer，该类继承了 MapReduceBase 类，通过提供 reduce 方法实现了 reducer 接口。reduce 方法也是作业的核心，它把与一个 key 关联的一组中间数据集归约（reduce）为一个更小的数据集。具体地说，在 WordReducer 类中，reduce 方法把接收到的迭代器中的键值对的值相加，得到这个单词出现的次数。为了更清楚地说明程序运行过程在 reduce 函数的 while 循环体中，输出了 reduce 函数的输入值；在 reduce 函数最后，输出了 reduce 的输出值。

```
import java.io.IOException;
import java.util.Iterator;
import org.apache.hadoop.io.IntWritable;
import org.apache.hadoop.io.Text;
import org.apache.hadoop.mapred.MapReduceBase;
import org.apache.hadoop.mapred.OutputCollector;
import org.apache.hadoop.mapred.Reducer;
import org.apache.hadoop.mapred.Reporter;

public class WordReducer extends MapReduceBase implements Reducer<Text,
IntWritable, Text, IntWritable>{
    public void reduce(Text key, Iterator<IntWritable>values, OutputCollector
    <Text, IntWritable>output, Reporter reporter) throws IOException{
        int sum=0;
        while (values.hasNext()) {
          int temp=values.next().get();
          sum+=temp;
          System.out.println("reduce input"+key+","+temp);
          }
        output.collect(key, new IntWritable(sum));
        System.out.println("reduce key:"+key.toString()+" value:"+sum);
    }
}
```

（7）用步骤（4）相似的方法创建 MapReduce Driver，即 MapReduce 驱动类，MapReduce 驱动类主要是启动 MapReduce 作业。驱动类命名为 WordCount，该类中包括 main 函数，在这里设置任务的一些参数：通过 FileInputFormat、FileOutputFormat 分别设定任务的输入和输出路径，调用 JobClient.runJob(conf)方法执行任务。

```
import org.apache.hadoop.fs.Path;
import org.apache.hadoop.io.IntWritable;
import org.apache.hadoop.io.Text;
import org.apache.hadoop.mapred.FileInputFormat;
import org.apache.hadoop.mapred.FileOutputFormat;
import org.apache.hadoop.mapred.JobClient;
import org.apache.hadoop.mapred.JobConf;
import org.apache.hadoop.mapred.TextInputFormat;
import org.apache.hadoop.mapred.TextOutputFormat;
import org.apache.hadoop.util.GenericOptionsParser;

public class WordCount {
    public static void main(String[] args) throws Exception {
```

```
JobConf conf=new JobConf(WordCount.class);
String[] otherargs=new GenericOptionsParser(conf,args).
getRemainingArgs();
System.out.println("args0:"+otherargs[0]);
System.out.println("args1:"+otherargs[1]);
if(otherargs.length!=2){
    System.err.println("Usage: WordCount<in><out>");
    System.exit(2);
}
conf.setJobName("wordcount");
conf.setOutputKeyClass(Text.class);
conf.setOutputValueClass(IntWritable.class);
conf.setMapperClass(WordMapper.class);
conf.setCombinerClass(WordReducer.class);
conf.setReducerClass(WordReducer.class);
conf.setInputFormat(TextInputFormat.class);
conf.setOutputFormat(TextOutputFormat.class);
FileInputFormat.setInputPaths(conf, new Path(otherargs[0]));
FileOutputFormat.setOutputPath(conf, new Path(otherargs[1]));
JobClient.runJob(conf);
    }
}
```

（8）设置运行环境参数。右击 WordCount 文件，选择 Run as→Run Configuration…菜单命令，打开 Run Configurations 窗口，选择（x）＝Arguments 选项卡，输入 in out，单击 Apply 按钮，如图 5-5 所示。这里的 in 为程序输入数据的 HDFS 目录，out 程序输出数据的 HDFS 目录。

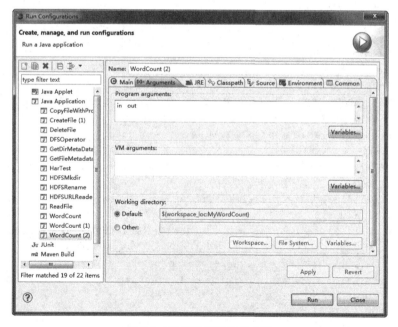

图 5-5　设置程序运行的参数

　　（9）运行 WordCount 程序。右击 WordCount 文件，选择 Run as→Run on Hadoop 菜单命令，应用程序在 Hadoop 上运行。

```
14/09/30 08:14:35 WARN util.NativeCodeLoader: Unable to load native-hadoop
library for your platform... using builtin-java classes where applicable
14/09/30 08:14:35 WARN snappy.LoadSnappy: Snappy native library not loaded
14/09/30 08:14:35 INFO mapred.FileInputFormat: Total input paths to process: 2
14/09/30 08:14:35 INFO mapred.JobClient: Running job: job_local1315770733_0001
14/09/30 08:14:35 INFO mapred.LocalJobRunner: Waiting for map tasks
14/09/30 08:14:35 INFO mapred.LocalJobRunner: Starting task: attempt_local
1315770733_0001_m_000000_0
14/09/30 08:14:35 INFO mapred.Task:  Using ResourceCalculatorPlugin: null
14/09/30 08:14:35 INFO mapred.MapTask: Processing split: hdfs://192.168.1.10:
9000/user/hadoop/in/text1.txt:0+24
14/09/30 08:14:35 INFO mapred.MapTask: numReduceTasks: 1
14/09/30 08:14:35 INFO mapred.MapTask: io.sort.mb=100
14/09/30 08:14:35 INFO mapred.MapTask: data buffer=79691776/99614720
14/09/30 08:14:35 INFO mapred.MapTask: record buffer=262144/327680
14/09/30 08:14:35 INFO mapred.MapTask: Starting flush of map output
map input  key:0value:Hello Hadoop
mapoutput:<Hello,1>
mapoutput:<Hadoop,1>
map input  key:13value:Bye Hadoop
mapoutput:<Bye,1>
mapoutput:<Hadoop,1>
reduce inputBye,1
reduce key:Bye value:1
reduce inputHadoop,1
reduce inputHadoop,1
reduce key:Hadoop value:2
reduce inputHello,1
reduce key:Hello value:1
14/09/30 08:14:35 INFO mapred.MapTask: Finished spill 0
14/09/30 08:14:35 INFO mapred.Task: Task:attempt_local1315770733_0001_m_
000000_0 is done. And is in the process of commiting
14/09/30 08:14:35 INFO mapred.LocalJobRunner: hdfs://192.168.1.10:9000/user/
hadoop/in/text1.txt:0+24
14/09/30 08:14:35 INFO mapred.Task: Task 'attempt_local1315770733_0001_m_
000000_0' done
14/09/30 08:14:35 INFO mapred.LocalJobRunner: Finishing task: attempt_local
1315770733_0001_m_000000_0
14/09/30 08:14:35 INFO mapred.LocalJobRunner: Starting task: attempt_local
1315770733_0001_m_000001_0
14/09/30 08:14:35 INFO mapred.Task:  Using ResourceCalculatorPlugin: null
14/09/30 08:14:35 INFO mapred.MapTask: Processing split: hdfs://192.168.1.10:
9000/user/hadoop/in/text2.txt:0+22
14/09/30 08:14:35 INFO mapred.MapTask: numReduceTasks: 1
14/09/30 08:14:35 INFO mapred.MapTask: io.sort.mb=100
14/09/30 08:14:35 INFO mapred.MapTask: data buffer=79691776/99614720
14/09/30 08:14:35 INFO mapred.MapTask: record buffer=262144/327680
```

```
14/09/30 08:14:35 INFO mapred.MapTask: Starting flush of map output
map input   key:0value:Hello world
mapoutput:<Hello,1>
mapoutput:<world,1>
map input   key:12value:Bye world
mapoutput:<Bye,1>
mapoutput:<world,1>
reduce inputBye,1
reduce key:Bye value:1
reduce inputHello,1
reduce key:Hello value:1
reduce inputworld,1
reduce inputworld,1
reduce key:world value:2
14/09/30 08:14:35 INFO mapred.MapTask: Finished spill 0
14/09/30 08:14:35 INFO mapred.Task: Task:attempt_local1315770733_0001_m_000001_0
is done. And is in the process of commiting
14/09/30 08:14:35 INFO mapred.LocalJobRunner: hdfs://192.168.1.10:9000/user/
hadoop/in/text2.txt:0+22
14/09/30 08:14:35 INFO mapred.Task: Task 'attempt_local1315770733_0001_m_000001_0'
done.
14/09/30 08:14:35 INFO mapred.LocalJobRunner: Finishing task: attempt_local
1315770733_0001_m_000001_0
14/09/30 08:14:35 INFO mapred.LocalJobRunner: Map task executor complete
14/09/30 08:14:35 INFO mapred.Task: Using ResourceCalculatorPlugin: null
14/09/30 08:14:35 INFO mapred.LocalJobRunner:
14/09/30 08:14:35 INFO mapred.Merger: Merging 2 sorted segments
14/09/30 08:14:35 INFO mapred.Merger: Down to the last merge-pass, with 2
segments left of total size: 73 bytes
14/09/30 08:14:35 INFO mapred.LocalJobRunner:
reduce inputBye,1
reduce inputBye,1
reduce key:Bye value:2
reduce inputHadoop,2
reduce key:Hadoop value:2
reduce inputHello,1
reduce inputHello,1
reduce key:Hello value:2
reduce inputworld,2
reduce key:world value:2
14/09/30 08:14:35 INFO mapred.Task: Task:attempt_local1315770733_0001_r_000000_0
is done. And is in the process of commiting
14/09/30 08:14:35 INFO mapred.LocalJobRunner:
14/09/30 08:14:35 INFO mapred.Task: Task attempt_local1315770733_0001_r_000000_0
is allowed to commit now
14/09/30 08:14:35 INFO mapred.FileOutputCommitter: Saved output of task
'attempt_local1315770733_0001_r_000000_0' to hdfs://192.168.1.10:9000/user/
hadoop/out
14/09/30 08:14:35 INFO mapred.LocalJobRunner: reduce>reduce
14/09/30 08:14:35 INFO mapred.Task: Task 'attempt_local1315770733_0001_r_000000_0'
done.
```

```
14/09/30 08:14:36 INFO mapred.JobClient: map 100%  reduce 100%
14/09/30 08:14:36 INFO mapred.JobClient: Job complete: job_local1315770733_0001
14/09/30 08:14:36 INFO mapred.JobClient: Counters: 20
14/09/30 08:14:36 INFO mapred.JobClient: File Input Format Counters
14/09/30 08:14:36 INFO mapred.JobClient: Bytes Read=46
14/09/30 08:14:36 INFO mapred.JobClient: File Output Format Counters
14/09/30 08:14:36 INFO mapred.JobClient: Bytes Written=31
14/09/30 08:14:36 INFO mapred.JobClient: FileSystemCounters
14/09/30 08:14:36 INFO mapred.JobClient: FILE_BYTES_READ=21776
14/09/30 08:14:36 INFO mapred.JobClient: HDFS_BYTES_READ=116
14/09/30 08:14:36 INFO mapred.JobClient: FILE_BYTES_WRITTEN=234939
14/09/30 08:14:36 INFO mapred.JobClient: HDFS_BYTES_WRITTEN=31
14/09/30 08:14:36 INFO mapred.JobClient: Map-Reduce Framework
14/09/30 08:14:36 INFO mapred.JobClient: Reduce input groups=4
14/09/30 08:14:36 INFO mapred.JobClient: Map output materialized bytes=81
14/09/30 08:14:36 INFO mapred.JobClient: Combine output records=6
14/09/30 08:14:36 INFO mapred.JobClient: Map input records=4
14/09/30 08:14:36 INFO mapred.JobClient: Reduce shuffle bytes=0
14/09/30 08:14:36 INFO mapred.JobClient: Reduce output records=4
14/09/30 08:14:36 INFO mapred.JobClient: Spilled Records=12
14/09/30 08:14:36 INFO mapred.JobClient: Map output bytes=78
14/09/30 08:14:36 INFO mapred.JobClient: Total committed heap usage (bytes)=
                                         482291712
14/09/30 08:14:36 INFO mapred.JobClient: Map input bytes=46
14/09/30 08:14:36 INFO mapred.JobClient: Combine input records=8
14/09/30 08:14:36 INFO mapred.JobClient: Map output records=8
14/09/30 08:14:36 INFO mapred.JobClient: SPLIT_RAW_BYTES=204
14/09/30 08:14:36 INFO mapred.JobClient: Reduce input records=6
```

注意：运行程序前请先查看一下，程序的输出目录是否存在，若已经存在，程序会出错。可以在 Eclipse 的 DFS location 处删除输出目录，或使用命令删除也可以，命令为：

```
hadoop@master:~/hadoop$hadoop fs -rmr /user/hadoop/out
```

（10）显示程序运行结果。

```
hadoop@master:~/hadoop$hadoop fs -cat /user/hadoop/out/*
    Bye        2
    Hadoop     2
    Hello      2
    world      2
```

5.1.3 WordCount 处理过程

5.1.2 小节介绍了 WordCount 程序编写过程，下面结合程序运行过程中控制台提示信息，对 WordCount 程序处理过程进行介绍，如图 5-6 所示。

（1）程序将数据拆分成 splits，由于测试用的数据较小，所以每个文件就是一个 split，并将文件拆分成<key,value>键值对，这里的 key 是包括回车在内的字符数的偏移量，value 值为一行文字。

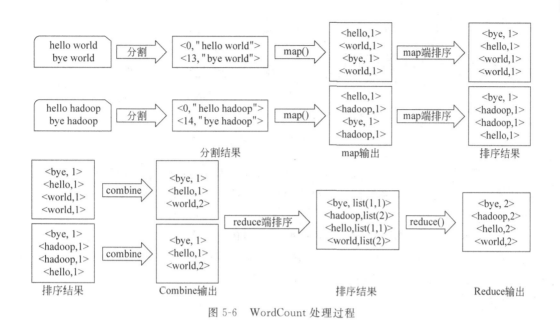

图 5-6　WordCount 处理过程

（2）将分割好的＜key,value＞键值对交由 map（）方法进行处理,生成新的键值对：＜world,1＞。

（3）得到 map（）方法输出的＜world,1＞对,Mapper 会将它们按照 key 值进行排序,并执行 Combine 过程,将 key 值相同的 value 值相加,得到 Mapper 的最终结果。

（4）Reduce 先对从 Mapper 接收的数据进行排序,再交由用户自定义的 reduce 方法按相同的键值把数值累加,形成新的键值对。

5.2　MapReduce 工作原理

5.2.1　MapReduce 数据处理过程

MapReduce 是一种编程模型,主要用于大规模数据处理,使程序开发人员不需要掌握分布式程序开发技巧的情况下,可以使用 map（）和 reduce（）函数编写出分布式运行的应用程序,运行在分布式系统 Hadoop 之上。

MapReduce 模型处理的是大规模数据集,一般来说都在 TB 级及以上规模。对这种大规模数据集,MapReduce 采用的是“分而治之”的思想,把待处理的数据集分割成许多小的数据块,小数据块经 map（）函数并行处理后输出新的中间结果,reduce（）函数把多任务处理后的中间结果汇总,形成最终结果。用 MapReduce 处理的数据集必须具有以下特点：待处理的数据集可以分解为多个小数据集,并且每个小数据集完全可以并行地进行处理。

MapReduce 框架分为两个阶段,Map 阶段和 Reduce 阶段,在两个阶段分别自定义 map（）函数和 reduce（）函数,这两个函数把数据从一个数据集转换为另一个数据集,处理数据过程如图 5-7 所示。

Map 阶段,把待处理的数据集分割成许多小数据集（splits）,每个小数据集进一步分解成一批键值对＜key1,value1＞,Hadoop 为每个 Split 创建一个 Map 任务,执行用户自定义

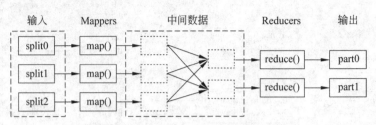

图 5-7 MapReduce 处理数据的过程

的 map()函数,输出中间结果<key2,value2>键值对。实际上,在数据处理过程中,数据元素都是不可变的,也就是说系统是不能更改原始数据的,只会把处理的数据元素输出到下一阶段。

　　Reduce 阶段的主要作用就是接收来自输入列表的迭代器,把这些数据汇总到一起,从大规模的数据集汇总形成更小规模的数据集。Reducer 首先把从不同 Mapper 接收来的数据合并在一起并且进行排序,然后调用 reduce()函数,对<key2,list(v2)>进行相应的处理,形成新的键值对<key3,value3>。

5.2.2　MapReduce 框架组成

　　MapReduce 框架主要由以下构件组成,它们之间的关系如图 5-8 所示。

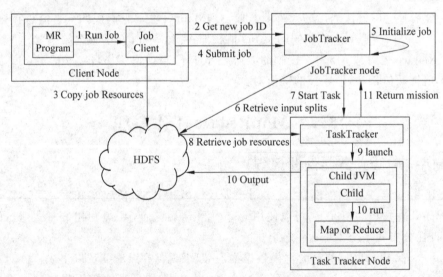

图 5-8 MapReduce 作业运行原理

1. JobTracker

　　JobTracker 是运行于 master 上的一个服务,它负责接收 Job,调度 Job 的每一个子任务 Task 运行于 TaskTracker 上,并监控它们,如果发现有失败的 Task 就重新运行它们。

2. TaskTracker

　　TaskTracker 是运行于多个节点上的 slaver 服务。TaskTracker 通过心跳(Heartbeat)与 JobTracker 通信,接收作业,并执行任务。

3. JobClient

每一个 Job 都会在用户端通过 JobClient 类将应用程序以及配置参数 Configuration 打包成 jar 文件,存储在 HDFS 中,并把路径提交到 JobTracker 的 master 服务,由 master 创建一个 Task 将它们分发到各个 TaskTracker 服务中去执行。

4. JobInProgress

JobClient 提交 Job 后,JobTracker 会创建一个 JobInProgress 来跟踪和调度这个 Job,并把它添加到 Job 队列里。JobInProgress 会根据提交的任务 jar 中定义的输入数据集创建对应的一批 TaskInProgress 用于监控和调度 MapTask,同时创建指定数目的 TaskInProgress 用于监控和调度 ReduceTask。

5. TaskInProgress

JobTracker 启动任务时通过每一个 TaskInProgress 来运行 Task,这时会把 Task 对象(即 MapTask 和 ReduceTask)序列化写入相应的 TaskTracker 服务中,TaskTracker 收到后创建对应的 TaskInProgress 用于监控和调度 Task。启动具体的 Task 进程(通过 TaskInProgress 进行管理,通过 TaskRunner 对象来运行)。TaskRunner 会自动装载任务 jar 文件并设置好环境变量后,启动一个独立的 Java child 进程来执行 Task,即 MapTask 或 ReduceTask。

6. MapTask 与 ReduceTask

一个完整的 Job 会自动依次执行 Mapper、Combiner 和 Reducer。Mapper 和 Combiner 是由 MapTask 调用执行,Reducer 由 ReducerTask 调用。Combiner 实际上是 Reducer 接口类的实现。Mapper 读入<key1,value1>键值对,生成<key2,value2>键值对,如果定义了 Combiner,MapTask 会调用该 Combiner 将相同的 key 做合并处理,减少输出的键值对。MapTask 完成任务后,交给 ReduceTask 进程调用 Reducer 处理,生成<key3,value3>键值对。

5.2.3　MapReduce 运行原理

1. 作业的提交

JobClient 的 runjob()方法用于新建 JobClient 实例并调用其 submitJob()方法,提交作业后,runJob()每秒轮询作业的进度,如果发现自上次上报后信息有所改变,便把进度报告到控制台。作业完成后,如果成功,就显示作业进度器,如果失败,导致作业失败的错误也会输出到控制台。

JobClient 的 submitJob()方法实现的作业提交过程如下。

(1) 向 JobTracker 请求一个新的作业 ID 通过 JobTracker 的 getNewJobId()获得。

(2) 检查作业的输出说明。例如,如果没有指定输出目录或者它已经存在,作业就不会被提交,并将错误提交给 MapReduce 程序。

(3) 计算作业的输入分片。如果划分无法计算,例如,因为输入路径不存在,作业就不会被提交,并将错误返回给 MapReduce 程序。

(4) 将运行作业所需要的资源(包括作业的 jar 文件,配置文件和计算所得的输入划分)复制到一个以作业 ID 命名的目录下 JobTracker 的文件系统中,作业 jar 副本较多,这样一来,在 TaskTracker 运行作业任务时,集群能为它们提供许多副本进行访问。

(5) ClientNode 通过调用 JobTracker 的 submitJob()方法,告知 JobTracker 准备执行作业。

2. 作业的初始化

JobTracker 接收到对其 submitJob()方法调用后,会把此调用放入一个内部队列中,交由作业调度器进行调度,并对其进行初始化。初始化包括创建一个代表该正在运行的作业对象,它封装任务和记录信息,以便跟踪任务的状态和进程。

为了创建任务运行列表,作业调度器首先从共享文件系统中获取 JobClient 已经计算好的输入划分信息,然后为每个划分创建一个 Map 任务。创建的 Reduce 任务数由 JobConf 的 mapred. reduce. tasks 属性决定,它是用 setNumReduceTasks()方法设定的,然后调度器便创建指定个数的 Reduce 来运行任务,任务在此时被指定 ID。

3. 任务的分配

TaskTracker 执行一个简单的循环,定期发送心跳(heartbeat),通过心跳告诉 JobTracker,TaskTracker 是否存活,是否可以接收新的任务,同时充当两者之间的消息通道。每个 TaskTracker 有固定数量的任务槽(slot)来处理 Map 和 Reduce,例如,一个 TaskTracker 同时可以运行两个 Map 任务和两个 Reduce 任务,任务数是由计算机的内核数量和内存数量来决定的。调度器在处理 Reduce 任务槽之前,将 TaskTracker 的 Map 槽填满,然后才分配 Reduce 任务到 TaskTracker。也就是说,如果 TaskTracker 有一个 Map 槽是空闲的,JobTracker 为它分配一个 map 任务,否则分配一个 Reduce 任务。

JobTracker 选择哪一个 TaskTracker 来执行 Map 任务,涉及本地化问题。本地化包括数据本地化和机架本地化。数据本地化(data-local)是指任务在输入数据分片所在的计算机上运行,这是最理想的运行方式,即所谓的"移动计算比移动数据更划算"。机架本地化(rack-local),即任务和输入数据分片不在同一个节点上,但在同一个机架上。最坏情况是任务和数据不在同一节点,也不在同一机架上,任务运行时需要从其他机架的节点上检索数据。所以,JobTracker 运行 Map 任务时,首先选择数据本地化,其次机架本地化。

而 Reduce 任务则不需要考虑本地化问题,简单地从任务列表中选择下一个任务来执行即可。因为 Map 任务的输出经过整理(切分、排序和合并)后,才能够把中间结果交给 Reduce 任务来合并,这样可能有多个 Map 任务输出到一个 Reduce 任务来处理。所以,Reduce 任务不需要考虑选择与 Map 任务在同一节点或同一机架的节点上运行。

4. 任务的执行

TaskTracker 分配到一个任务以后,首先把作业的 JAR 文件从 HDFS 文件系统中复制到本地文件系统,同时还把应用程序所需要的全部文件从分布式缓存复制到本地文件磁盘,接下来 TaskTracker 在本地新建一个工作目录 work,并把 JAR 文件解压到这个目录下。

TaskTracker 新建一个 TaskRunner 实例来运行该任务。TaskRunner 启动一个新的 JVM 来运行每个任务,以便用户自定义的 Map 和 Reduce 函数来影响到 TaskTracker 守护进程。但不同任务之间重用 JVM 还是有可能的。子进程通过 umbilical 接口与父进程通信。任务的子进程每隔几秒便告知父进程它的进度,直到任务完成。

5. 进度和状态的更新

MapReduce 任务运行时间可能从几秒到几小时,在任务运行过程中用户得知任务的运行状况是很有必要的。那么客户端如何与一个任务进行通信,了解任务的进度与状态呢?

任务或作业的信息包括状态(running 状态、successful 状态、failed 状态)、Map 和 Reduce 的进度、计算器值、状态消息和描述等。

任务运行过程中,进度是非常重要的,但是进度并非总是可以预测的,无论如何它可以告诉 Hadoop 有个任务正在运行。例如,写输出记录的任务可以表示进度,但是它不能用总的需要写的百分比来表示进度,因为即使通过任务产生输出,后面的输出情况也是无法准确预测的。

进度信息对 Hadoop 来说很重要,因为有了它,Hadoop 不会让正在运行的任务失败。构成 MapReduce 进度的操作有以下情况。

* 读入一条输入记录(在 Mapper 或 Reducer 中)。
* 写入一条输入记录(在 Mapper 或 Reducer 中)。
* 在一个 reporter 中设置状态描述(使用 reporter 的 setStatus()方法)。
* 增加计数器(使用 reporter 的 incrCounter()方法)。
* 调用 reporter 的 progress()方法。

如果任务报告了进度,便会设置一个标志以表明状态变化,并将被发送到 TaskTracker。有一个独立的线程每隔三秒检查一次此标志,如果已经设置了该标志,则告知 TaskTracker 当前任务状态。TaskTracker 会每五秒发送心跳信息到 JobTracker,并且由 TaskTracker 运行的所有任务的状态都会在调用中被发送至 JobTracker。计数器的发送间隔通常小于五秒,因为计数器占用的带宽相对较高。

JobTracker 将这些更新合并起来,产生一个表明所有运行作业及其所含任务状态的全局视图。JobClient 通过每秒查询 JobTracker 来接收最新状态。客户端也可以使用 JobClient 的 getJob()方法来得到一个 RunningJob 的实例,实例中包含作业的所有状态信息。

6. 任务完成

当 JobTracker 收到作业最后一个任务已经完成的通知后,便把作业的状态设置为"成功"。然后 JobClient 查询状态时,便知道任务已经完成。于是 JobTracker 打印一条消息到控制台上告知用户,最后从 jobRun()方法返回。

5.3　Shuffle 和 Sort

Shuffle 与 Sort 过程是 MapReduce 的核心过程。Shuffle 是指从 Map 输出数据开始,包括执行的一系列数据排序以及把数据从 Map 输出传送到 Reduce 输入的过程。Sort 是指对 Map 端输出数据按 key 进行排序的过程。Shuffle 的正常意思是洗牌或弄乱,可能大家更熟悉的是 Java API 中的 Collections. shuffle(List)方法,它会随机地打乱参数 list 中的元素顺序。如果不知道 MapReduce 中 Shuffle 是什么,那么请看图 5-9。

这张图是官方对 Shuffle 过程的描述,但它与事实还是有差别的,细节也是错乱的。后面会具体描述 Shuffle 的事实情况,这里只需要清楚 Shuffle 怎样把 MapTask 的输出结果

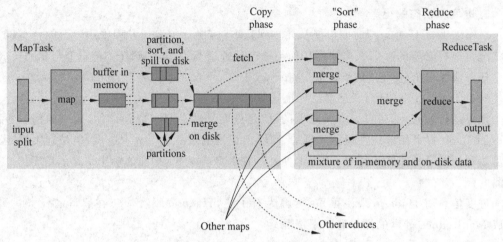

图 5-9　MapReduce 中的 Shuffle 和 Sort 过程

有效地传送到 Reduce 端。也可以这样理解，Shuffle 描述了数据从 MapTask 输出到 ReduceTask 输入的这段过程。

在 Hadoop 这样的集群环境中，大部分 MapTask 与 ReduceTask 的执行是在不同的节点上。当然很多情况下 Reduce 执行时需要跨节点去拉取其他节点上的 MapTask 结果。如果集群正在运行的 Job 有很多，那么 Task 的正常执行对集群内部的网络资源消耗会很严重。这种网络消耗是正常的，不能限制，能做的就是最大化地减少不必要的消耗。还有在节点内，相比于内存，磁盘 I/O 对 Job 完成时间的影响也是可观的。从最基本的要求来说，对 Shuffle 过程的影响因素有以下几点。

- 完整地从 MapTask 端拉取数据到 Reduce 端。
- 在跨节点拉取数据时，尽可能地减少对带宽的不必要消耗。
- 减少磁盘 I/O 对 Task 执行的影响。

从上述三个因素可以看出，对 Shuffle 过程能够进行优化的地方主要在于减少拉取数据的量及尽量使用内存而不是磁盘。

从图 5-9 看出，Shuffle 过程横跨 Map 与 Reduce 两端，所以也从 Map 端和 Reduce 端两部分来介绍 Shuffle 过程。

5.3.1　Map 端的 Shuffle

Map 端的整个 Shuffle 过程简单地说是这样的：每个 MapTask 都有一个内存缓冲区，存储着 Map 的输出结果，当缓冲区快满时需要将缓冲区的数据以一个临时文件的方式存放到磁盘，当整个 MapTask 结束后再对磁盘中这个 MapTask 产生的所有临时文件做合并，生成最终的正式输出文件，然后等待 ReduceTask 来"拉"数据，如图 5-10 所示。

下面以 WordCount 为例，说明 Shuffle 过程，并假设它有 8 个 MapTask 和 3 个 ReduceTask。

（1）在 MapTask 执行时，它的输入数据来源于

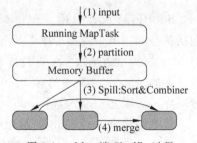

图 5-10　Map 端 Shuffle 过程

HDFS 的 Block，当然在 MapReduce 概念中，MapTask 只读取 Split。Split 与 Block 的对应关系可能是多对一，默认是一对一。在 WordCount 例子中，假设 Map 的输入数据都是像 aaa 这样的字符串。

（2）在经过 Mapper 的运行后，得知 Mapper 的输出是一个＜key，value＞对。Key 是 aaa，Value 是数值 1。因为当前 Map 端只做加 1 的操作，在 Reduce Task 中才去合并结果集。前面知道这个 Job 有 3 个 Reduce Task，到底当前的 aaa 应该交由哪个 Reduce 去做，是需要马上决定的。

MapReduce 提供 Partitioner 接口，它的作用就是根据 Key 或 Value 及 Reduce 的数量来决定当前的这对输出数据最终应该交由哪个 Reduce Task 处理。默认对 Key Hash 后再以 Reduce task 数量取模。默认的取模方式只是为了平均 Reduce 的处理能力，如果用户自己对 Partitioner 有需求，可以定制并设置到 Job 上。

接下来，需要将数据写入内存缓冲区中，缓冲区的作用是批量收集 Map 结果，减少磁盘 I/O 的影响。＜key，value＞对以及 Partition 的结果都会被写入缓冲区。当然写入之前，key 与 value 值都会被序列化成字节数组，整个内存缓冲区就是一个字节数组。

（3）这个内存缓冲区是有大小限制的，大小通过 io. sort. mb 属性来设定，默认是 100MB。当 Map Task 的输出结果很多时，就可能会撑爆内存，所以需要在一定条件下将缓冲区中的数据临时写入磁盘，然后重新利用这块缓冲区。整个缓冲区有个溢写的比例（io. sort. mb * io. sort. spill. percent，其中 io. sort. spill. percent 默认值为 0. 80），也就是当缓冲区的数据已经达到阈值（buffer size ＊ spill percent＝100MB ＊ 0. 8＝80MB）时，溢写线程启动，锁定这 80MB 的内存，执行溢写过程。Map Task 的输出结果还可以往剩下的 20MB 内存中写，互不影响。这个溢写是由单独线程来完成，不影响往缓冲区写 Map 结果的线程。溢写线程启动时不应该阻止 Map 的结果输出。当溢写线程启动后，需要对这 80MB 空间内的 Key 做排序（Sort）。排序是 MapReduce 模型默认的行为，这里的排序也是对序列化的字节做的排序。

MapTask 的输出是需要发送到不同的 Reduce 端去，而内存缓冲区没有对将发送到相同 Reduce 端的数据做合并，那么这种合并应该是体现的是磁盘文件中的。从图 5-10 中也可以看到写到磁盘中的溢写文件是对不同的 Reduce 端的数值做过合并。所以溢写过程一个很重要的细节在于，如果有很多个＜key，value＞对需要发送到某个 Reduce 端去，那么需要将这些＜key，value＞值拼接到一块，减少与 Partition 相关的索引记录。

在针对每个 Reduce 端而合并数据时，有些数据可能像这样："aaa"/1，"aaa"/1。对 WordCount 例子，就是简单地统计单词出现的次数，如果在同一个 MapTask 的结果中有很多个像 aaa 一样出现多次的 Key，就应该把它们的值合并到一块，这个过程叫 Reduce 也叫 Combine。但 MapReduce 的术语中，Reduce 只指 Reduce 端执行从多个 Map Task 取数据做计算的过程。除 Reduce 外，非正式地合并数据只能算做 Combine。MapReduce 中将 Combiner 等同于 Reducer。

如果 client 设置了 Combiner，并且 spill 文件的数量至少是 3（由 min. num. spills. for. combine 属性控制），Combiner 将在输出文件写入磁盘前运行以压缩数据。对数据进行压缩可以加快数据写入磁盘的速度，节约磁盘空间，并减少需要传送到 Reduce 端的数据量。这个参数为 mapred. compress. map. output，默认是不压缩的，把该值设为 true 将启动该功能,压缩所使用的库由 mapred. map. output. compression. codec 来设定。

哪些场景才能使用 Combiner 呢? 从这里分析,Combiner 的输出是 Reducer 的输入,Combiner 绝不能改变最终的计算结果。所以 Combiner 只应该用于那种 Reduce 的输入<key,value>与输出<key,value>类型完全一致,且不影响最终结果的场景。比如累加,最大值等。Combiner 的使用一定得慎重,如果用好,它对 Job 执行效率有帮助,反之会影响 Reduce 的最终结果。

(4) 每次溢写会在磁盘上生成一个溢写文件,如果 Map 的输出结果真的很大,有多次这样的溢写发生,磁盘上相应地就会有多个溢写文件存在。当 MapTask 真正完成时,内存缓冲区中的数据也全部溢写到磁盘中形成一个溢写文件。最终磁盘中会至少有一个这样的溢写文件存在(如果 Map 的输出结果很少,当 Map 执行完成时,只会产生一个溢写文件),因为最终的文件只有一个,所以需要将这些溢写文件归并到一起,这个过程就叫作 Merge。Merge 是怎样的? 如前面的例子,aaa 从某个 MapTask 读取过来时值是 5,从另外一个 Map 读取时值是 8,因为它们有相同的 Key,所以得 Merge 成 Group。什么是 Group,对 aaa 就是像这样的:{"aaa",[5,8,2,…]},数组中的值就是从不同溢写文件中读取出来的,然后再把这些值加起来。请注意,因为 merge 是将多个溢写文件合并到一个文件,所以可能也有相同的 Key 存在,在这个过程中如果 Client 设置过 Combiner,也会使用 Combiner 来合并相同的 Key。

至此,Map 端的所有工作都已结束,最终生成的这个文件也存放在 TaskTracker"够得着"的某个本地目录内。每个 ReduceTask 不断地通过 RPC 从 JobTracker 那里获取 MapTask 是否完成的信息,如果 ReduceTask 得到通知,获知某台 TaskTracker 上的 MapTask 执行完成,Shuffle 的后半段过程开始启动。

5.3.2 Reduce 端 Shuffle

ReduceTask 在执行之前的工作就是不断地拉取当前 Job 里每个 MapTask 的最终结果,然后对从不同地方拉取过来的数据不断地做 Merge,也最终形成一个文件作为 ReduceTask 的输入文件,如图 5-11 所示。

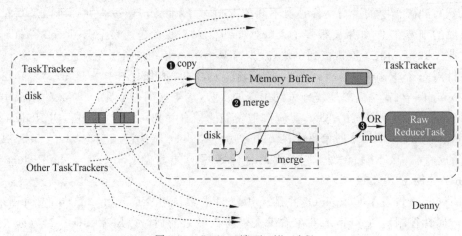

图 5-11 Reduce 端 Shuffle 过程

　　Shuffle 在 Reduce 端的过程也能用图 5-11 上标明的三点来概括。当前 Reduce copy 数据的前提是它要从 JobTracker 获得有哪些 MapTask 已执行结束。Reducer 真正运行之前，所有的时间都是在拉取数据，做 Merge，且不断重复地在做。下面分段地描述 Reduce 端的 Shuffle 细节，参照图 5-11。

　　(1) Copy 过程，简单地拉取数据。Reduce 进程启动一些数据 copy 线程(Fetcher)，通过 HTTP 方式请求 MapTask 所在的 TaskTracker 获取 MapTask 的输出文件。因为 MapTask 早已结束，这些文件就归 TaskTracker 管理在本地磁盘中。

　　(2) Merge 阶段。这里的 Merge 如 Map 端的 Merge 动作，只是数组中存放的是不同 Map 端 copy 来的数值。Copy 过来的数据会先放入内存缓冲区中，这里的缓冲区大小要比 Map 端的更为灵活，它基于 JVM 的 heap size 设置，因为 Shuffle 阶段 Reducer 不运行，所以应该把绝大部分的内存都给 Shuffle 用。这里需要强调的是，Merge 有三种形式：①内存到内存；②内存到磁盘；③磁盘到磁盘。默认情况下第一种形式不启用。当内存中的数据量到达一定阈值，就启动内存到磁盘的 Merge。与 Map 端类似，这也是溢写的过程，这个过程中如果设置有 Combiner，也是会启用的，然后在磁盘中生成了众多的溢写文件。第二种 Merge 方式一直在运行，直到没有 Map 端的数据时才结束，然后启动第三种磁盘到磁盘的 Merge 方式生成最终的那个文件。

　　(3) Reducer 的输入文件。不断地 Merge 后，最后会生成一个合并后的文件，这个文件可能存在于磁盘上，也可能存在于内存中。对我们来说，当然希望它存放于内存中，直接作为 Reducer 的输入，但默认情况下，这个文件是存放于磁盘中的。至于怎样才能让这个文件出现在内存中，之后的性能优化篇再作介绍。当 Reducer 的输入文件已定，整个 Shuffle 才最终结束。然后就是 Reducer 执行，把结果放到 HDFS 上。

5.3.3　Shuffle 过程优化

　　表 5-1 和表 5-2 罗列了 Map 和 Reduce 端有关 Shuffle 的参数，通过调整参数值，可以优化 Shuffle 过程。

表 5-1　Map 端参数优化

参 数 名 称	类　　型	默　认　值	功 能 描 述
io. sort. mb	int	100	排序 Map 输出时所使用内存缓冲区的大小，以 MB 为单位
io. sort. record. percent	int	0.05	用作存储 Map 输出记录边界的 io. sort. bm 的比例，剩余的空间用来存储 Map 输出记录本身
io. sort. spill. percent	int	0.8	Map 输出内存缓冲和用来开始磁盘溢出写过程的记录边界索引，是两者使用比例的阈值
io. sort. factor	int	10	排序文件时一次最多合并的流的数量
mapred. compress. map. output	boolean	false	Map 输出是否压缩

续表

参 数 名 称	类 型	默 认 值	功 能 描 述
mapred. map. out. compression. codec	class	org. apache. hadoop. io. compress. DefaultCodec	用于 Map 输出的压缩编码解码
min. num. spills. for. combinar	int	3	运行 Combinar 所需要的最少溢出写文件数
tasktracker. http. threads	int	40	每个 TaskTracker 工作的线程数,用于将 Map 输出到 Reduce

表 5-2　Reduce 端的优化

参 数 名 称	类型	默认值	功 能 描 述
mapred. reduce. parallel. copies	int	5	每个 Reduce 并行下载 Map 结果的最大线程数
mapred. reduce. copy. backoff	int	300	Reduce 下载线程最大的等待时间
io. sort. factor	int	10	同表 5-1
mapred. job. shuffle. input. buffer. percent	float	0. 7	用来缓存 Shuffle 数据的 reduce. task. heap 百分比
mapred. job. shuffle. merge. percent	float	0. 66	缓存的内存中多少百分比后开始做 merge 和磁盘溢出写的操作
mapred. job. reduce. input. buffer. percent	float	0. 0	sort 完成后 Reduce 计算阶段用来缓存数据的百分比

Shuffle 优化的原则是给 Shuffle 过程尽可能多的内存,同时也要保证 map 函数和 reduce 函数有足够的内存。这也是 map 函数和 reduce 函数尽量少用内存的原因。

5.4　任务的执行

前面章节中介绍了 MapReduce 作业的运行机制,知道了 MapReduce 是怎样运行的,下面介绍 MapReduce 用户对任务执行的更多控制。

5.4.1　推测执行

MapReduce 模型把作业分成多个任务在多个节点上执行,这样做的好处是使整体运行时间少于各任务顺序执行的时间和。在各个任务中,很可能有某个任务执行效率非常缓慢,当其他任务都已经执行完毕了,整个作业等待那些执行缓慢的任务的结束,这种"拖后腿"的现象很常见。

任务运行缓慢的原因很多,最常见的原因有:硬件老化、系统配置错误等,Hadoop 不会尝试修复这样的问题,而是检测到有任务比预期慢时,会调度空闲的节点执行剩余任务的复制,这个优化执行过程叫推测执行。当任务完成时,它向 JobTracker 通告,如果其他的复制任务还在执行中,则 JobTracker 通过 TaskTracker 结束这些任务并丢弃它们的输出。

推测执行默认是开启的,推测执行虽然可以减少作业的执行时间,却降低了集群的执行效率;在繁忙的集群中减少了吞吐量,因此,出于效率的考虑管理员往往停止集群的推测执行，而只是针对个别作业开启推测执行。

　　属性 mapred. map. tasks. speculative. execution 决定当 Map 任务执行缓慢时是否开启复制的 Map 任务，默认为 true；属性 mapred. reduce. tasks. speculative. execution 决定当 Reduce 任务执行缓慢时是否开启复制的 Reduce 任务，默认为 true。

5.4.2　任务 JVM 重用

　　Hadoop 中每个任务都是在自己的 JVM 中运行，以与其他正在运行任务相区别，如果开启一个新的 JVM 需要 1 秒钟，对一个运行时间较长的任务来说 1 秒微不足道，但是如果集群中有大量超短任务，开启新 JVM 所耗时间就比较可观了，可以采用 JVM 重用的方式优化性能。JVM 重用可以使同一个 Job 的一些静态数据得到共享，从而极大地提升集群的性能。但 JVM 重用也会带来 JVM 中碎片增加的问题，使 JVM 性能变差，这对 JVM 来说影响不是很大。

　　属性 mapred. job. reuse. jvm. num. task 的默认值是 1，也就是说每个 Task 都会开启一个新的 JVM，当设置为 −1 时，JVM 可以无限制地重用。jobconf 中的 setNumTasksTo-ExcucutePerJvm() 方法也可以设置该参数。

　　在 JVM 重用时，要注意 map/reduce 函数中静态变量共享的问题，应考虑是对静态变量进行初始化还是使用上次使用的值。

5.4.3　跳过坏的记录

　　在非常冗杂的大数据中，数据错误或格式不一致是常见的现象，由于这种错误导致任务失败也是常见的事情，因此跳过坏的记录是比较明智的。为了给 skipping mode 增加足够的尝试次数以记录一个输入分片中的所有坏记录，需要增加较多的 task attempt 次数。通过属性 mapred. map. max. attempts 和 mapred. reduce. max. attempts 可以设置重试的次数。

　　Hadoop 检测出来的坏记录以序列文件的方式保存在_log/skip 目录下，在作业完成后，可以查看这些记录，可以用：hadoop fs -text 形式命令查看。

5.4.4　任务执行的信息

　　在 MapReduce 程序中，可以通过环境属性获得作业和任务的某些信息，参照表 5-3。如：Map 任务可以知道它正处理的文件名，map/reduce 可以知道任务尝试的次数。通过 Mapper 或 Reducer 的 configure() 可以实现，配置信息作为参数进行传递的。

表 5-3　任务属性描述

属性名称	类型	功能描述	示　　例
mapred. job. id	String	作业 ID	job_201409301233_0001
mapred. tip. id	String	任务 ID	task_201409301233_0001_m_000003
mapred. task. id	String	任务尝试 ID(非任务 ID)	attempt_201409301233_0001_m_000003_0
mapred. task. partition	int	作业中任务 ID	3
matred. task. is. map	boolean	此任务是否为 Map 任务	true

5.5 故障处理

在 MapReduce 程序运行的实际过程中,用户代码存在软件错误,进程会崩溃,计算机会产生故障。使用 Hadoop 最大好处就是能够对系统的故障做出处理,成功完成任务。

5.5.1 任务失败

任务失败有两种情况:Map 或 Reduce 任务失败及子进程 JVM 突然退出。

Map 或 Reduce 任务是用户自己编写的代码,是最容易失败的部分,发生 Map 或 Reduce 失败时,子任务 JVM 进程会在退出之前向上一级 TaskTracker 发送错误报告。错误报告最后会记录在用户的错误日志中,TaskTracker 将此次尝试标记为 failed,释放一个任务槽来运行另一个任务。

另一个失败是子进程 JVM 突然退出,这可能是由于 JVM 的错误导致的,从而导致 MapReduce 用户代码执行失败。这时,TaskTracker 监控到进程已经退出,并将此次尝试标记为 failed。

还有一种情况,如果 TaskTracker 长时间没有收到进度的更新信息,便将任务标记为 failed,JVM 子进程将被自动杀死。通常情况下,任务失败的时间间隔为 10 分钟,也可以在 mapreduce. task. timeout 属性中以毫秒为单位进行设置。当把 timeout 属性设置为 0 时,将关闭进度检查,这时,长时间运行的任务不会被标记为 failed,这个被挂起的任务也不会释放他占用的任务槽,这样势必影响整个集群的性能。

5.5.2 TaskTracker 失败

在任务运行过程中,TaskTracker 会不断地发送心跳信息给 JobTracker,如果任务运行得非常缓慢或者已经崩溃,它将很少或停止向 JobTracker 发送心跳信息,JobTracker 检测到这个异常的 TaskTracker,并将它从等待任务调度的 TaskTracker 池中删除。如果任务未完成,JobTracker 安排此 TaskTracker 上已经成功运行并完成任务的 Map 任务重新启动继续完成这个任务。时间间隔的值是通过 mapred. tasktracker. expiry. interval 来设置的。

5.5.3 JobTracker 失败

JobTracker 失败无疑是 Hadoop 中最严重的失败,因为 Hadoop 中存在单点问题,这种情况下作业注定是要失败的。尽管 JobTracker 失败的概率非常小,但还是应该避免这种情况的出现,可以运行多个 JobTracker,通过 Zookeeper 帮助这几个已经运行的 JobTracker 进行协调,确定哪个是主 JobTracker。当然,集群中只有一个主 JobTracker。

5.5.4 任务失败重试的处理方法

JobTracker 检测到某个任务尝试失败以后,它重新调度该任务的执行,超过重试的次数后,整个 Job 就会失败。Map 任务重试的次数由参数 mapred. map. max. attempts 决定,Reduce 任务重试的次数由参数 mapred. reduce. max. attempts 决定,当然,JobTracker 尝试避免重新调度失败过的 TaskTracker 上的任务。

对一些应用程序,不希望它因为少数的几次失败而宣告整个任务的失败,而是采用按失败百分比的方式来确定何时宣告整个任务的失败。Hadoop 中,在参数 mapred. max. failures. persent 中设置这个值。

在 mapred-site. xml 配置文件中,加入下面的配置项,重启 JobTracker(hadoop-daemon. sh stop/start jobtracker),Map 任务失败重试次数的设置就生效了。

```
<property>
    <name>mapred.max.map.failures.percent</name>
    <value>5</value>
</property>
```

上面的设置是 Map 任务重试的次数为整个任务数的 5%,比如:整个任务有 500 个 Map 任务,单个 Job 任务允许有 25 个 Map 任务失败。

对 Reduce 任务也有类似的设置,参数为 mapred. max. reduce. failures. percent。

5.6　作 业 调 度

在 Hadoop MapReduce 并行计算框架中,每个作业被划分为更小粒度的任务单元,因此,Hadoop 作业调度在选择合适的作业之后,还需要选择合适的任务。大数据背景下,计算向数据迁移就显得更重要,正如前面章节中所说:移动计算比移动数据更经济。在给计算节点分配 Map 任务时,Hadoop 优先选择输入数据保存在本地节点的 Map 任务;次之选择数据保存在邻近节点的任务,如一个机架上的另一节点上的任务;而 Reduce 任务的输入数据是通过网络从 Map 端远程复制过来的,不具有这种本地执行的性质,因此可以随意分配。Hadoop 中作业调度是由作业调度器来控制的,Hadoop 作业调度器采用的是插件机制,也就是作业调度器是动态加载的,可插拔,也可以自己开发调度器。Hadoop 默认提供了三种作业调度器,分别是先进先出(FIFO)的调度器、能力(Capacity)调度器、公平(Fair)调度器。

5.6.1　先进先出(FIFO)调度器

先进先出调度器是 Hadoop 默认的调度器,在该调度器中,可以通过 mapred. job. priority 属性或调用 JobClient 的 setJobPriority()方法设置作业的优先级。优先级分为 VERY_HIGH、HIGH、NORMAL、LOW、VERY_LOW 五级。所有作业都被提交到一个队列中,然后由 JobTracker 按照作业的优先级,再按提交的时间先后顺序执行作业。先进先出调度器的优先级并不支持资源抢占,因此,只要已经开始执行的作业,无论其优先级高低,都不会被未执行的高优先级作业打断。

采用 FIFO 调度器时,整个系统的资源被一个作业独占,因此,一个优先级较低或相同优先级但提交时间较晚的任务可能一直被阻塞,迟迟得不到响应;在 FIFO 调度模式下,若作业较小,这时系统资源被极大地浪费;即使作业较大,在作业启动及完成阶段,由于其任务无法占满集群的所有节点,因此,集群资源的利用率将会较低。

5.6.2 能力调度器

能力调度器由 Yahoo 公司提出,它采用多队列的方式组织集群中的计算资源,这些队列可以采用层次结构连接在一起。每个队列被分配了一定的计算资源,且采用支持优先级的先进先出调度方式在队列内进行作业调度。为了防止一个队列中同一个用户的作业独占此队列中的全部资源,能力调度器会对同一用户提交的作业所占资源进行限制。在进行作业调度时,调度器选择一个合适的队列分配作业,其方式是计算每个队列中正在运行的任务数与其应该分得的计算资源之间的比较,选择一个比值最小的队列,然后从队列选择一个作业执行,其方式是先按照作业优先级高低,再按作业提交时间的早晚进行选择,同时考虑用户资源量限制和内存限制。

采用计算能力调度器具有以下主要特点。

(1) 通过优先级调度资源使用率低的队列来保证多个队列公平地分享整个集群的资源。

(2) 单个队列的调度支持先进先出的调度策略。

(3) 在调度作业的过程中,考虑内存的使用情况是否能够满足任务地执行需求,避免分配任务后执行失败又重复执行,浪费了集群的资源。

从资源的利用角度来说,该调度器考虑了节点内存资源的使用情况,避免了内存资源的枯竭导致任务执行效率低下甚至失败。但该调度器没有考虑 I/O 密集型作业的资源耗费问题,它也没有考虑把内存密集型和 I/O 密集型混合调度,使内存和其他硬件资源的利用率达到均衡的问题。

5.6.3 公平调度器

公平调度器由 Facebook 公司提出,它的设计目标是支持系统的所有用户可以公平地共享集群的计算能力,而不会被某个用户独占。公平调度器为每个用户维护一个计算资源池,整个集群的计算资源按用户的设定被公平地分配到这些资源池中,每个用户可以提交多个作业,这些作业按照公平共享的方式分享该用户占有的资源池中的计算能力。当分配给某个用户的资源池没有被任何作业使用时,这些资源也可以被其他用户共享。公平调度器还具有支持资源抢占、每个资源池自定义调度方式等高级特性,合理地使用公平调度器可以降低作业响应时间、提高系统整体吞吐量。

公平调度器具有以下特点。

(1) 每个作业都拥有最低限度的资源保障,不至于迟迟得不到资源而无法执行。

(2) 采用了灵活的调度策略,管理员可以实时地修改作业的权重、最小共享量等参数。

(3) 采用延迟调度算法,大大减小了集团中的网络开销、同时缩短了任务的平均执行时间。

5.7 MapReduce 编程接口

MapReduce 要处理的数据是以文件形式保存在 HDFS 中的,文件的格式根据需要设置各异,有基于行的文本格式文件,二进制的序列文件,多行输入记录格式,或者其他格式,并且文件的大小也各不相同,有的文件非常大,达到几十 GB、几百 GB 甚至更大,有的文件则较小。如何处理这些数据,把它们输入 MapReduce 处理框架中进行处理呢? 就涉及数据的输入输出问题。

5.7.1　InputFormat——输入格式类

InputFormat 抽象类为 MapReduce 作业描述输入的细节规范,包括形式和格式。

MapReduce 框架根据作业的 InputFormat 开展以下工作。

- 从作业数据输入的形式和格式两个方面检查作业输入的有效性。
- 把输入文件切分成多个逻辑上的 InputSplit 实例,并把每一实例分别分发给一个 Mapper。
- 提供 RecordReader 的实现,这个 RecordReader 从逻辑 InputSplit 中获得输入记录,并将这些记录交由 Mapper 处理。

InputFormat 是一个抽象类,位于 org. apache. hadoop. mapreduce. InputFormat＜K,V＞,该抽象类有两个抽象方法:

```
abstract RecordReader< K,V >createRecordReader(InputSplit split, TaskAttempt-
Context context) throws IOException, InterruptedException;
abstract List< InputSplit > getSplits (JobContext context) throws IOException,
InterruptedException;
```

createRecordReader()方法为指定的 Split 创建一个能读取分片的 RecordReader。getSplits()方法将被 JobClient 调用,由输入文件计算得出 InputSplit 列表,JobTracker 根据列表确定 Mapper 数量、分配 Mapper 与 InputSplit 的工作。

InputFormat 类的层次关系如图 5-12 所示。

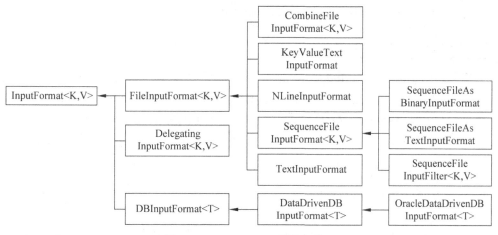

图 5-12　InputFormat 类层次关系

InputFormat 类有三个子类:FileInputFormat、DelegatingInputFormat、DBInputFormat,其中 FileInputFormat 类是所有与文件操作有关的类的父类,子类可以从该类继承功能和属性,用户可以使用该类的方法设置/获得文件路径、指定/获得分块的大小,如:getMaxSplitSize(JobContext context)获取分块的最大大小;addInputPaths(Job job, String commaSeparatedPaths)指定多个用逗号分隔的路径；addInputPath(Job job,Path path)添加一个 MapReduce 任务列表的路径等。

DBInputFormat＜T＞类提供了从 SQL 表读取数据的功能，它返回的表中的记录号作为键值，DBWritables 作为值。该类通过 setInput()方法设置查询条件，OracleDataDriven-DBInputFormat＜T＞是专门设计用于 Oracle 数据库的类。

5.7.2　FileInputFormat——文件输入格式类

TextInputFormat 类是 FileInputFormat 类多个子类中的一个，是 FileInputFormat 类默认的输入类，它将 HDFS 中的文本文件分块送入 Mapper，该类逐行读入，键值为这行文本在文件中的字符偏移量，行中的文本为键值。该类使用 LineRecordReader 读取文本行的数据。

KeyValueTextInputFormat 类也是逐行读文本行，并且寻找文本行中第一个 Tab 分割符(即'\t'制表符)，分割符前的内容作键值，分割符后直到行结尾所有的内容都作为值。该类的 RecordReader 是 KeyValueLineRecordReader，当把一个 MapReduce 的作业输出作为下一个作业的输入时，比较好，因为两个任务之间就是用 KeyValueInputFormat 格式传输数据的。

SequenceFileInputFormat＜K,V＞类以二进制序列文件作为 MapReduce 的输入，它可以读取和处理的二进制文件包括图片、视频、音频等，具体的输入键值及格式需要用户自己定义，它的 RecordReader 为 SequenceFileRecordReader。序列文件通常是块压缩的，许多种数据类型都可以进行序列化和反序列化，采用序列化文件作为一个 MapReduce 作业到另一个作业的中间数据是非常高效的。

CombineFileInputFormat＜K,V＞类是针对小文件设计的，它把许多小文件包含在一个 InputSplit 中，这样一个 Mapper 就需要处理许多个小文件。

5.7.3　InputSplit——数据分块类

数据分块 InputSplit 是 Hadoop MapReduce 框架的基础类，一个 InputSplit 对应着一个 Mapper 的输入，即作业的 Mapper 数量是由 InputSplit 的数量决定的。InputSplit 的类型不是由用户自由选择的，在设置 InputFormat 类型时就决定了 InputSplit 的类型。它位于 org. apache. hadoop. mapreduce. InputSplit，是一个抽象基础类，该类下提供了两个抽象方法：

```
public abstract long getLength();
public abstract String[] getLocations();
```

getLength()方法返回数据分块的长度，getLocations()方法返回数据分块的位置列表。JobTracker 根据这两个方法的返回值，以及 TaskTracker 通过心跳信息返给 JobTracker 的 Map Slot 的可用情况，选择合适的调度策略为 TaskTracker 分配 Map 任务，使 Map 计算尽可能地在数据的"本地"进行。

InputSplit 的子类提供了一些方法用于获得文件分块的一些属性，如：getPath()返回文件分块的路径，getStart()返回将要处理的文件第一个字节的位置。

5.7.4　RecordReader——记录读取类

在 Map 阶段,Map()函数不断地从数据分块中读取数据记录,并把数据记录转化为<键-值>对的形式,在这一过程中,就涉及 RecordReader 类,它主要负责数据记录的读入。RecordReader 同 InputSplit 一样,用户不能随意选择 RecordReader 的类型,因为选定 InputFormat 的类型,RecordReader 的类型也就选定了。如:TextInputFormat 格式对应的 RecordReader 为 LineRecordReader,KeyValueTextInputFormat 格式对应的 RecordReader 为 KeyValueLineRecordReader。

RecordReader 是一个抽象类,它定义了若干抽象方法如下。

close():关闭 RecordReaer。

createKey():创建一个适当的对象作为键。

createValue():创建一个适当的对象作为值。

getPos():返回输入的当前位置。

getProgress():返回 RecordReader 已经消费了多少数据输入。

next(K key,V value):从数据输入中读入下一个<键-值>对。

在 Mapper 的 run()方法中会循环调用 context 对象的 nextKeyValue(),getCurrentKey(),getCurrentValue()等方法,而这些方法都是对 RecordReader 对应方法的封装。因此,在输入数据分块上会重复调用 RecordReader,直到整个输入的数据分块被处理完毕为止。

Hadoop 中常用的内置 RecordReader 类是这样的:LineRecordReader 对应 TextInputFormat 类,用于读取文本文件的行;KeyValueLineRecordReader 对应 KeyValueTextInputFormt 类,读取行并将其解释为键值对;SequenceFileRecordReader 对应 SequenceFileFormat 类,用户自定义的格式,产生键值。

5.7.5　Mapper 类

Mapper 类是 Hadoop 中的一个抽象类,程序员可以继承这个基类并实现其中的接口和函数,它位于 org. apache. hadoop. mapreduce. Mapper<KEYIN,VALUEIN,KEYOUT,VALUEOUT>,实现对大数据记录的重复处理。Mapper 类有以下方法。

setup(Mapper. Context context) 在任务开始时调用,仅执行一次。用于用户程序需要做的一些初始化工作,如创建一个全局数据结构,打开一个全局文件,或者建立数据库连接等。

map(KEYIN key, VALUEIN value, Mapper. Context context):对输入的数据分块每个键值对调用一次。

cleanup(Mapper. Context context):在任务结束时调用一次。一般用于关闭文件,或执行 map()后键值对的分发。

run(Mapper. Context context):专家级用户可以覆写这个方法,用于更完全地控制 Mapper 的执行。

map()方法的编程。

map()方法的详细定义是这样的:

```
protected void map(KEYIN key,
```

```
                    VALUEIN value,
                    Mapper.Context context)
throws IOException, InterruptedException
```

map()方法的输入参数中 key 为传入 map()方法的键值,value 是传入 map()方法的与键值对应的值,context 是环境对象参数,供程序访问的环境对象。

在 MapReduce 框架下每个由作业的 InputFormat 产生的 InputSplit 将对应生成一个 Map 任务,Map 任务中最重要的是 map()方法,它对输入的键值对进行处理,经过处理后生成新的键值对作为中间值。例如:

```
public class WordMapper extends Mapper<Object,Text, Text, IntWritable>{
    private final static IntWritable one=new IntWritable(1);
        private Text word=new Text();
        public void map(Object key, Text value, Context context)
        throws IOException {
            String line=value.toString();
            StringTokenizer tokenizer=new StringTokenizer(line);
            while (tokenizer.hasMoreTokens()) {
                word.set(tokenizer.nextToken());          //将下一个关键字作业键值
                context.write(word, one);//把<关键字,词频>这个键值对作为中间值输出
            }
        }
    }
}
```

5.7.6 Reducer 类

由 map()方法生成的键值对<key2,value2>作为中间值经过 Combiner、Sort 后,将要进行合并和处理,最后使用 Reducer 类对其进行处理,生成新的键值对<key3,value3>作为结果。这时就要用到 Reducer 类。

Reducer 类定义在 org. apache. hadoop. mapreduce. Reducer<KEYIN,VALUEIN,KEYOUT,VALUEOUT>。

Reducer 有三个主要的阶段。

(1) Shuffle 阶段:Reducer 通过网络使用 HTTP 方式从 Mapper 类复制排完序的数据。

(2) Sort 阶段:因为不同的 Mapper 可能输出相同的键值,框架根据键值 Key 进行合并和排序;当中间值被取回后,shuffle 和 sort 会同时发生。

(3) Reduce 阶段:在这一阶段,reduce(Object,Iterable,Context)方法被调用对每个排好序的<key,(collection of values)>进行处理,reduce 方法的输出通过 TaskInputOutputContext. write(Object,Object)写入 RecordWriter. Reducer 的输出是没有排序的。

Reducer 类有以下方法:

```
protected void setup(Reducer.Context context)
protected void reduce (KEYIN key, Iterable< VALUEIN > values, Reducer. Context
context)
protected void cleanup(Reducer.Context context)
```

```
public void run(Reducer.Context context)
```

在初始化 Reducer 实例时,调用一次 setup()方法,它将完成一些应用程序需要的初始化工作;Reducer 实例完成后,会调用一次 cleanup()方法,完成应用程序需要的清理工作。

reduce()方法的输入参数 key 是传给 reduce()方法的键值,values 是键值 key 对应的 value 列表,context 是环境对象参数,供程序访问环境对象。

以下是 WordCount 的 Reducer 类的样本代码:

```
public class IntSumReducer extends Reducer {
    private IntWritable result=new IntWritable();
    public void reduce(Key key,Iterable values,Context context)throws IOException {
        int sum=0;
        for(IntWritable val: values) {
            sum+=val.get();                //把 value 列表值汇总到 sum 变量中
        }
        result.set(sum);
        context.collect(key, result);     //把<key,sum>键值对输出
    }
}
```

5.7.7　OutputFormat——输出格式类

Reducer 类处理完数据后,需要把处理结果输出,以供用户使用。抽象类 OutputFormat 就是用于描述 MapReduce 任务输出的。

(1) 使任务的输出描述合法化,例如,检查输出目录是否存在。

(2) 提供 RecordWriter 应用,把任务的输出文件写出到文件系统中。

OutputFormat 类提供了以下几个方法: getRecordWriter(TaskAttemptContext context)方法返回给定任务的 RecordWriter;checkOutputSpecs(JobContext context)方法检查任务的输出规格是否合法,如检查输出是否存在,若存在可能被覆盖;getOutputCommitter (TaskAttemptContext context)方法用来确保输出被正确地提交。

当然,用户可以基于抽象的输出格式类 OutputFormat 和抽象的 RecordWriter 类进行重新定制,这时就需要实现 OutputFormat 类的 getRecordWriter()方法。若要基于 OutputFormat 类内置的 RecordWriter 类进行定制,这时就需要重载 OutputFormat 类的 getOutputWriter()方法以获得新的 RecordWriter。

OutputFormat 类是 MapReduce 输出的基类,位于 http://hadoop.apache.org/docs/r1.2.1/api/org/apache/hadoop/mapreduce/OutputFormat.html,所有的 MapReduce 输出都实现了 OutputFormat 接口,OutputFormat 类的层次关系如图 5-13 所示。

FileOutputFormat<K,V>输出到文件,这是默认的输出格式。

DBOutputFormat<K,V>输出到数据库,如 MySQL、Oracle 等。

FilterOutputFormat<K,V>对输出结果进行过滤。

NullOutputFormat<K,V>不输出任何结果。

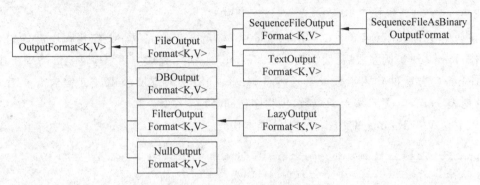

图 5-13　OutputFormat 类的层次关系

5.7.8　FileOutputFormat 类——文件输出格式类

要把输出数据写入 HDFS，就用到了 FileOutputFormat 类，从图 5-13 可以看出 FileOutputFormat 类下有 TextOutputFormat＜K，V＞类和 SequenceFileOutputFormat ＜K，V＞类。

TextOutputFormat＜K，V＞类是默认的输出格式，每条记录为一行文本，键值 key 与值 value 之间用 Tab 隔开，分割符也可以通过 mapred. textoutputformat. separator 属性设置。TextOutputFormat 的输出格式也可以被 KeyValueTextInputFormat 接受。

SequenceFileOutputFormat＜K，V＞类将输出写为二进制顺序文件，因其结构紧凑容易压缩，所以该种输出方式通常作为后续 MapReduce 任务的输入。

5.7.9　RecordWriter 类——记录输出类

对文件输出格式，通常有一个对应的记录输出类 RecordWriter，由 RecordWriter 类具体决定输出的格式。RecordWriter 是一个抽象类，位于 org. apache. hadoop. mapreduce. RecordWriter＜K，V＞，它把键值对输出到一个输出文件。RecordWriter 类下有抽象方法 write(K key，V value)实现键值对的输出，抽象方法 close(TaskAttemptContext context)实现键值对的关闭 RecordWriter。

RecordWriter 类下有 DBOutputFormat. DBRecordWriter、FilterOutputFormat. FilterRecordWriter、TextOutputFormat. LineRecordWriter 三个子类。内置的 RecordWriter 类如下列所示。

DBOutputFormat 类对应 DBRecordWriter，把结果写入数据库中。

FilterOutputFormat 类对应 FilterRecordWriter，把过滤过的数据输出文件中。

TextOutputFormat 类对应 LineRecordWriter，把键＋'\t'＋值输出文本文件中。

当然，用户也可以通过定制 RecordWriter 自定义输出格式。

5.8　MapReduce 应用开发

前面已经介绍了 MapReduce 模型的工作原理、Shuffle 和 Sort 过程、任务的执行、故障处理、作业的调度等内容，为编写 MapReduce 应用程序打下了应有的基础，下面将结合实例介绍 MapReduce 应用程序设计开发的模式,并给出关键代码。

5.8.1　计数类应用

应用需求：在 5.1 节中介绍了 WordCount 实例作为 MapReduce 模式下编程的示例程序,通过这个程序初步理解了 MapReduce 程序的结构及执行过程。实际上计数是大数据处理中比较常见的一种应用场景,这类应用的数据文件中包括大量的记录,每条记录中包含某类事物的若干属性,在实际应用中需要根据这类事物的某个属性进行数值计算,如求和、平均值等。

应用场景：这样的应用场景有从话单中分析话费统计、流量统计以及联系人之间通话频次的统计;对 log 文件进行分析,每条记录都包含一个响应时间,需要计算出平均响应时间。

解决方案：针对这类应用,在 Map 函数中提取每条记录中这类事物的特定属性值,在 Reduce 函数中对所有相同的事物属性值按照函数表达式进行运算。

应用案例：WordCount 就是经典的计数类应用中的求和案例,下面通过另一案例讲解求平均值的方法。现有一个班级中有 Rose、Andy、Tom、John、Michelle、Amy、Kim 等同学,学习了 English、Math、Chinese 三门课程,一门课程是一个文本文件,通过运算求每个同学的平均成绩。文件内容如下。

English.txt：		Math.txt：		Chinese.txt：	
Rose	91	Rose	83	Rose	85
Andy	87	Andy	93	Andy	84
Tom	78	Tom	67	Tom	85
John	94	John	92	John	77
Michelle	74	Michelle	82	Michelle	93
Amy	67	Amy	85	Amy	94
Kim	71	Kim	80	Kim	83

执行准备：

(1) 通过 Eclipse 下面的 DFS Locations 在/user/hadoop 目录右击选择 Create new directory 菜单命令创建 average_in 文件夹用于存放输入文件,如图 5-14 所示。

(2) 然后在本地建立三个 txt 文件,在 Eclipse 的 DFS Locations 下面的/user/hadoop/average_in 目录下,右击选择 Upload files to DFS,把本地的三个 txt 文件上传到/user/hadoop/average_in 目录下,如图 5-15 所示。

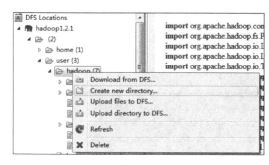

图 5-14　新建 average_in 文件夹

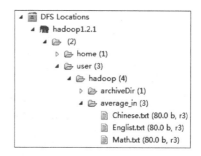

图 5-15　上传三个文件到 DFS 中

（3）在 Eclipse 下面的 Project Explorer 中右击 Average 类，选择 Run as→Run on Hadoop。

⚠️ **注意**：average_out 不需要创建，若 average_out 存在，程序运行时将出错。

（4）在 Eclipse 的 DFS location 下面找到/user/hadoop/average_out 目录下的 part-r-00000(57.0b,r3)，双击它，即可看到程序的输出结果，如图 5-16 所示。

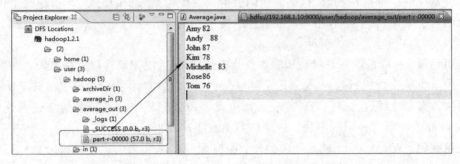

图 5-16　在 Eclipse 中查看程序运行结果

也可以在 secureCRT 软件中，通过命令查看运行结果，命令是：

```
hadoop@master:~$hadoop fs -cat average_out/*
Amy            82
Andy           88
John           87
Kim            78
Michelle       83
Rose           86
Tom            76
```

程序代码：

```
package org.myorg;
import java.io.IOException;
import java.util.Iterator;
import java.util.StringTokenizer;

import org.apache.hadoop.conf.Configuration;
import org.apache.hadoop.fs.Path;
import org.apache.hadoop.io.IntWritable;
import org.apache.hadoop.io.LongWritable;
import org.apache.hadoop.io.Text;
import org.apache.hadoop.mapreduce.Job;
import org.apache.hadoop.mapreduce.Mapper;
import org.apache.hadoop.mapreduce.Reducer;
import org.apache.hadoop.mapreduce.lib.input.FileInputFormat;
import org.apache.hadoop.mapreduce.lib.input.TextInputFormat;
import org.apache.hadoop.mapreduce.lib.output.FileOutputFormat;
import org.apache.hadoop.mapreduce.lib.output.TextOutputFormat;
import org.apache.hadoop.util.GenericOptionsParser;
```

```java
public class Average{
    public static class AverageMap extends
            Mapper<LongWritable, Text, Text, IntWritable>{
        //实现 map 函数
        public void map(LongWritable key, Text value, Context context)
                throws IOException, InterruptedException {
            String line=value.toString();
            //将输入的纯文本文件的数据转化成 String
            StringTokenizer tokenizerArticle=new StringTokenizer(line, "\n");
            //将输入的数据首先按行进行分割
            //分别对每一行进行处理
            while(tokenizerArticle.hasMoreElements()) {
                StringTokenizer tokenizerLine
                =new StringTokenizer(tokenizerArticle.nextToken());
                //每行按空格划分
                String strName=tokenizerLine.nextToken();
                //学生姓名部分
                String strScore=tokenizerLine.nextToken();
                //成绩部分
                Text name=new Text(strName);
                int scoreInt=Integer.parseInt(strScore);

                context.write(name, new IntWritable(scoreInt));
                //输出姓名和成绩
            }
        }
    }

    public static class AverageReduce extends
    Reducer<Text, IntWritable, Text, IntWritable>{     //实现 reduce 函数
    public void reduce(Text key, Iterable<IntWritable>values,
            Context context) throws IOException, InterruptedException {
            int sum=0;
            int count=0;
            Iterator<IntWritable>iterator=values.iterator();
            while (iterator.hasNext()) {
                sum+=iterator.next().get();                //计算总分
                count++;                                   //统计总的科目数
            }
            int average=(int) sum / count;                 //计算平均成绩
            context.write(key, new IntWritable(average));
        }
    }

    public static void main(String[] args) throws Exception {
        Configuration conf=new Configuration();
        conf.set("mapred.job.tracker", "192.168.1.10:9001");        //这句话很关键
        String[] ioArgs=new String[] { "average_in", "average_out" };
        String[] otherArgs=new GenericOptionsParser(conf,ioArgs).getRemainingArgs();
        if (otherArgs.length !=2) {
```

```
        System.err.println("Usage: Score Average<in><out>");
        System.exit(2);
    }

    final FileSystem fileSystem=FileSystem.get(conf);
    fileSystem.delete(new Path(otherArgs[1]), true);
    //删除 MapReduce 输出目录

    Job job=new Job(conf, "Score Average");
    job.setJarByClass(Average.class);

    job.setMapperClass(AverageMap.class);
    //设置 Mapper 处理类
    job.setCombinerClass(AverageReduce.class);
    //设置 Combiner 处理类
    job.setReducerClass(AverageReduce.class);
    //设置 Reducer 处理类

    job.setOutputKeyClass(Text.class);
    //设置输出的 Key 的类型
    job.setOutputValueClass(IntWritable.class);
    //设置输出的 Value 的类型

    job.setInputFormatClass(TextInputFormat.class);
    //将输入的数据集分割成小数据块 splites,提供一个 RecordReder 的实现

    job.setOutputFormatClass(TextOutputFormat.class);
    //提供一个 RecordWriter 的实现,负责数据输出

    FileInputFormat.addInputPath(job, new Path(otherArgs[0]));
    //设置输入目录
    FileOutputFormat.setOutputPath(job, new Path(otherArgs[1]));
    //设置输出目录
    System.exit(job.waitForCompletion(true) ? 0: 1);
    }
}
```

程序分析：求平均成绩是 WordCount 的变形,程序也分为三个部分：Mapper 类、Reducer 类和 MapReduce 驱动。InputFormat 对数据集进行切分,切分成小数据集 InputSplit,每个 InputSplit 由一个 Mapper 负责处理。InputFormat 中还有一个 RecordReader 的实现,它将一个 InputSplit 解析成<key,value>对,并提交给 map 函数处理,InputFormat 的默认值是 TextInputFormat,它针对文本文件,按行将文本切割成 InputSplit,并用 LineRecordReader 将 InputSplit 解析成<key,value>对,key 是行在文本中的位置,value 是文件中的一行。

Mapper 最终处理的结果对<key,value>,通过 Partitioner 分发到 Reducer 进行合并,合并时有相同 key 的<键-值>对送到同一个 Reducer 上。Reducer 是所有用户定制 Reducer 类的基础,它的输入是 key 和这个 key 对应的所有 value 的一个迭代器,同时还有 Reducer 的上下文。Reduce 的结果由 Reducer.Context 的 write 方法输出到文件中。

5.8.2　去重计数类应用

应用需求：在大数据文件中包含了大量的记录，每条记录记载了某事物的一些属性，需要根据某几个属性的组合，去除相同的重复组合，并统计其中某属性的统计值。

应用场景：在大数据集中统计数据种类的个数；在网站日志分析中统计访问地，或者统计网站不同访问者的访问次数；话单中分析手机号码及拨打的号码或访问的网络；重复数据删除等。这些应用场景都经常使用存储数据缩减技术，即数据去重。

解决方案：在此类应用中，将计算过程分为两个步骤。第一步，map 函数将每条记录中需要关注的属性组合作为关键字，将空字符串作为值，生成的<键-值>对作为中间值输出。第二步，reduce 函数则将输入的中间结果的键值作为新的键值，Value 值仍然取空字符串，输出结果。因为所有键值相同的 key 都被送到了同一 reducer，而 reducer 只输出了一个键值，这一过程实际上就是去重的过程。

应用案例：有以下两个文件，文件中表示某天，某 IP 访问了系统这样一个日志。当时间和 IP 相同时，将这种相同的数据去掉，只留下一个。

log1. txt：	log2. txt
2014-10-3 10.3.5.19	2014-10-3 10.3.5.19
2014-10-3 10.3.5.19	2014-10-4 10.3.5.19
2014-10-3 10.3.5.18	2014-10-3 10.3.5.18
2014-10-3 10.3.51.19	2014-10-5 10.3.51.19
2014-10-3 10.3.2.19	2014-10-4 10.3.2.5
2014-10-4 10.3.2.5	2014-10-5 10.3.2.19
2014-10-4 10.3.2.18	

执行准备：

（1）与 5.7.1 小节类似，通过 Eclipse 下面的 DFS Locations 在/user/hadoop 目录下，创建 dedup_in 文件夹用于存放输入文件。

（2）然后在本地建立两个文件 log1. txt 和 log2. txt，在 Eclipse 中把上述两个文件上传到/user/hadoop/ dedup_in 目录下。

（3）运行 Dedup. java 程序，程序运行结果如下：

```
2014-10-3 10.3.2.19
2014-10-3 10.3.5.18
2014-10-3 10.3.5.19
2014-10-3 10.3.51.19
2014-10-4 10.3.2.18
2014-10-4 10.3.2.5
2014-10-4 10.3.5.19
2014-10-5 10.3.2.19
2014-10-5 10.3.51.19
```

程序代码：

```
package org.myorg;
```

```java
import java.io.IOException;

import org.apache.hadoop.conf.Configuration;
import org.apache.hadoop.fs.Path;
import org.apache.hadoop.io.Text;
import org.apache.hadoop.mapreduce.Job;
import org.apache.hadoop.mapreduce.Mapper;
import org.apache.hadoop.mapreduce.Reducer;
import org.apache.hadoop.mapreduce.lib.input.FileInputFormat;
import org.apache.hadoop.mapreduce.lib.output.FileOutputFormat;
import org.apache.hadoop.util.GenericOptionsParser;


public class Uniq {
    //map 将输入中的 value 复制到输出数据的 key 上,并直接输出
    public static class UniqMap extends Mapper<Object,Text,Text,Text>{
        private static Text line=new Text();        //每行数据

        //实现 map 函数
        public void map(Object key,Text value,Context context)
        throws IOException,InterruptedException{
            line=value;
            context.write(line, new Text(""));
        }
    }


    //reduce 将输入中的 key 复制到输出数据的 key 上,并直接输出
    public static class UniqReduce extends Reducer<Text,Text,Text,Text>{
        //实现 reduce 函数
        public void reduce(Text key,Iterable<Text>values,Context context)
                throws IOException,InterruptedException{
            context.write(key, new Text(""));
        }
    }


    public static void main(String[] args) throws Exception{
        Configuration conf=new Configuration();
        conf.set("mapred.job.tracker", "192.168.1.10:9001");        //这句话很关键
        String[] ioArgs=new String[]{"dedup_in","dedup_out"};
        String[] otherArgs=new GenericOptionsParser(conf, ioArgs).
        getRemainingArgs();
        if (otherArgs.length !=2) {
            System.err.println("Usage: Data Deduplication<in><out>");
            System.exit(2);
        }

        final FileSystem fileSystem=FileSystem.get(conf);
        fileSystem.delete(new Path(otherArgs[1]), true);
        //删除 MapReduce 输出目录
```

```
Job job=new Job(conf, "Data Deduplication");
job.setJarByClass(Uniq.class);

job.setMapperClass(UniqMap.class);          //设置 Map 处理类
job.setCombinerClass(UniqReduce.class);     //设置 Combine 处理类
job.setReducerClass(UniqReduce.class);      //设置 Reduce 处理类

job.setOutputKeyClass(Text.class);          //设置输出 Key 类型
job.setOutputValueClass(Text.class);        //设置输出 Value 类型

FileInputFormat.addInputPath(job, new Path(otherArgs[0]));   //设置输入目录
FileOutputFormat.setOutputPath(job, new Path(otherArgs[1])); //设置输出目录
System.exit(job.waitForCompletion(true) ? 0: 1);
    }
}
```

程序分析：数据去重是 MapReduce 框架中最基本的应用，它的目标是让原始数据中出现次数超过一次的数据在输出文件中只出现一次。因此，自然而然会想到将同一个数据的所有记录都交给一台 reduce 机器，无论这个数据出现多少次，只要在最终结果中输出一次就可以了。具体就是 reduce 的输入应该以数据作为 key，而对 value-list 则没有要求。当 reduce 收到一个＜key，value-list＞时就直接将 key 复制到输出的 key 中，并将 value 设置成空值。

在 MapReduce 流程中，map 的输出＜key，value＞经过 shuffle 过程聚集成＜key，value-list＞后交给 reduce。所以从设计好的 reduce 输入可以反推出 map 的输出 key 应为数据，value 为任意值。继续反推，map 输出数据的 key 为数据，而在这个实例中每个数据代表输入文件中的一行内容，所以 map 阶段要完成的任务就是在采用 Hadoop 默认的作业输入方式之后，将 LineRecordReader 读入的行内容设置为 key，并直接输出（输出中的 value 为任意值）。map 中的结果经过 shuffle 过程之后交给 reduce。reduce 阶段不会管每个 key 有多少个 value，它直接将输入的 key 复制为输出的 key，并输出就可以了（输出中的 value 被设置成空）。

5.8.3　简单排序类应用

应用需求：通常在数据文件中包含大量的记录，每条记录中包含了这个事物的某个属性，需要根据这个属性对数据进行排序。

应用场景：在话单分析中，根据电话的拨打时间排序，或者对某人每次网络访问的上行和下行流量，按每个手机总流量从大到小排序后输出。

解决方案：map 函数对每条记录的事物和属性按照特定的规则进行计算，获得属性值，并以属性为 key，value 为原数据值。reduce 函数对同组的排序值进行排序后按顺序输出。

应用案例：对输入文件中数据进行排序。输入文件中的每行内容均为一个数字，即一个数据。要求在输出中每行有两个间隔的数字，其中，第一个代表原始数据在原始数据集中的位次，第二个代表原始数据。

sort1. txt：	sort2. txt：	sort3. txt：
34	675	76
6 543	349	236
12	648	2 387
－45	75	3 465
58	39	－497
753	6	45
234	49	629
859	－7	547
36	32	6 387
－43	734	

执行准备：

(1) 与 5.7.1 小节类似，通过 Eclipse 下面的 DFS Locations 在/user/hadoop 目录下，创建 sort_in 文件夹用于存放输入文件。

(2) 然后在本地建立三个文件 sort1. txt、sort2. txt、sort3. txt，在 Eclipse 中把上述三个文件上传到/user/hadoop/sort_in 目录下。

(3) 运行 Sort. java 程序，程序运行结果如下：

1	－497	11	45	21	648
2	－45	12	49	22	675
3	－43	13	58	23	734
4	－7	14	75	24	753
5	6	15	76	25	859
6	12	16	234	26	2 387
7	32	17	236	27	3 465
8	34	18	349	28	6 387
9	36	19	547	29	6 543
10	39	20	629		

程序代码：

```
package org.myorg;
import java.io.IOException;

import org.apache.hadoop.conf.Configuration;
import org.apache.hadoop.fs.Path;
import org.apache.hadoop.io.IntWritable;
import org.apache.hadoop.io.Text;
import org.apache.hadoop.mapreduce.Job;
import org.apache.hadoop.mapreduce.Mapper;
import org.apache.hadoop.mapreduce.Reducer;
import org.apache.hadoop.mapreduce.lib.input.FileInputFormat;
import org.apache.hadoop.mapreduce.lib.output.FileOutputFormat;
import org.apache.hadoop.util.GenericOptionsParser;

public class Sort {
```

```java
//map 将输入中的 value 化成 IntWritable 类型,作为输出的 key
public static class Map extends Mapper<Object,Text,IntWritable,IntWritable>{
    private static IntWritable data=new IntWritable();

    //实现 map 函数
    public void map(Object key,Text value,Context context)
    throws IOException,InterruptedException{
        String line=value.toString();
        data.set(Integer.parseInt(line));
        context.write(data, new IntWritable(1));
    }
}

//reduce 将输入中的 key 复制到输出数据的 key 上,然后根据输入的 value-list 中元素的
//  个数决定 key 的输出次数。用全局 linenum 来代表 key 的位次
public static class Reduce extends
        Reducer<IntWritable,IntWritable,IntWritable,IntWritable>{
    private static IntWritable linenum=new IntWritable(1);

    //实现 reduce 函数
    public void reduce(IntWritable key,Iterable<IntWritable>values,
    Context context)
            throws IOException,InterruptedException{
        for(IntWritable val:values){
            context.write(linenum, key);
            linenum=new IntWritable(linenum.get()+1);
        }
    }
}
}

public static void main(String[] args) throws Exception{
    Configuration conf=new Configuration();
    conf.set("mapred.job.tracker", "192.168.1.10:9001");       //这句话很关键

    String[] ioArgs=new String[]{"sort_in","sort_out"};
    String[] otherArgs=new GenericOptionsParser(conf, ioArgs).getRemainingArgs();
    if(otherArgs.length !=2) {
        System.err.println("Usage: Data Sort<in><out>");
        System.exit(2);
    }

    final FileSystem fileSystem=FileSystem.get(conf);
    fileSystem.delete(new Path(otherArgs[1]), true);
    //删除 MapReduce 输出目录

Job job=new Job(conf, "Data Sort");
job.setJarByClass(Sort.class);

job.setMapperClass(Map.class);                 //设置 Mape 处理类
job.setReducerClass(Reduce.class);             //设置 Reduce 处理类

job.setOutputKeyClass(IntWritable.class);      //设置 Key 输出类型
```

```
job.setOutputValueClass(IntWritable.class);  //设置 Value 输出类型

FileInputFormat.addInputPath(job, new Path(otherArgs[0]));  //设置输入目录
FileOutputFormat.setOutputPath(job, new Path(otherArgs[1]));//设置输出目录
System.exit(job.waitForCompletion(true) ? 0: 1);
    }
}
```

程序分析：这个实例仅仅要求对输入数据进行排序,熟悉 MapReduce 过程的读者会很快想到在 MapReduce 过程中就有排序,是否可以利用这个默认的排序,而不需要自己再实现具体的排序呢? 答案是肯定的。

但是在使用之前首先需要了解它的默认排序规则。它是按照 key 值进行排序的,如果 key 为封装 int 的 IntWritable 类型,那么 MapReduce 按照数字大小对 key 排序,如果 key 为封装为 String 的 Text 类型,那么 MapReduce 按照字典顺序对字符串排序。本例中有负数,因此最好封装为 IntWritable。也就是在 map 中将读入的数据转化成 IntWritable 型,然后作为 key 值输出（value 任意）。reduce 拿到<key,value-list>之后,将输入的 key 作为 value 输出,并根据 value-list 中元素的个数决定输出的次数。输出的 key（代码中的 linenum）是一个全局变量,它统计当前 key 的位次。需要注意的是这个程序中没有配置 Combiner,也就是在 MapReduce 过程中不使用 Combiner。这主要是因为使用 map 和 reduce 就已经能够完成任务。

5.8.4 倒排索引类应用

应用需求：通常在数据文件中包含大量的单词,每个单词可能会出现多次,需要根据单词查找文档,这时就需要用到倒排索引。

应用场景：在全文检索系统或搜索引擎中,经常会用到根据单词查找文档。

解决方案：通常在 Map 过程中,对文档切分,把单词设为 Key,单词出现的次数为 Value,使用 Combine 函数对文档中的词频进行统计,然后输出到 Reduce,Reduce 函数以单词为 Key,生成倒排索引。

下面介绍一下相关的背景知识。"倒排索引"主要是用来存储某个单词（或词组）在一个文档或一组文档中的存储位置的映射,即提供了一种根据内容来查找文档的方式。由于不是根据文档来确定文档所包含的内容,而是进行相反的操作,因而称为倒排索引（Inverted Index）。

通常情况下,倒排索引由一个单词（或词组）以及相关的文档列表组成,文档列表中的文档或者是标识文档的 ID 号,或者是指文档所在位置的 URL,如图 5-17 所示。

在实际应用中文档通常带有权重,即记录单词在文档中出现的次数。以英文为例,如图 5-18 所示,索引文件中的 MapReduce 一行表示：MapReduce 这个单词在文本 D0 中出现过 1 次,T1 中出现过 1 次,D2 中出现过 2 次。当搜索条件为 MapReduce、is、Simple 时,对应的集合为：{D0,D1,D2}∩{D0,D1}∩{D0}={D0},即文档 D0 包含了所要索引的单词,而且是连续的。

在实际的搜索引擎应用中,除了考虑词频外,还要考虑单词出现的位置,比如单词出现在标题和 URL 中就比出现在正文中的权重要高。

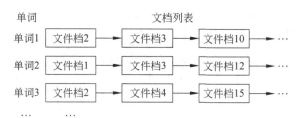

图 5-17　倒排文档结构

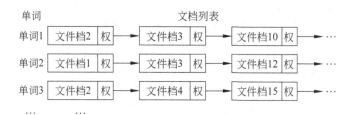

图 5-18　带有权重的倒排索引

应用案例：现有三个文本文档，需要根据单词查找文档，并且还要考虑权重问题。

```
Bye D2.txt:1;
Hello D2.txt:1;
MapReduce D2.txt:2;D1.txt:1;D0.txt:1;
easy D0.txt:1;
is D0.txt:2;D1.txt:2;
powerful D1.txt:1;
simple D0.txt:1;
userful D1.txt:1;
```

执行准备：

D0.txt：

MapReduce is simple is easy

D1.txt：

MapReduce is powerful is userful

D2.txt：

Hello MapReduce Bye MapReduce

程序代码：

```
package org.myorg;
import java.io.IOException;
import java.util.StringTokenizer;

import org.apache.hadoop.conf.Configuration;
import org.apache.hadoop.fs.Path;
import org.apache.hadoop.io.Text;
import org.apache.hadoop.mapreduce.Job;
```

```
import org.apache.hadoop.mapreduce.Mapper;
import org.apache.hadoop.mapreduce.Reducer;
import org.apache.hadoop.mapreduce.lib.input.FileInputFormat;
import org.apache.hadoop.mapreduce.lib.input.FileSplit;
import org.apache.hadoop.mapreduce.lib.output.FileOutputFormat;
import org.apache.hadoop.util.GenericOptionsParser;

public class InvertedIndex {
    public static class Map extends Mapper<Object, Text, Text, Text>{
        private Text keyInfo=new Text();        //存储单词和 URL 组合
        private Text valueInfo=new Text();       //存储词频
        private FileSplit split;                  //存储 Split 对象
        //实现 map 函数
        public void map(Object key, Text value, Context context)
                throws IOException, InterruptedException {
            //获得<key,value>对所属的 FileSplit 对象
            split= (FileSplit) context.getInputSplit();
            StringTokenizer itr=new StringTokenizer(value.toString());
            while (itr.hasMoreTokens()) {
                //获取文件的完整路径
                //keyInfo.set(itr.nextToken()+":"+split.getPath().toString());
                //这里只获取文件的名称
                int splitIndex=split.getPath().toString().indexOf("D");
                keyInfo.set(itr.nextToken()+":"+split.getPath().toString().
                substring(splitIndex));
                //key 值由单词和 URL 组成,如"MapReduce: D0.txt"
                valueInfo.set("1");
                //词频初始化为 1

                context.write(keyInfo, valueInfo);
                System.out.println("Map key:"+keyInfo+" value:"+valueInfo);
            }
        }
    }

    public static class Combine extends Reducer<Text, Text, Text, Text>{
        private Text info=new Text();
        //实现 reduce 函数
        public void reduce(Text key, Iterable<Text>values, Context context)
                throws IOException, InterruptedException {
            //统计词频
            int sum=0;
            for (Text value: values) {
                sum+=Integer.parseInt(value.toString());
            }
            int splitIndex=key.toString().indexOf(":");
            //重新设置 value 值由 URL 和词频组成
            info.set(key.toString().substring(splitIndex+1)+":"+sum);
            //重新设置 key 值为单词
            key.set(key.toString().substring(0, splitIndex));
            context.write(key, info);
```

```
        System.out.println("Combine key:"+key+"value:"+info);
    }
}


public static class Reduce extends Reducer<Text, Text, Text, Text>{
    private Text result=new Text();
    //实现 reduce 函数
    public void reduce(Text key, Iterable<Text>values, Context context)
            throws IOException, InterruptedException {
        //生成文档列表
        String fileList=new String();
        for (Text value: values) {
            fileList+=value.toString()+";";
        }
        result.set(fileList);
        context.write(key, result);
        System.out.println("Reduce Key:"+key+"  value:"+result);
    }
}


public static void main(String[] args) throws Exception {
    Configuration conf=new Configuration();
    conf.set("mapred.job.tracker", "192.168.1.10:9001");        //这句话很关键
    String[] ioArgs=new String[] { "invertedindex_in", "invertedindex_out" };
    String[] otherArgs=new GenericOptionsParser(conf, ioArgs).
    getRemainingArgs();
    if (otherArgs.length !=2) {
        System.err.println("Usage: Inverted Index<in><out>");
        System.exit(2);
    }
    final FileSystem fileSystem=FileSystem.get(conf);
    fileSystem.delete(new Path(otherArgs[1]), true);
    //删除 MapReduce 输出目录

    Job job=new Job(conf, "Inverted Index");
    job.setJarByClass(InvertedIndex.class);

    job.setMapperClass(Map.class);                  //设置 Map 处理类
    job.setCombinerClass(Combine.class);            //设置 Combine 处理类
    job.setReducerClass(Reduce.class);              //设置 Reduce 处理类

    job.setMapOutputKeyClass(Text.class);           //设置 Map 的 Key 输出类型
    job.setMapOutputValueClass(Text.class);         //设置 Map 的 Value 输出类型

    job.setOutputKeyClass(Text.class);
    //设置 Reduce 的 Key 输出类型
    job.setOutputValueClass(Text.class);
    //设置 Reduce 的 Value 输出类型
```

```
        FileInputFormat.addInputPath(job, new Path(otherArgs[0]));
        //设置输入目录
        FileOutputFormat.setOutputPath(job, new Path(otherArgs[1]));
        //设置输出目录
        System.exit(job.waitForCompletion(true) ? 0: 1);
    }
}
```

程序分析：实现"倒排索引"要关注的信息为：单词、文档 URL 及词频，如图 5-18 所示。但是在实现过程中，索引文件的格式与图 5-19 略有不同，以避免重写 OutPutFormat 类。下面根据 MapReduce 的处理过程给出倒排索引的设计思路。

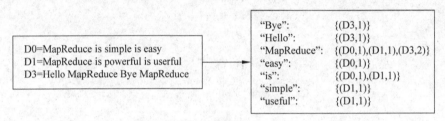

图 5-19　倒排索引示意图

(1) Map 过程

首先使用默认的 TextInputFormat 类对输入文件进行处理，得到文本中每行的偏移量及其内容。显然，Map 过程首先必须分析输入的<key,value>对，以得到倒排索引中需要的三个信息：单词、文档 URL 和词频，如图 5-20 所示。

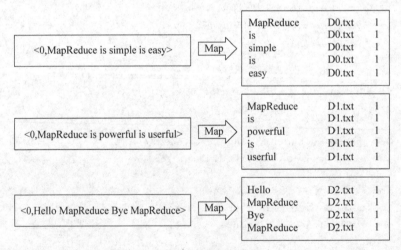

图 5-20　map 函数的输入/输出

这里存在两个问题：第一，<key,value>对只能有两个值，在不使用 Hadoop 自定义数据类型的情况下，需要根据情况将其中两个值合并成一个值，作为 key 或 value 值；第二，通过一个 Reduce 过程无法同时完成词频统计和生成文档列表，所以必须增加一个 Combine 过程完成词频统计。

这里讲单词和 URL 组成 key 值(如 MapReduce：D0.txt),将词频作为 value,这样做的好处是可以利用 MapReduce 框架自带的 Map 端排序,将同一文档的相同单词的词频组成列表,传递给 Combine 过程,实现类似于 WordCount 的功能。

(2) Combine 过程

经过 Map 方法处理后,Combine 过程将 key 值相同的 value 值累加,得到一个单词在文档中的词频,如图 5-21 所示。如果直接将图 5-21 所示的输出作为 Reduce 过程的输入,在 Shuffle 过程时将面临一个问题:所有具有相同单词的记录(由单词、URL 和词频组成)应该交由同一个 Reducer 处理,但当前的 key 值无法保证这一点,所以必须修改 key 值和 value 值。这次将单词作为 key 值,URL 和词频组成 value 值(如 D0.txt：1)。这样做的好处是可以利用 MapReduce 框架默认的 HashPartitioner 类完成 Shuffle 过程,将相同单词的所有记录发送给同一个 Reducer 进行处理。

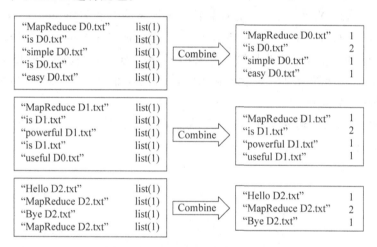

图 5-21　Combine 过程输入/输出

(3) Reduce 过程

经过上述两个过程后,Reduce 过程只需将相同 key 值和 value 值组合成倒排索引文件所需的格式即可,剩下的事情就可以直接交给 MapReduce 框架进行处理,如图 5-22 所示。

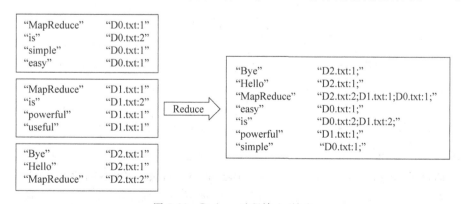

图 5-22　Reduce 过程输入/输出

5.8.5 二次排序类应用

应用需求：在某些应用场合中，需要对数据文件中的大量记录根据某个属性进行排序，可是这个属性的记录太多，需要根据其他属性再排序。这种应用称为"二次排序"。

应用场景：在对大数据进行分析时，常采用排序的方式，排序后，发现数据量太大，具有相同关键值的记录也非常多，这时，就需要再对第二属性进行排序。

解决方案：默认情况下，Map 输出的结果会对 key 进行默认排序，但是"二次排序"中除了对 key 进行排序外，还需要对位于 value 值中的另外一个属性进行排序，而 MapReduce 框架并没有提供对 value 值进行排序的方法。怎么实现对 value 的排序呢？这就需要变通地去实现这个需求。

变通手段：可以把 key 和 value 联合起来作为新的 key，记作 Newkey。这时，Newkey 含有两个字段，假设分别是 k,v。这里的 k 和 v 是原来的 key 和 value。原来的 value 还是不变。这样，value 就同时在 Newkey 和 value 的位置。再实现 Newkey 的比较规则，先按照 key 排序，在 key 相同的基础上再按照 value 排序。在分组时，再按照原来的 key 进行分组，就不会影响原有的分组逻辑了。最后在输出时，只把原有的 key、value 输出，就可以变通地实现了二次排序的需求。

应用案例：现有一个输入文件，包含两列数据，要求先按照第一列整数大小排序，如果第一列相同，按照第二列整数大小排序。

secondrysort.txt：

20	21	70	56	60	56
50	51	70	57	60	57
50	52	70	58	740	58
50	53	5	6	63	61
50	54	7	82	730	54
60	51	203	21	71	55
60	53	50	512	71	56
60	52	50	522	73	57
60	56	50	53	74	58
60	57	530	54	12	211
70	58	40	511	31	42
60	61	20	53	50	62
70	54	20	522	7	8
70	55				

执行准备：

（1）通过 Eclipse 下的 DFS Locations 在/user/hadoop 目录下新建文件夹 secondarysort_in。

（2）在 Windows 下新建 secondarysort.txt 文件，并上传到/user/hadoop/secondarysort_in 目录下。

程序执行结果：

```
part-r-00000(734.0b,r3):    5   6              7   8
----------------            ----————----       7   82
----------------            50  522            70  58
12  211                     ----------------   ----------------
----------------            60  51             71  55
20  21                      60  52             71  56
20  53                      60  53             ----------------
20  522                     60  56             73  57
----------------            60  56             ----------------
31  42                      60  57             74  58
----------------            60  57             ----------------
40  511                     60  61             203  21
----------------            ----------------   ----------------
50  51                      63  61             530  54
50  52                      ----------------   ----------------
50  53                      70  54             730  54
50  53                      70  55             ----------------
50  54                      70  56             740  58
50  62                      70  57
50  512                     70  58
```

程序代码：

```java
import java.io.DataInput;
import java.io.DataOutput;
import java.io.IOException;
import java.util.StringTokenizer;

import org.apache.hadoop.conf.Configuration;
import org.apache.hadoop.fs.FileSystem;
import org.apache.hadoop.fs.Path;
import org.apache.hadoop.io.IntWritable;
import org.apache.hadoop.io.LongWritable;
import org.apache.hadoop.io.RawComparator;
import org.apache.hadoop.io.Text;
import org.apache.hadoop.io.WritableComparable;
import org.apache.hadoop.io.WritableComparator;
import org.apache.hadoop.mapreduce.Job;
import org.apache.hadoop.mapreduce.Mapper;
import org.apache.hadoop.mapreduce.Reducer;
import org.apache.hadoop.mapreduce.lib.input.FileInputFormat;
import org.apache.hadoop.mapreduce.lib.output.FileOutputFormat;
import org.apache.hadoop.util.GenericOptionsParser;

public class SecondarySort {
    /**
     * 创建新主键类 IntPair,把第一列整数和第二列作为类的属性,并且实现
       WritableComparable 接口
     */
```

```java
public static class IntPair implements WritableComparable<IntPair>{
  private int first=0;
  private int second=0;

  public void set(int left, int right) {
    first=left;
    second=right;
  }
  public int getFirst() {
    return first;
  }
  public int getSecond() {
    return second;
  }

  @Override
  public void readFields(DataInput in) throws IOException {
    first=in.readInt();
    second=in.readInt();
  }
  @Override
  public void write(DataOutput out) throws IOException {
    out.writeInt(first);
    out.writeInt(second);
  }
  @Override
  public int hashCode() {
    return first+"".hashCode()+second+"".hashCode();
  }
  @Override
  public boolean equals(Object right) {
    if (right instanceof IntPair) {
      IntPair r=(IntPair) right;
      return r.first==first && r.second==second;
    } else {
      return false;
    }
  }
  //这里的代码是关键,因为对 key 排序时,调用的就是这个 compareTo 方法
  @Override
  public int compareTo(IntPair o) {
    if (first !=o.first) {
      return first -o.first;
    } else if (second !=o.second) {
      return second -o.second;
    } else {
      return 0;
    }
  }
}
```

```
/**
 * 在分组比较时,只比较原来的 key,而不是组合 key
 */
public static class GroupingComparator implements RawComparator<IntPair>{
  @Override
  public int compare(byte[] b1, int s1, int l1, byte[] b2, int s2, int l2) {
    return WritableComparator.compareBytes(b1, s1, Integer.SIZE/8, b2, s2,
    Integer.SIZE/8);
  }

  @Override
  public int compare(IntPair o1, IntPair o2) {
    int first1=o1.getFirst();
    int first2=o2.getFirst();
    return first1 -first2;
  }
}


public static class MapClass extends Mapper<LongWritable, Text, IntPair, IntWritable>{

  private final IntPair key=new IntPair();
  private final IntWritable value=new IntWritable();

  @Override
  public void map(LongWritable inKey, Text inValue,
                  Context context) throws IOException, InterruptedException {
    StringTokenizer itr=new StringTokenizer(inValue.toString());
    int left=0;
    int right=0;
    if (itr.hasMoreTokens()) {
      left=Integer.parseInt(itr.nextToken());
      if (itr.hasMoreTokens()) {
        right=Integer.parseInt(itr.nextToken());
      }
      key.set(left, right);
      value.set(right);
      context.write(key, value);
    }
  }
}

public static class Reduce extends Reducer<IntPair,IntWritable,Text,IntWritable>{
  private static final Text SEPARATOR=new Text("--------------------");
  private final Text first=new Text();

  @Override
  public void reduce(IntPair key, Iterable<IntWritable>values, Context
  context) throws IOException, InterruptedException {
    context.write(SEPARATOR, null);
    first.set(Integer.toString(key.getFirst()));
    for(IntWritable value: values) {
```

```
            context.write(first, value);
        }
    }
}


public static void main(String[] args) throws Exception {
    Configuration conf=new Configuration();
    conf.set("mapred.job.tracker", "192.168.1.10:9001");          //这句话很关键
        String[] ioArgs=new String[] { "secondarysort_in", "secondarysort_out" };
        String[] otherArgs=new GenericOptionsParser(conf, ioArgs).getRemainingArgs();
        if (otherArgs.length !=2) {
            System.err.println("Usage: Inverted Index<in><out>");
            System.exit(2);
        }

    final FileSystem fileSystem=FileSystem.get(conf);
    fileSystem.delete(new Path(otherArgs[1]), true);
    //删除 MapReduce 输出目录,这里是 /user/hadoop/secondarysort_out
    //没有此两语句,若输出目录存在,会出错

    Job job=new Job(conf, "secondary sort");
    job.setJarByClass(SecondarySort.class);
    job.setMapperClass(MapClass.class);
    //设置 Mapper 处理类
    job.setReducerClass(Reduce.class);
    //设置 Reducer 处理类

    job.setGroupingComparatorClass(GroupingComparator.class);
    //设置分组函数类,对二次排序非常关键

    job.setMapOutputKeyClass(IntPair.class);
    //设置 Map 的输出 key 值类,对二次排序非常关键
    job.setMapOutputValueClass(IntWritable.class);
    //设置 Map 的输出 value 值类,对二次排序非常关键

    job.setOutputKeyClass(Text.class);
    //设置输出的 key 的类型
    job.setOutputValueClass(IntWritable.class);
    //设置输出的 value 的类型

    FileInputFormat.addInputPath(job, new Path(otherArgs[0]));
    //设置输入目录
    FileOutputFormat.setOutputPath(job, new Path(otherArgs[1]));
    //设置输出目录
    System.exit(job.waitForCompletion(true) ? 0: 1);
    }
}
```

程序分析:

先对现在第一列和第二列整数创建一个新的类,作为 Newkey,这里的 Newkey 名称为

IntPair，对 Newkey 的比较有两种方法。

（1）在 Map 阶段的最后，会先调用 job. setPartitionerClass 对输出的 List 进行分区，每个分区映射到一个 Reducer，每个分区又调用 job. setSortComparatorClass 设置的 Key 比较函数类进行排序。

（2）如果没有通过 job. setSortComparatorClass 设置 Key 比较类，则使用 Key 实现的 compareTo 方法排序。本例代码就使用了 compareTo 方法排序。

在 Reduce 阶段，Reduce 接收到所有映射到这个 Reduce 的 Map 输出后，也是会调用 job. setSortComparatorClass 设置的 Key 比较函数类对所有数据对排序。然后开始构建一个 Key 对应的 Value 迭代器。这时就要用到分组，使用 job. setGroupingComparatorClass 设置的分组函数类。只要这个比较器比较的两个 Key 相同，它们就属于同一个组，它们的 Value 就在一个 Value 迭代器，而这个迭代器的 Key 使用属于同一个组的所有 Key 的第一个 Key。

最后就是进入 Reducer 的 reduce 方法，reduce 方法的输入是所有的 Key 和它的 Value 迭代器。

HBase 数据库

随着计算机技术的发展,计算机被广泛应用于数据处理,以银行为代表的事务型数据处理推动了关系型数据库的产生和发展。但是,随着互联网应用的快速发展对数据库技术产生了新的要求,以 Google 旗下 BigTable 为代表的新型数据库产生并迅速发展起来。HBase 就是 BigTable 的开源实现,本章就来介绍 HBase 相关的知识及其应用。

6.1 HBase 介绍

6.1.1 互联网时代对数据库的要求

20 世纪 90 年代,互联网出现了,随着其迅猛发展,对数据库技术提出了新的要求。

(1) 能够存储处理非结构化数据。以搜索引擎为代表的网络应用产生了大量的非结构化数据,如网页、图片、音频、视频、电子邮件等。传统的关系型数据库对这些非结构化数据的存储与处理已经显得力不从心,因为关系型数据库以行(记录)为单位,结构相对固定,对网页等非结构化数据的处理具有较大的难度。

(2) 能够处理海量数据。Google 等搜索引擎抓取了大量的网页,存储在数据库中,从而产生了 TB 级甚至 PB 级的数据量,这就要求数据库有海量的存储处理能力。而关系型数据库已经不能胜任存储并处理这些海量数据的任务。

(3) 能够适应应用系统的高并发、高吞吐量的要求。互联网应用上线以后,用户量可能会急速上升,数据吞吐量也非常巨大。如:天猫在"双 11"购物节时,访问量达 6 500 万人次;优酷网日均用户访问量达 3.2 亿人次,每周覆盖的不重复用户达 1.5 亿。如此巨大的访问量及吞吐率是关系型数据库难以承受的。

(4) 能够应对高速发展变化的业务需求。互联网应用一旦上线,用户对该应用会提出新的功能要求,应用服务商也会不断推出新的功能。如 Facebook 就频繁地推出过不少新的功能。这些变化的业务系统,就要求数据库系统具有极强的扩展性。

正是互联网应用的迅速发展,要求存储并处理网络数据的数据库系统能够满足互联网业务的需求,从而产生了以 Google 的 BigTable 为代表的 NoSQL 技术,NoSQL 的含义不是指抛弃 SQL 技术,而是指 Not only SQL,即是指超越传统的关系型数据库。

6.1.2 HBase 的特点

HBase 数据库运行于 Hadoop 之上,是 Google 的 BigTable 数据库的开源实现,设计并实现了高可靠性、高性能、列存储、可伸缩、实时读写的数据库系统,用于存储粗粒度的结构化数据。HBase 具有下列特点。

- 大:一个表可以有上亿行,上百万列。HBase 仅使用普通的硬件,就可以处理成千上万的行和列组成的大型数据。
- 面向列:面向列(族)的存储和权限控制,列(族)独立检索。
- 稀疏:对为空(Null)的列,并不占用存储空间,因此,表可以设计得非常稀疏。HBase 中存储的数据介于映射(key-value)与关系型数据之间,它存储的数据可以理解为一种映射,但又不是一种简单的映射。

HBase 中存储的数据逻辑上看就是一张大表,如图 6-1 所示,它的数据列可以根据需要动态地增加,每个单元格(Cell)中的数据可以有多个版本(通过时间戳来区别)。HBase 向下提供了存储,向上提供了数据运算,也就是说,它既能利用 HDFS 的存储能力向用户提供数据存储服务,又能利用 MapReduce 模型进行大规模并行数据处理。

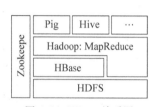

图 6-1　HBase 关系图

6.2　HBase 架构与原理

6.2.1　系统的架构及组成

HBase 在 Hadoop 体系中位于结构化存储层,其底层存储支撑系统为 HDFS 文件系统,使用 MapReduce 框架对存储在其中的数据进行处理,利用 Zookeeper 作为协同服务,HBase 的架构如图 6-2 所示。

1. HBase Client

HBase Client 是 HBase 的使用者,利用 RPC 机制与 HMaster 和 HRegionServer 进行通信,HBase Client 与 HMaster 通信进行管理类操作;与 HRegionServer 通信进行数据读写操作。

2. Zookeeper

Zookeeper 在 HBase 中协调管理节点,提供分布式协调、管理操作。在 Zookeeper Quorum 中,除了存储-ROOT-表的地址和 HMaster 的地址外,HRegionServer 也以 Ephemeral 方式把自己注册到 Zookeeper 中,使得 HMaster 可以感知到各个 HRegionserver 的健康状况,Zookeeper 也避免了 HMaster 的单点问题。

3. HMaster

HMaster 是整个架构中的控制节点,HBase 中可以启动多个 HMaster,通过 Zookeeper 的 Master Election 机制保证总有一个 Master 在运行,这样就避免了单点问题。HMaster 的功能如下。

- 管理用户对 Table 的增、改、删、查等操作。
- 管理 RegionServer 的负载均衡、调整 Region 分布。
- 在 Region Split 后,负责新 Region 的分配。

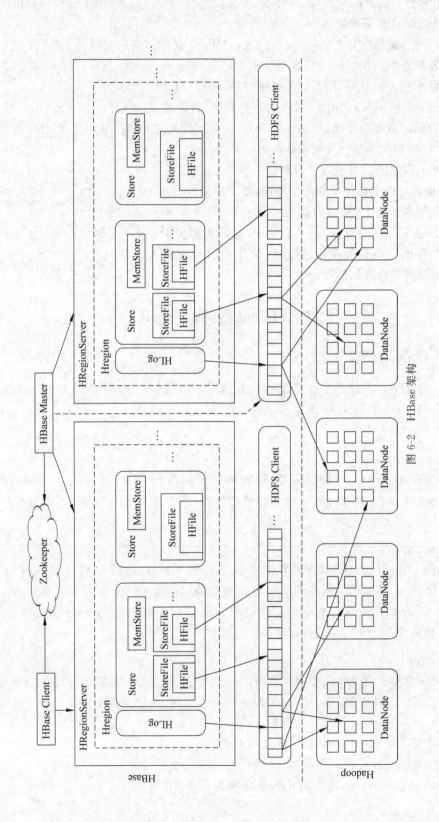

图 6-2 HBase 架构

- 在 HRegionServer 停机后，负责失效 HRegionServer 上的 Region 迁移。

4. HRegionServer

HRegionServer 是 HBase 中的最核心的组件，它主要负责响应用户的 I/O 请求，向 HDFS 文件系统中读写数据。HRegionServer 内部管理着一系列的 HRegion 对象，每个 HRegion 对应 Table 中的一个 Region(分区)。

（1）HRegion。HRegion 是 HRegionServer 中管理的一类数据对象，HRegion 由多个 HStore 组成，每个 HStore 对应 Table 中的一个 ColumnFamily(列族)的存储，也就是说每个"列族"其实就是一个集中的存储单元，所以将具有共同 I/O 特性的 Column(列)放在一个"列族"中是最高效的做法。

（2）Store。Store 是 HBase 存储的核心对象，它由两部分组成，一部分是 StoreFile，另一部分是 MemStore。

（3）MemStore。MemStore 是 StoreFile 的内存缓存，也就是以内存的形式存储数据，用户写入的数据首先会放入 MemStore，当 MemStore 满了以后，执行 Flush 操作，把数据写入 StoreFile。数据的增删改都是在 StoreFile 的后续操作中完成的，用户的写操作只需要访问内存中的 MemStore，解决了前文中提到的高并发、高吞吐量的问题。

（4）StoreFile。StoreFile 是以 HDFS 文件的形式存储数据，当 StoreFile 文件数量增长到一定阈值时，会触发 Compact 操作，把多个 StoreFile 文件合并成一个 StoreFile，合并过程中会进行版本合并和数据删除。StoreFile 在完成 Compact 操作后，会逐渐形成越来越大的 StoreFile，当单个 StoreFile 大小超过一定阈值时，会触发 Split 操作，把当前 Region 分裂成两个 Region，父 Region 下线，新分裂的 2 个孩子 Region 会被 HMaster 分配到相应的 HRegionServer 上，使原来的一个 Region 的压力分到 2 个 Region 上。

5. HLog

HLog 是为了解决分布式环境下系统可靠性而设计的。在分布式环境下，系统出错和宕机是经常的事，为了避免 MemStore 中的数据丢失，就引进了 HLog 对象。每个 HRegionServer 都有一个 HLog 对象，写入 MemStore 中的数据首先序列化写入 HLog 文件中，HLog 文件定期更新，删除旧文件，这时数据已经持久化到 StoreFile 文件中。当 HRegionServer 终止后，HMaster 通过 Zookeeper 感知到了异常，HMaster 会处理遗留的 HLog，把其中不同 Region 的 Log 进行拆分，分别放到相应的 Region 目录下，然后将失效的 Region 重新分配，这些 Region 的 HRegionServer 在 Load Region 过程中，会发现有历史 HLog 需要处理，重新加载 HLog 中的数据到 MemStore 中，并持久化到 StoreFile 中，至此完成数据的恢复。

6.2.2　HBase 逻辑视图

HBase 中存储数据的逻辑视图就是一张大表(BigTable)，如表 6-1 所示。表的数学模型可以描述为多维映射，表中的每个值可以由四个元素映射得到。映射函数为：

CellValue=Map(TableName, RowKey, ColumnKey, TimeStamp)

其中：

（1）TableName(表名)为一个字符串，是一个表标识。

表 6-1　HBase 表的逻辑视图

RowKey	TimeStamp	ColumnFamily："contents"	ColumnFamily："anchor"	ColumnFamily："mime"
"cn. edu. tsinghua. www"	t9	<html>al</html>	anchor：pku. edu. cn＝"PKU"	mime:type＝"text/html"
	t7		anchor：ruc. edu. cn＝"RUC"	
	t5	<html>c3</html>		
	t4	<html>b2</html>		
	t3	<html>d4</html>		

(2) RowKey(行关键字)是一个最大长度为 64KB 的字符串,在存储时,数据是按照 RowKey 的字典顺序排序存储的,在设计 RowKey 时要充分利用这个特性,将经常一起读取的行存储在一起。

(3) ColumnKey(列关键字)是由 ColumnFamily(列族)和 Qualifier(限定词)构成的。每张表是列族的集合,在定义表结构时,列族需要先定义好,而且是固定不变的,而列的限定词却不需要,可以在使用时生成,且可以为空。这样就增加了 HBase 的灵活性。HBase 把同一列族下的数据存储在同一个目录下,并且写数据时是按行来锁定的。

(4) TimeStamp(时间戳)是为了适应同一数据在不同时间的变化而设计的。比如:互联网上的网页数据,在 URL 相同时,网页内容可能有多个版本,因此,HBase 采用时间戳来标识不同的内容。时间戳是 64 位的整数,可以由 HBase 赋值为系统时间,也可以由客户显式赋值。每个 Cell 中,不同版本的数据按照时间倒序排列,即最新的数据排在最前面。为了避免过多的时间戳造成的版本管理问题(存储和索引),HBase 采用了两种版本回收机制:一是对每个数据单元,只存储指定个数的最新版本;二是保存一段时间内的版本(如最近七天),用户可以对每个列族进行设置。

6.2.3　HBase 的物理模型

HBase 从逻辑上看与传统的关系模型非常相像,但它实际上是按照列存储的稀疏矩阵,物理上是把逻辑模型按行键进行分割,并按列族存储的。上面的逻辑视图经过分割后,转变为下列三个物理视图,它分别是 ColumnFamily："contents"、ColumnFamily："Anchor"、ColumnFamily："mime",如表 6-2～表 6-4 所示。

表 6-2　列族 contents 物理视图

RowKey	TimeStamp	ColumnFamily："contents"
"cn. edu. tsinghua. www"	t9	<html>al</html>
	t5	<html>c3</html>
	t4	<html>b2</html>
	t3	<html>d4</html>

表 6-3　列族 anchor 物理视图

RowKey	TimeStamp	ColumnFamily："anchor"
"cn. edu. tsinghua. www"	t9	anchor:pku. edu. cn＝"PKU"
	t7	anchor:ruc. edu. cn＝"RUC"

表 6-4　列族 anchor 物理视图

RowKey	TimeStamp	ColumnFamily："mime"
"cn. edu. tsinghua. www"	t5	mime:type＝"text/html"

6.2.4　元数据表

HBase 的核心组件有 MasterServer、HRegionServer、HRegion、HMemcache、HLog、HStore,它们之间的关系如图 6-3 所示,Hadoop 使用了主从结构,也就是 Master-Slave 结构,HBase 也采用了主从结构,MasterServer 负责管理所有的 HRegionServer,数据会被分为 HRegion 单元存储在 HRegionServer 上。表中的数据按 RowKey 排序后,分为多个 HRegion 进行存储,每个表在开始时只有一个 HRegion,随着数据不断增加,HRegion 会越来越大,当超过一定阈值时,这个 HRegion 会被分为两个 HRegion。这样 HRegion 会不断增多。

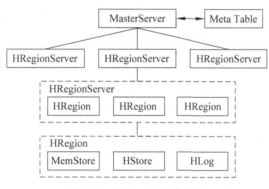

图 6-3　HBase 组件关系图

HRegion 是 HBase 中数据存储的最小单元,多个 HRegion 可以存放在一个 HRegionServer 上,但一个 HRegion 不能分在多个 HRegionServer 上。这样能很好地实现数据管理的负载均衡。

HRegion 被划分为若干 Store 进行存储,每个 Store 保存了一个列族中的数据。Store 又由两部分组成:MemStore 和 StoreFile。MemSore 是 HRegionServer 中的内存缓存,数据库进行数据写入时,首先写入 MemStore,当 MemStore 写满后,会写入 StoreFile,而 StoreFile 实际上是 HDFS 中的一个 HFile。

从上面的描述中可以看出,在 HBase 中,大部分的操作都是在 HRegionServer 中完成的,Client 端想要插入、删除、查询数据都需要先找到相应的 HRegionServer。Client 本身并不知道哪个 HRegionServer 管理哪个 HRegion,那么它是如何找到相应的 HRegionServer 的呢？ 这就需要两个元数据表:-ROOT-和. META. 。

它们是 HBase 的两张内置表,从存储结构和操作方法的角度来说,它们和其他 HBase 的表没有任何区别,可以把它们当作两张普通的表,可以像操作普通表一样操作它们。它们与众不同的地方是,HBase 用它们来存储一个重要的系统信息——Region 的分布情况以及每个 Region 的详细信息。

-ROOT-是 HBase 的根数据表,里面存放了. META. 表的 Region 信息,且 HBase 中只

有一个-ROOT-表。-ROOT-保存在 Zookeeper 服务器中,HBase 客户端第一次访问数据时,先从 Zookeeper 获得-ROOT-位置信息并存入缓存。

.META.表记录了用户表的 Region 信息,可以有多个 Region。

客户端访问用户数据之前,首先需要访问 Zookeeper,然后访问-ROOT-,根据-ROOT-信息访问.META.表,根据.META.表的信息找到用户数据所在的位置,中间需要经过多次网络访问,如图 6-4 所示。不过客户端采用缓存机制后,能够有效降低网络开销。

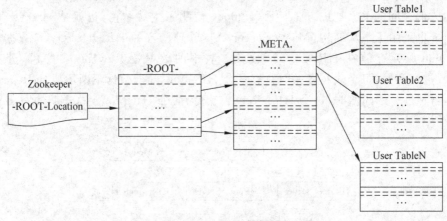

图 6-4   元数据表关系图

6.3   安装 HBase

要安装 HBase 首先应到 Apache 官网下载软件,下载时应注意选择国内的镜像网站,从这里下载要比国外的网站要快一些,Apache 官网下载地址是:http://www.apache.org/dyn/closer.cgi/hbase/,这里选择 HBase 0.96.2,以与 Hadoop 1.2.1 相适应。HBase 有两个版本,一个是与 Hadoop 1.X 相适应的版本 hbase-0.96.2-hadoop1-bin.tar.gz,一个是与 Hadoop 2.X 相适应的版本 hbase-0.96.2-hadoop2-bin.tar.gz,下载前者。

⚠️ **注意**:Hadoop 与 HBase 的版本匹配关系应引起注意,若版本不匹配可能会引起问题,在 Apache 官网 http://hbase.apache.org/book.html 中有 Hadoop 与 HBase 的版本匹配表可供参考。

HBase 与 Hadoop 类似也有三种安装模式:单机模式、伪分布模式和分布模式,下面来分别介绍。

6.3.1   单机模式安装

用 secureFX 把下载的 hbase-0.96.2-hadoop1-bin.tar.gz 文件上传到 Linux 服务器的 hadoop 用户目录下。

1. 解压文件

```
hadoop@master:~$tar -zxvf hbase-0.96.2-hadoop1-bin.tar.gz
```

为了以后操作简单方便,把 hbase-0.96.2-hadoop1 目录改名为 hbase。

```
hadoop@master:~$mv hbase-0.96.2-hadoop1/ hbase/
```

2. 修改环境变量

在/etc/profile 文件中加入

```
export HBASE_HOME=/home/hadoop/hbase
export PATH=$PATH:$HADOOP_HOME/bin:$HBASE_HOME/bin
```

编辑后,运行命令 source /etc/profile,使环境变量发挥作用。

3. 编辑{HBASE_HOME}/conf/hbase-env.sh

加入以下内容。

```
export JAVA_HOME=/usr/lib/jdk
export HBASE_MANAGES_ZK=true
```

4. 编辑{HBASE_HOME}/conf/hbase-site.xml

文件内容如下:

```
<configuration>
<property>
  <name>hbase.rootdir</name>
  <value>hdfs://master:9000/hbase</value>
</property>
<property>
  <name>hbase.zookeeper.property.dataDir</name>
  <value>/home/${user.name}/zookeeper</value>
</property>
</configuration>
```

5. 启动 HBase

先启动 Hadoop:

```
hadoop@master:~$start-all.sh
```

然后启动 HBase:

```
hadoop@master:~/hbase/bin$./start-hbase.sh
```

用 jps 命令查看,已经运行了 Hmaster 进程。

```
hadoop@master:~$jps
    6340 TaskTracker
    6020 SecondaryNameNode
    6566 HMaster
    6102 JobTracker
    6983 Jps
    5543 NameNode
    5773 DataNode
```

可以发现除了 Hadoop 的进程以外,还有 HMaster 进程,说明 HBase 已经启动成功。

6. 进入 shell 模式

```
hadoop@master:~$hbase shell
HBase Shell; enter 'help<RETURN>' for list of supported commands
Type "exit<RETURN>" to leave the HBase Shell
Version 0.96.2-hadoop1, r1581096, Mon Mar 24 15:45:38 PDT 2014

hbase(main):001:0>status
SLF4J: Class path contains multiple SLF4J bindings
SLF4J: Found binding in [jar:file:/home/hadoop/hbase/lib/slf4j-log4j12-1.6.4.
jar!/org/slf4j/impl/StaticLoggerBinder.class]
SLF4J: Found binding in [jar:file:/home/hadoop/hadoop/lib/slf4j-log4j12-1.4.
3.jar!/org/slf4j/impl/StaticLoggerBinder.class]
SLF4J: See http://www. slf4j. org/codes. html # multiple _ bindings  for  an
explanation.
1 servers, 0 dead, 2.0000 average load

hbase(main):002:0>list
TABLE
0 row(s) in 0.0830 seconds

=>[]
hbase(main):003:0>exit
```

7. 停止 HBase

```
hadoop@master:~$stop-hbase.sh
stopping hbase...
```

然后停止 Hadoop：

```
hadoop@master:~$stop-all.sh
```

6.3.2　伪分布模式安装

　　伪分布模式的 1、2、3 安装步骤与单机模式一样，这里不再重复，这里仅列出 hbase-site. xml 文件内容。

编辑{HBASE_HOME}/conf/hbase-site.xml

```
<configuration>
<property>
  <name>hbase.rootdir</name>
  <value>hdfs://master:9000/hbase</value>
</property>
<property>
  <name>hbase.zookeeper.property.dataDir</name>
  <value>/home/${user.name}/zookeeper</value>
</property>
<property>
  <name>hbase.cluster.distributed</name>
  <value>true</value>
</property>
```

```
</configuration>
```

6.3.3　分布式安装

分布模式安装的 1、2、3 步与单机模式相同，这里不再赘述。

1. 编辑{HBASE_HOME}/conf/hbase-site.xml

```
<configuration>
<property>
  <name>hbase.rootdir</name>
  <value>hdfs://master:9000/hbase</value>
</property>
<property>
  <name>hbase.cluster.distributed</name>
  <value>true</value>
</property>
<property>
  <name>hbase.zookeeper.quorum</name>
  <value>master,slave1,slave2</value>
</property>
<property>
  <name>hbase.zookeeper.property.dataDir</name>
  <value>/home/${user.name}/zookeeper</value>
</property>
<property>
  <name>dfs.replication</name>
  <value>3</value>
</property>
</configuration>
```

2. 编辑$ {HBASE_HOME}/conf/regionservers

```
master
slave1
slave2
```

3. 复制文件，避免版本问题

在 hbase/lib 目录下有 hadoop-core-1.1.2.jar，这个文件有可能与安装的 Hadoop 版本不一致，引起版本冲突。把/home/hadoop/hadoop/下的 hadoop-core-1.2.1.jar 复制到/home/hadoop/hbase/lib 下，并把原有的 hadoop-core-1.1.2.jar 改名为 hadoop-core-1.1.2.jar.bak。

```
hadoop@master:~/hadoop$cp hadoop-core-1.2.1.jar /home/hadoop/hbase/lib
hadoop@ master: ~/hbase/lib $mv hadoop - core - 1.1.2.jar   hadoop - core - 1.1.2.jar.bak
```

修改权限，使其具有执行权限。

```
hadoop@master:~/hbase/lib$chmod 755 hadoop-core-1.2.1.jar
```

4. 把 HBase 文件夹复制到其他 slave 主机

```
hadoop@master:~/hbase/conf$scp -r /home/hadoop/hbase hadoop@slave1:/home/
hadoop/
hadoop@master:~/hbase/conf$scp -r /home/hadoop/hbase hadoop@slave2:/home/
hadoop/
```

5. 测试是否安装成功

启动 HBase：

```
hadoop@master:~/hbase/bin$./start-hbase.sh
```

在 Master 上运行 jps：

```
hadoop@master:~/hbase/bin$jps
2581 HMaster
2768 Jps
2136 JobTracker
1788 NameNode
2063 SecondaryNameNode
```

在 slave 上运行 jps 结果：

```
hadoop@slave1:~$jps
2567 Jps
1664 DataNode
2251 HQuorumPeer
1830 TaskTracker
2436 HRegionServer
```

Web 测试

打开浏览器输入 http://192.168.1.10:60010

可以查看到 HBase 的相关信息，如图 6-5 所示。

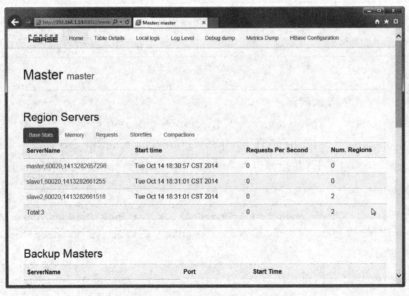

图 6-5　HBase 的 Web 页面

通过 http://192.168.1.10:60030 可以查看 Region Server 的状态。

通过 http://192.168.1.10:60010/zk.jsp 可以查看 Zookeeper tree 信息。

停止 HBase：

```
hadoop@master:~/hbase/bin$./stop-hbase.sh
```

6.4　HBase Shell 操作

HBase 支持多种方式对数据进行管理，包括：最直观简单的 Shell 方式；Java 编程的 API 方式；非 Java 语言的 Thrift、REST、Avro 方式等。

HBase 的 Shell 方式是通过连接到本地或远程的 HBase 服务器采用命令行的方式对数据进行管理。Shell 工具在使用时，应遵守以下规则。

（1）名称规则：在 HBase 中输入表名、列名等参数时，应以单引号或双引号将名称包围起来。

（2）数值输入规则：HBase Shell 支持以十六进制或八进制输入或输出数据，输入数据时，需要将数值用双引号包围起来。

（3）参数分割规则：当 HBase Shell 命令中有多个参数时，需要用逗号分隔开。

（4）关键字-值输入规则：在输入关键字-值形式的参数时，需要采用 Ruby 哈希值输入格式：{'key1'=>'value1','key2'=>'value2',...}。即关键字和值都要用单引号括起来。

HBase Shell 提供了 5 类命令进行数据管理：表管理、数据管理、工具、复制和其他。

6.4.1　基本 Shell 命令

1. 启动 Shell

```
hadoop@master:~$hbase shell
    HBase Shell; enter 'help<RETURN>' for list of supported commands
    Type "exit<RETURN>" to leave the HBase Shell
    Version 0.96.2-hadoop1, r1581096, Mon Mar 24 15:45:38 PDT 2014
```

2. 使用 status 查看 HBase 的运行状态

```
hbase(main):001:0>status
SLF4J: Class path contains multiple SLF4J bindings
SLF4J: Found binding in [jar:file:/home/hadoop/hbase/lib/slf4j-log4j12-1.6.4.
jar!/org/slf4j/impl/StaticLoggerBinder.class]
SLF4J: Found binding in [jar:file:/home/hadoop/hadoop/lib/slf4j-log4j12-1.4.
3.jar!/org/slf4j/impl/StaticLoggerBinder.class]
SLF4J: See http://www.slf4j.org/codes.html # multiple _ bindings for
an explanation
3 servers, 0 dead, 0.6667 average load
```

3. 查看版本

```
hbase(main):003:0>version
0.96.2-hadoop1, r1581096, Mon Mar 24 15:45:38 PDT 2014
```

4. 获得帮助

如果想知道 Hbase Shell 提供哪些功能,可以通过该命令查看。

```
hbase(main):009:0>help
```

5. 退出 Shell

```
hbase(main):010:0>exit
```

6.4.2 DDL 操作

1. 创建表

表名为 tab1,列族名为 colfam1。

```
hbase(main):004:0>create 'tab1','colfam1'
0 row(s) in 1.1480 seconds

=>Hbase::Table - tab1
```

2. 以列表的形式显示所有数据表

```
hbase(main):005:0>list
TABLE
tab1
1 row(s) in 0.0630 seconds

=>["tab1"]
```

3. 查看表的结构

```
hbase(main):005:0>describe 'tab1'
DESCRIPTION          ENABLED
'tab1', {NAME=>'colfam1', BLOOMFILTER=>'ROW', VERSIONS=>'1', IN_MEMORY=>
'false true ', KEEP_DELETED_CELLS=>'false', DATA_BLOCK_ENCODING=>'NONE', TTL=>
'2147483647', COMPRESSION=>'NONE ', MIN_VERSIONS=>'0', BLOCKCACHE=>'true',
BLOCKSIZE=>'65536', REPLICATION_SCOPE=>'0'}
1 row(s) in 0.4110 seconds
```

4. 修改表的结构

首先将表设为不可用状态:

```
hbase(main):011:0>disable 'tab1'
0 row(s) in 1.4210 seconds
```

添加一个列族'F2':

```
hbase(main):012:0>alter 'tab1',NAME=>'F2',VERSIONS=>5
Updating all regions with the new schema...
1/1 regions updated
Done
0 row(s) in 1.2340 seconds
```

```
hbase(main):013:0>describe 'tab1'
DESCRIPTION                                              ENABLED
'tab1', {NAME=>'F1', BLOOMFILTER=>'ROW', VERSIONS=>'1', IN_MEMORY=>'false',
KE false EP_DELETED_CELLS=>'false', DATA_BLOCK_ENCODING=>'NONE', TTL=>
'2147483647', COMPR ESSION=>'NONE', MIN_VERSIONS=>'0', BLOCKCACHE=>'true',
BLOCKSIZE=>'65536', REP LICATION_SCOPE=>'0'}, {NAME=>'F2', BLOOMFILTER=>'ROW',
VERSIONS=>'5', IN_MEMOR Y=>'false', KEEP_DELETED_CELLS=>'false', DATA_BLOCK_
ENCODING=>'NONE', TTL=>'21 47483647', COMPRESSION=>'NONE', MIN_VERSIONS=>'0',
BLOCKCACHE=>'true', BLOCKSIZE=>'65536', REPLICATION_SCOPE=>'0'}, {NAME=>
'colfam1', BLOOMFILTER=>'ROW', VERS IONS=>'1', IN_MEMORY=>'false', KEEP_DELETED_
CELLS=>'false', DATA_BLOCK_ENCODING=>'NONE', TTL=>'2147483647', COMPRESSION=>
'NONE', MIN_VERSIONS=>'0', BLOCKCACHE=>'true', BLOCKSIZE=>'65536', REPLICATION_
SCOPE=>'0'}
```

删除列族'F1'：

```
hbase(main):015:0>alter 'tab1',NAME=>'F1',METHOD=>'delete'
  Updating all regions with the new schema...
  1/1 regions updated
  Done
  0 row(s) in 1.2310 seconds
```

将表设为启用状态：

```
hbase(main):017:0>enable 'tab1'
0 row(s) in 0.2640 seconds
```

5. 查询表是否存在

```
hbase(main):001:0>exists 'tab1'
Table tab1 does exist
0 row(s) in 0.5700 seconds
```

6. 查询表是否可用

```
hbase(main):018:0>is_enabled 'tab1'
true
0 row(s) in 0.0420 seconds
```

7. 判断表是否不可用

```
hbase(main):020:0>is_disabled 'tab1'
false
0 row(s) in 0.0500 seconds
```

8. 删除表

先 disable 表，然后 drop 表，否则报错。

```
hbase(main):007:0>disable 'tab1'
0 row(s) in 2.0590 seconds


hbase(main):008:0>drop 'tab1'
0 row(s) in 1.1510 seconds
```

6.4.3　DML 操作

创建一个 student 表，其结构如表 6-5 所示。

表 6-5　student 表的结构

Row Key	address			info		
	province	city	university	height	weight	birthday
zhangsan	Liaoning	Dalian	Dalian University of Technology	180	80	1995-08-23

address 和 info 对表来说是一个有三个列的列族，address 列族由三个列组成 province、city 和 university。info 列族由三个列组成 height、weight 和 birthday 组成。当然也可以根据需要在 address 与 info 列族中建立更多的列，如：把 telephone、QQ、Wechat 等添加到 info 列族。

1. 创建 student 表

```
hbase(main):006:0>create 'student', 'address','info'
0 row(s) in 0.8190 seconds
=>Hbase::Table -student
```

2. 向表中插入记录

```
hbase(main):009:0>put 'student','zhangsan','info:height','180'
hbase(main):010:0>put 'student','zhangsan','info:birthday','1995-08-23'
hbase(main):011:0>put 'student','zhangsan','info:weight','80'
hbase(main):013:0>put 'student','zhangsan','address:province','Liaoning'
hbase(main):014:0>put 'student','zhangsan','address:city','Dalian'
hbase(main):014:0>put 'student','zhangsan','address:university','Dalian
University of Technology'
```

3. 获取一条数据

```
hbase(main):013:0>get 'student','zhangsan'
COLUMN                    CELL
 address:city        timestamp=1413359812918, value=Dalian
 address:province    timestamp=1413359797503, value=Liaoning
 address:university  timestamp=1413359836170, value=Dalian University
                     of Technology
 info:birthday       timestamp=1413359757702, value=1995-08-23
 info:height         timestamp=1413359741478, value=180
 info:weight         timestamp=1413359782422, value=80
6 row(s) in 0.0540 seconds
```

4. 获取一个 ID，一个列族的所有数据

```
hbase(main):016:0>get 'student','zhangsan','info'
COLUMN                    CELL
 info:birthday       timestamp=1413359757702, value=1995-08-23
 info:height         timestamp=1413359741478, value=180
 info:weight         timestamp=1413359782422, value=80
```

3 row(s) in 0.0620 seconds

5. 获得一个 ID, 一个列族中一个列的所有数据

```
hbase(main):002:0>get 'student','zhangsan','info:height'
COLUMN                    CELL
 info:height              timestamp=1413359741478, value=180
1 row(s) in 0.0430 seconds
```

6. 更新一条记录

将 zhangsan 的体重改成 70 千克:

```
hbase(main):003:0>put 'student','zhangsan','info:weight','70'
0 row(s) in 0.1040 seconds
```

7. 全表扫描

```
hbase(main):019:0>scan 'student'
ROW                 COLUMN+CELL
 zhangsan   column=address:city, timestamp=1413359812918, value=Dalian
 zhangsan   column=address:province, timestamp=1413359797503, value=Liaoning
 zhangsan   column=address:university, timestamp=1413359836170, value=Dalian
            University of Technology
 zhangsan   column=info:birthday, timestamp=1413359757702, value=1995-08-23
 zhangsan   column=info:height, timestamp=1413359741478, value=180
 zhangsan   column=info:weight, timestamp=1413360430307, value=70
1 row(s) in 0.0630 seconds
```

8. 删除 ID 为 zhangsan 的值的 info:weight 字段

```
hbase(main):020:0>delete 'student','zhangsan','info:weight'
0 row(s) in 0.0170 seconds
hbase(main):001:0>get 'student','zhangsan'
COLUMN                    CELL
 address:city             timestamp=1413359812918, value=Dalian
 address:province         timestamp=1413359797503, value=Liaoning
 address:university       timestamp=1413359836170, value=Dalian University
                          of Technology
 info:birthday            timestamp=1413359757702, value=1995-08-23
 info:height              timestamp=1413359741478, value=180
5 row(s) in 0.0570 seconds
```

9. 查询表中有多少行

```
hbase(main):003:0>count 'student'
1 row(s) in 0.0450 seconds
=>1
```

10. 将整张表清空

```
hbase(main):015:0>truncate 'student'
Truncating 'student' table (it may take a while):
```

```
-Disabling table...
-Dropping table...
-Creating table...
0 row(s) in 4.4580 seconds
```

6.4.4 HBase Shell 脚本

既然是 Shell 命令，当然可以把所有的 HBase Shell 命令写入一个文件内，像 Linux Shell 脚本程序那样顺序执行。如有个文件 test. sh，文件内容是往'student'表中插入数据，test. sh 内容如下：

```
put 'student','lisi','info:height','175'
put 'student','lisi','info:birthday','1994-12-05'
put 'student','lisi','info:weight','85'
put 'student','lisi','address:province','Liaoning'
put 'student','lisi','address:city','Dalian'
put 'student','lisi','address:university','Dalian University of Technology'
```

执行脚本文件：

```
hadoop@master:~$hbase shell test.sh
0 row(s) in 0.1260 seconds
0 row(s) in 0.0100 seconds
0 row(s) in 0.0090 seconds
0 row(s) in 0.0170 seconds
0 row(s) in 0.0140 seconds
0 row(s) in 0.0140 seconds

HBase Shell; enter 'help<RETURN>' for list of supported commands
Type "exit<RETURN>" to leave the HBase Shell
Version 0.96.2-hadoop1, r1581096, Mon Mar 24 15:45:38 PDT 2014
```

下面扫描一遍全表，查看一下脚本执行结果：

```
hbase(main):001:0>scan 'student'
ROW                COLUMN+CELL
  lisi    column=address:city, timestamp=1413361750627, value=Dalian
  lisi    column=address:province, timestamp=1413361750608, value=Liaoning
  lisi    column=address:university, timestamp=1413361750643, value=Dalian
          University of Technology
  lisi    column=info:birthday, timestamp=1413361750582, value=1994-12-05
  lisi    column=info:height, timestamp=1413361750547, value=175
  lisi    column=info:weight, timestamp=1413361750598, value=85
1 row(s) in 0.0690 seconds
```

6.5　基于 API 使用 HBase

HBase 是使用 Java 编写的，所以为 Java 提供 API 是理所当然的事。利用这些 API 可以编写出功能丰富的程序，对 HBase 进行各种操作。

6.5.1　API 简介

要对 HBase 表进行操作,需要使用以下几个类。

1. HBaseConfiguration 类

该类是客户端必须要使用的,它尝试着从 hbase-default. xml 和 hbase-site. xml 文件中读取配置信息,一般情况下,HBaseConfiguration 使用构造函数进行初始化。HBaseConfiguration. create()方法初始化 HBase 的配置文件。

2. HBaseAdmin 类

该类封装了对数据表结构进行操作的接口,它提供的方法包括:创建表,删除表,列出表项,使表有效或无效,以及添加或删除表列族成员等。该类提供的方法有:

- createTable(HTableDescriptor desc)用于创建数据表。
- deleteTable(byte[] tableName)方法用于删除表。
- enableTable(byte[.] tableName)方法用于使表有效。
- disableTable(byte[] tableName)方法用于使表无效。
- tableExists(String tableName)检查表是否存在。
- modifyTable(byte[] tableName,HTableDescriptor htd)修改表的模式,是异步的操作,可能需要花费一定的时间。

3. HTableDescriptor 类

该类封装了表相关属性与操作的接口。该类提供的方法有:

- addFamily(HColumnDescriptor)添加一个列族。
- removeFamily(byte[] column)移除一个列族。
- getName()获取表的名字。
- getValue(byte[] key)获取属性的值。
- setValue(String key,String value)设置属性的值。

4. HColumnDescriptor 类

该类维护着关于列族的信息,例如版本号,压缩设置等。它通常在创建表或者为表添加列族时使用。列族被创建后不能直接修改,只能通过删除然后重新创建的方式。列族被删除时,列族里面的数据也会同时被删除。该类提供的方法有:

- getName()获取列族的名字。
- getValue(byte[] key)获取对应属性值。
- setValue(String key,String value)设置对应属性值。

5. HTable 类

可以用来和 HBase 表直接通信。此方法对更新操作来说是非线程安全的。该类提供的方法有:

- close()释放所有的资源或挂起内部缓冲区中的更新。
- exists(Get get)检查 Get 实例所指定的值是否存在于 HTable 的列中。
- getEndKeys()获取当前一打开的表每个区域的结束键值。

- getScanner(byte[] family)获取当前给定列族的 scanner 实例。
- getTableDescriptor()获取当前表的 HTableDescriptor 实例。
- getTableName()获取表名。
- isTableEnabled(HBaseConfiguration conf,String tableName)检查表是否有效。
- put(Put put)向表中添加值。

6. Put 类

该类用来对单个行执行添加操作。该类提供的方法有：

- add(byte[] family,byte[] qualifier,byte[] value)将指定的列和对应的值添加到 Put 实例中。
- add(byte[] family,byte[] qualifier,long ts,byte[] value)将指定的列和对应的值及时间戳添加到 Put 实例中。
- getRow()获取 Put 实例的行。
- getRowLock()获取 Put 实例的行锁。
- getTimeStamp()获取 Put 实例的时间戳。
- isEmpty()检查 familyMap 是否为空。
- setTimeStamp(long timeStamp)设置 Put 实例的时间戳。

7. Get 类

该类用来获取单个行的相关信息。本类提供的函数有：

- addColumn(byte[] family,byte[] qualifier)获取指定列族和列修饰符对应的列。
- addFamily(byte[] family)通过指定的列族获取其对应列的所有列。
- setTimeRange(long minStamp,long maxStamp)获取指定列族的列的版本号。
- setFilter(Filter filter)当执行 Get 操作时设置服务器端的过滤器。

8. Scan 类

- scan.addFamily()同上。
- addColumn()同上。
- setMaxVersions(int maxVersions)指定最大的版本个数。如果不带任何参数调用。setMaxVersions,表示取所有的版本。如果不调用 setMaxVersions,只会取到最新的版本。
- setTimeRange(long minStamp,long maxStamp) throws IOException 指定最大的时间戳和最小的时间戳,只有在此范围内的 Cell 才能被获取。
- setTimeStamp()指定时间戳。
- setFilter()指定 Filter 来过滤掉不需要的信息。
- setStartRow(byte[] startRow)指定开始的行。如果不调用,则从表头开始。
- setStopRow(byte[] stopRow)指定结束的行(不含此行)。
- setBatch()指定最多返回的 Cell 数目。用于防止一行中有过多的数据,导致 OutofMemory 错误。

9. Result 类

该类存储 Get 或者 Scan 操作后获取表的单行值。使用此类提供的方法可以直接获取值或者各种 Map 结构(key-value 对)。

- containsColumn(byte[] family,byte[] qualifier)检查指定的列是否存在。
- getFamilyMap(byte[] family)获取对应列族所包含的修饰符与值的键值对。
- getValue(byte[] family,byte[] qualifier)获取对应列的最新值。

10. ResultScanner 类

客户端获取值的接口。

- close()关闭 scanner 并释放分配给它的资源。
- next()获取下一行的值。

6.5.2　表操作示例

以上介绍了 API 编程操作中要用到的类,下面通过经典的代码介绍 API 操作 HBase
方法。

1. 创建表

在 Eclipse 中新建一个项目 HBaseProj,导入解压到本地的 HBase 文件夹 lib 目录下的
所有 jar 文件,新建一个 CreateTable 类,这里列出完整的过程和程序代码,以后仅列出关键
语句:

```
package org.myorg;
import java.io.IOException;
import org.apache.hadoop.conf.Configuration;
import org.apache.hadoop.hbase.HBaseConfiguration;
import org.apache.hadoop.hbase.HColumnDescriptor;
import org.apache.hadoop.hbase.HTableDescriptor;
import org.apache.hadoop.hbase.MasterNotRunningException;
import org.apache.hadoop.hbase.ZookeeperConnectionException;
import org.apache.hadoop.hbase.client.HBaseAdmin;
import org.apache.hadoop.hbase.util.Bytes;

public class CreateTable {
    public static void main(String[] args) throws MasterNotRunningException,
    ZookeeperConnectionException, IOException {
        Configuration conf=HBaseConfiguration.create();
        //创建 HBaseConfiguration 类对象
        conf.set("hbase.zookeeper.quorum", "master,slave1,slave2");
        //设置 Zookeeper 的地址
        HBaseAdmin admin=new HBaseAdmin(conf);
        //创建 HBaseAdmin 对象
        HTableDescriptor tableDesc=new HTableDescriptor(Bytes.toBytes
        ("student"));
        //创建 HTableDescriptor 对象,该对象的表名为 student
        HColumnDescriptor colDesc_addr=new HColumnDescriptor(Bytes.toBytes
        ("address"));
        //创建 HColumnDescriptor 对象,该列名为 address
        tableDesc.addFamily(colDesc_addr);
        HColumnDescriptor colDesc_info=new HColumnDescriptor(Bytes.toBytes
```

```
        ("info"));
        tableDesc.addFamily(colDesc_info);
        admin.createTable(tableDesc);
        Boolean isAvailable=admin.isTableAvailable(Bytes.toBytes("student"));
        //检查表是否可用,返回一个布尔逻辑值
        System.out.println("student table availables is:"+isAvailable);
    }
}
```

代码分析:HBaseConfiguration. create()初始化 HBase 配置文件,通过 conf. set()设置
Zookeeper 的地址,这里应注意程序是在客户端 Windows 中运行的,所以,在 C:\Windows\
System32\drivers\etc\hosts 文件中应该有各服务器(master、slave1、slave2)的 IP。新建一
个 HBaseAdmin(conf)对象 admin,通过 admin 的 createTable()方法创建一个表。通过
HTableDescriptor 类设置表名,通过 HColumnDescriptor 类设置列名,通过 HTableDescriptor 类
的 addFamily()方法把列添加到表中。

2. 查看表的信息

```
TableName[] tablenames=admin.listTableNames();
for(TableName tablename: tablenames){
    System.out.println(tablename);
}
HTableDescriptor tabledesc=admin.getTableDescriptor(Bytes.toBytes
("student"));
    System.out.println(tabledesc);
}
```

代码分析:通过 admin. listTableNames()获得 HBase 中所有数据表的表名,然后打印
表名;通过 admin. getTableDescriptor(Bytes. toBytes("student"))获得 student 表的表描
述,然后输出。

3. 增加列族

```
HTableDescriptor tabdes=admin.getTableDescriptor(Bytes.toBytes("student"));
HColumnDescriptor coldes=new HColumnDescriptor(Bytes.toBytes("newcolumn"));
tabdes.addFamily(coldes);
admin.disableTable("student");
admin.modifyTable("student", tabdes);
admin.enableTable(Bytes.toBytes("student"));
```

代码分析:首先获取 student 表的 HTableDescriptor,创建一个新的名字为 newcolumn
的 HColumnDescriptor,然后加入表描述中。接着使表不可用,修改表,恢复表到启用状态。

4. 删除表

```
Configuration conf=HBaseConfiguration.create();
conf.set("hbase.zookeeper.quorum", "master,slave1,slave2");
HBaseAdmin admin=new HBaseAdmin(conf);
String tableName="student";
if (admin.tableExists(tableName)) {              //检查表是否存在
    admin.disableTable(tableName);
    //使表失效
```

```
admin.deleteTable(tableName);
//删除表
System.out.println(tableName+" has been deleted.");
}else{
    System.out.println(" the table does not exist.");
}
```

代码分析：通过 HBaseAdmin() 类的 tableExists(tableName) 方法判断该表存不存在，若存在，先用 disableTable(tableName) 使表失效，再使用 deleteTable(tableName) 删除表。

6.5.3　数据操作示例

通过 API 可以对 HBase 表中的数据进行查询、增加、修改、删除等操作，对应的方法为 put、get 和 delete。下面分别加以介绍。

1. 插入单行数据

```
HTable table=new HTable(conf,"student");
//创建一个 HTable 实例
Put put=new Put(Bytes.toBytes("maliu"));
//创建一个 Put 实例,对应的关键字为 maliu
put.add(Bytes.toBytes("address"), Bytes.toBytes("province"), Bytes.toBytes
("liaoning"));
//往 put 实例中添加一个单元格的值,列族为 address, 列名为 province,值为 liaoning
put.add(Bytes.toBytes("address"), Bytes.toBytes("city"), Bytes.toBytes
("shenyang"));
put.add(Bytes.toBytes("address"),Bytes.toBytes("university"),Bytes.toBytes
("Northeastern University"));
put.add(Bytes.toBytes("info"),Bytes.toBytes("hight"),Bytes.toBytes("168"));
put.add(Bytes.toBytes("info"),Bytes.toBytes("weight"),Bytes.toBytes("60"));
put.add(Bytes.toBytes("info"), Bytes.toBytes("birthday"), Bytes.toBytes
("1995-06-06"));
table.put(put);
//调用 HTable 的 put 方法把数据存入数据库中
```

代码分析：本段代码中用到了 Put 类的 add(byte[] family，byte[] qualifier，byte[] value) 方法,因此需要使用 Bytes.toBytes("String") 方法把字符串转化为字节数组。

2. 插入多行数据

```
HTable table=new HTable(conf,"student");
List<Put>listput=new ArrayList<Put>();
//创建一个列表,用于存放多个 Put 类对象
Put put1=new Put(Bytes.toBytes("zhangqiang"));
put1.add("address".getBytes(), "province".getBytes(), "liaoning".getBytes());
listput.add(put1);
//生成一个以 zhangqiang 为行关键字的行数据
Put put2=new Put(Bytes.toBytes("ligang"));
put2.add("info".getBytes(),"weight".getBytes(),"66".getBytes());
listput.add(put2);
//生成一个以 ligang 为关键字的行数据
table.put(listput);
```

```
//使用 table 的 put 方法将数据一次插入表中
```

3. 根据关键字删除一条数据

```
Configuration conf=HBaseConfiguration.create();
conf.set("hbase.zookeeper.quorum", "master,slave1,slave2");
HTable table=new HTable(conf,"student");         //创建一个 HTable 的实例
Delete delete=new Delete(Bytes.toBytes("wangwu"));
//wangwu 为将要删除的关键字
table.delete(delete);
table.close();                                    //关闭表
```

4. 单记录查询

相对于数据的插入与删除来说，数据的查询相对较为复杂，将重点讨论。查询分为单记录查询和多记录查询。单记录查询通过 RowKey 在表中查询某一行的数据，HTable 提供了 get 方法完成单记录查询。多记录查询通过制定一段 RowKey 的范围进行查询，HTable 提供了 getScanner 方法完成批量查询。

1) 获得单元格数据

```
HTable table=new HTable(conf,"student");         //创建一个 HTable 的实例
Get get=new Get("maliu".getBytes());
Result result=table.get(get);
byte[] value=result.getValue("address".getBytes(), "city".getBytes());
//获取 result 对象的 address 列族, city 列的值
System.out.println("student.address.city:"+Bytes.toString(value));
```

2) 获得单条记录的数据

```
HTable table=new HTable(conf,tablename);
Get g=new Get(Bytes.toBytes(rowKey));
//这里的 rowKey 为一字符串, 为关键字
Result r=table.get(g);
for(Cell cell: r.rawCells()){
    System.out.print("行键: "+new String(CellUtil.cloneRow(cell)));
    System.out.print("列族: "+new String(CellUtil.cloneFamily(cell)));
    System.out.print(" 列: "+new String(CellUtil.cloneQualifier(cell)));
    System.out.print(" 值: "+new String(CellUtil.cloneValue(cell)));
    System.out.println("时间戳: "+cell.getTimestamp());
}
```

代码分析：本段代码较为简单，根据关键字获得表中的一条数据，输出数据时，不再使用以前的函数。在新版本中，使用 CellUtil. cloneFamily(cell) 获得列族名，用 CellUtil. cloneQualifier(cell)获得列名，用 CellUtil. cloneValue(cell)获得单元格的值。其中 Cell 为 org. apache. hadoop. hbase. Cell 类，即单元格。

5. 扫描部分数据

```
Configuration conf=HBaseConfiguration.create();
conf.set("hbase.zookeeper.quorum", "master,slave1,slave2");
HTable table=new HTable(conf,"student");         //创建一个 HTable 的实例
Scan s=new Scan();
```

```
s.addColumn(Bytes.toBytes("address"), Bytes.toBytes("province"));
        //添加列族 address 中的 province 列
s.addColumn(Bytes.toBytes("address"), Bytes.toBytes("city"));
        //添加列族 address 中的 city 列
s.addFamily(Bytes.toBytes("info"));
        //添加列族 info
s.setStartRow(Bytes.toBytes("gao"));                //指定开始的行
s.setStopRow(Bytes.toBytes("li"));                  //指定结束的行(不含此行)
ResultScanner rs=table.getScanner(s);
for(Result r:rs){
    Cell[] cell=r.rawCells();
    int i=0;
    int cellcount=r.rawCells().length;
    System.out.print("行键: "+Bytes.toString(CellUtil.cloneRow(cell[i])));
    for(i=0;i<cellcount;i++){
        System.out.print("    " + Bytes.toString(CellUtil.cloneFamily(cell
        [i])));
        System.out.print(": "+Bytes.toString(CellUtil.cloneQualifier(cell
        [i])));
        System.out.print("  "+Bytes.toString(CellUtil.cloneValue(cell[i])));
        }
    System.out.println();
}
table.close();                                       //关闭表,释放资源
```

代码分析：本段代码使用了 Scan 类,使用 addColumn(Bytes. toBytes("列族名"),
Bytes. toBytes("列名"))添加某族列下的某一列,使用 addFamily(Bytes. toBytes("列族
名"))添加该列族中的所有列到 Scan 中,使用 s. setStartRow(Bytes. toBytes("gao"))设置
扫描的数据从"gao"开始,s. setStopRow(Bytes. toBytes("li"))设置结束行,其中"li"不包含
在其中。

6. 显示表中指定时间戳范围内的数据

```
Configuration conf=HBaseConfiguration.create();
conf.set("hbase.zookeeper.quorum", "master,slave1,slave2");
HTable table=new HTable(conf,"student");          //创建一个 HTable 的实例
Scan s=new Scan();
s.setTimeStamp(NumberUtils.toLong("1370336286283"));
s.setTimeRange(NumberUtils.toLong("1413878722100"), NumberUtils.toLong
("1418623393463"));
ResultScanner rs=table.getScanner(s);
for(Result r:rs){
    Cell[] cell=r.rawCells();
    int i=0;
    int cellcount=r.rawCells().length;
    System.out.print("行键: "+Bytes.toString(CellUtil.cloneRow(cell[i])));
    for(i=0;i<cellcount;i++){
        System.out.print("    " + Bytes.toString(CellUtil.cloneFamily(cell
        [i])));
        System.out.print(": "+Bytes.toString(CellUtil.cloneQualifier(cell
        [i])));
```

```
        System.out.print("  "+Bytes.toString(CellUtil.cloneValue(cell[i])));
        System.out.print("时间戳: "+cell[i].getTimestamp());
        }
    System.out.println();
}
table.close();          //释放资源
```

代码分析：本段代码使用了 Scan 类,使用 setTimeStamp(NumberUtils. toLong ("1370336286283"))设置时间戳,使用 setTimeRange(NumberUtils. toLong("1413878722100"), NumberUtils. toLong("1418623393463 "))设置时间戳的范围。

6.5.4 Filter 的应用与示例

在 6.5.3 小节中,使用 scan()方法获得一批数据,其实在 scan()过程中,可以通过一些设置实现更复杂的查询,提高查询的效率。Filter 过滤器就是一个强大的数据过滤工具,下面就来介绍一下 Filter 过滤器。setFilter 方法可以给 scan()添加过滤器,这也是分页、多条件查询的基础。

介绍 Filter 之前,先来看一下两个参数类。

1. 参数类

有两个参数类在各类 Filter 中经常出现,先介绍一下。

1) 比较运算符 CompareFilter. CompareOp

比较运算符用于定义比较关系,可以有以下几类值供选择：

EQUAL	相等
GREATER	大于
GREATER_OR_EQUAL	大于等于
LESS	小于
LESS_OR_EQUAL	小于等于
NOT_EQUAL	不等于

2) 比较器 ByteArrayComparable

通过比较器可以实现多样化目标匹配效果,比较器有以下子类可以使用：

BinaryComparator	匹配完整字节数组
BinaryPrefixComparator	匹配字节数组前缀
BitComparator	位值比较器
NullComparator	空值比较器
RegexStringComparator	正则表达式匹配
SubstringComparator	子串匹配

2. 结构(Structural)过滤器——FilterList

FilterList 代表一个过滤器链,它可以包含一组即将应用于目标数据集的过滤器,过滤器间具有"与" FilterList. Operator. MUST_PASS_ALL 和"或" FilterList. Operator. MUST_PASS_ONE 关系。比如,两个"或"关系的过滤器的写法：

```
FilterList list=new FilterList(FilterList.Operator.MUST_PASS_ONE);
```

```
//数据只要满足一组过滤器中的一个就可以
SingleColumnValueFilter filter1=new SingleColumnValueFilter(
cf,
column,
CompareOp.EQUAL,
Bytes.toBytes("my value")
);
list.add(filter1);
SingleColumnValueFilter filter2=new SingleColumnValueFilter(
cf,
column,
CompareOp.EQUAL,
Bytes.toBytes("my other value")
);
list.add(filter2);
Scan scan=new Scan();
scan.setFilter(list);
```

3. 列值过滤器——SingleColumnValueFilter

SingleColumnValueFilter 用于测试列值相等（CompareOp. EQUAL），不等（CompareOp.
NOT_EQUAL），或单侧范围（e. g.，CompareOp. GREATER）。

1）比较的关键字是一个字符数组

```
SingleColumnValueFilter(byte[] family, byte[] qualifier, CompareFilter.CompareOp
compareOp, byte[] value)
```

代码如下：

```
Configuration conf=HBaseConfiguration.create();
conf.set("hbase.zookeeper.quorum", "master,slave1,slave2");
HTable table=new HTable(conf, "student");
FilterList filterList=new FilterList(FilterList.Operator.MUST_PASS_ALL);
SingleColumnValueFilter filter=new SingleColumnValueFilter(
            Bytes.toBytes("info"),
            Bytes.toBytes("birthday"),
            CompareOp.EQUAL,
            Bytes.toBytes("1995-07-15")
            );
filterList.addFilter(filter);
Scan scan=new Scan();
scan.setFilter(filterList);
ResultScanner rs=table.getScanner(scan);
for (Result r: rs) {
    for(Cell cell:r.rawCells()){
        System.out.print("行键: "+new String(CellUtil.cloneRow(cell)));
        System.out.print("列族: "+new String(CellUtil.cloneFamily(cell)));
        System.out.print(" 列: "+new String(CellUtil.cloneQualifier(cell)));
        System.out.print(" 值: "+new String(CellUtil.cloneValue(cell)));
        System.out.println("时间戳: "+cell.getTimestamp());
    }
}
```

```
table.close();
```

此段代码过滤出来的数据为 birthday 为 1995-07-15 及 null 的记录。

2）比较的关键字是一个比较器

```
SingleColumnValueFilter(byte[] family, byte[] qualifier, CompareFilter.CompareOp
compareOp, ByteArrayComparable comparator)
```

比较的关键字是比较器 ByteArrayComparable。

该节主要是针对 SingleColumnValueFilter 的第二种构造函数使用情况做了一些举例。

（1）支持值比较的正则表达式——RegexStringComparator

示例代码如下：

```
Configuration conf=HBaseConfiguration.create();
conf.set("hbase.zookeeper.quorum", "master,slave1,slave2");
HTable table=new HTable(conf, "student");
FilterList filterList=new FilterList(FilterList.Operator.MUST_PASS_ALL);
RegexStringComparator comp=new RegexStringComparator("1995.");
//正则表达式较为复杂,相关知识可以查询相关手册
SingleColumnValueFilter filter=new SingleColumnValueFilter(
            Bytes.toBytes("info"),              //列族为 info
            Bytes.toBytes("birthday"),          //列为 birthday
            CompareOp.EQUAL,                     //运算为相等
            comp
            );
filterList.addFilter(filter);
Scan scan=new Scan();
scan.setFilter(filterList);
ResultScanner rs=table.getScanner(scan);
for (Result r: rs) {
    for(Cell cell:r.rawCells()){
        System.out.print("行键: "+new String(CellUtil.cloneRow(cell)));
        System.out.print("列族: "+new String(CellUtil.cloneFamily(cell)));
        System.out.print(" 列: "+new String(CellUtil.cloneQualifier(cell)));
        System.out.print(" 值: "+new String(CellUtil.cloneValue(cell)));
        System.out.println("时间戳: "+cell.getTimestamp());
    }
}
table.close();
```

（2）检测一个子串是否存在于值中（大小写不敏感）——SubstringComparator

```
Configuration conf=HBaseConfiguration.create();
conf.set("hbase.zookeeper.quorum", "master,slave1,slave2");
HTable table=new HTable(conf, "student");
FilterList filterList=new FilterList(FilterList.Operator.MUST_PASS_ALL);
SubstringComparator comp=new SubstringComparator("04-18");
//SubstringComparator()构造方法传入的是要查询的子字符串
SingleColumnValueFilter filter=new SingleColumnValueFilter(
        Bytes.toBytes("info"),
        Bytes.toBytes("birthday"),
```

```
            CompareOp.EQUAL,
            comp
            );
    filterList.addFilter(filter);
    Scan scan=new Scan();
    scan.setFilter(filterList);
    ResultScanner rs=table.getScanner(scan);
    for (Result r: rs) {
        for(Cell cell:r.rawCells()){
            System.out.print("行键: "+new String(CellUtil.cloneRow(cell)));
            System.out.print("列族: "+new String(CellUtil.cloneFamily(cell)));
            System.out.print(" 列: "+new String(CellUtil.cloneQualifier(cell)));
            System.out.print(" 值: "+new String(CellUtil.cloneValue(cell)));
            System.out.println("时间戳: "+cell.getTimestamp());
        }
    }
    table.close();
```

4. 键值元数据

由于 HBase 采用键值对保存内部数据，键值元数据过滤器用于评估一行的键（ColumnFamily：Qualifiers）是否存在。

1）基于列族过滤数据的 FamilyFilter

构造函数：

```
FamilyFilter(CompareFilter.CompareOp familyCompareOp, ByteArrayComparable
familyComparator)
```

示例关键代码如下：

```
HTable table=new HTable(conf, "student");
FamilyFilter ff1=new FamilyFilter(
CompareFilter.CompareOp.EQUAL, new BinaryPrefixComparator(Bytes.toBytes
("addr")));
//表中存在以 addr 打头的列族 address,过滤结果为该列族所有行
Scan scan=new Scan();
scan.setFilter(ff1);
ResultScanner rs=table.getScanner(scan);
```

⚠️ **注意**：如果希望查找的是一个已知的列族，则使用 scan.addFamily(family)比使用过滤器效率更高；由于目前 HBase 对多列族支持不完善，所以该过滤器目前用途不大。

2）基于限定符 Qualifier(列)过滤数据的 QualifierFilter

构造函数：

```
QualifierFilter(CompareFilter.CompareOp op, ByteArrayComparable
qualifierComparator)
```

示例代码如下：

```
HTable table=new HTable(conf, "student");
```

```
QualifierFilter ff1=new QualifierFilter(
    CompareOp.EQUAL,
    new BinaryPrefixComparator(Bytes.toBytes("city")));
    //表中存在以 city 开头的列,过滤结果为所有行的该列数据
    Scan scan=new Scan();
    scan.setFilter(ff1);
    ResultScanner rs=table.getScanner(scan);
```

3）基于列名（Qualifier）前缀过滤数据的 ColumnPrefixFilter

构造函数：

```
ColumnPrefixFilter(byte[] prefix)
```

该功能用上例中的 QualifierFilter 也能实现。

⚠ 注意：一个列名是可以出现在多个列族中的,该过滤器将返回所有列族中匹配的列。

示例代码如下：

```
HTable table=new HTable(conf, "student");
ColumnPrefixFilter ff1=new ColumnPrefixFilter(Bytes.toBytes("univer"));
//查询以 univer 开头的列,student 表中有 university 列,返回的数据是全部的 university
列的值
Scan scan=new Scan();
scan.setFilter(ff1);
ResultScanner rs=table.getScanner(scan);
```

4）基于多个列名（Qualifier）前缀过滤数据的 MultipleColumnPrefixFilter

说明：MultipleColumnPrefixFilter 和 ColumnPrefixFilter 行为差不多,但可以指定多个前缀。

示例代码如下：

```
HTable table=new HTable(conf, "student");
byte[][] prefixes=new byte[][] {Bytes.toBytes("city"), Bytes.toBytes
("university")};
//返回所有行中以 city 或者 university 打头的列的数据
MultipleColumnPrefixFilter ff=new MultipleColumnPrefixFilter(prefixes);
Scan scan=new Scan();
scan.setFilter(ff);
ResultScanner rs=table.getScanner(scan);
```

5）基于列范围（不是行范围）过滤数据 ColumnRangeFilter

说明：

- 可用于获得一个范围的列,例如,如果一行中有百万个列,但是只希望查看列名为 bbbb 到 dddd 的范围。
- 该方法从 HBase 0.92 版本开始引入。
- 一个列名是可以出现在多个列族中的,该过滤器将返回所有列族中匹配的列。

构造函数：

```
ColumnRangeFilter(byte[] minColumn, boolean minColumnInclusive, byte[]
maxColumn, boolean maxColumnInclusive)
```

参数解释：

minColumn：列范围的最小值，如果为空，则没有下限；

minColumnInclusive：列范围是否包含 minColumn；

maxColumn：列范围最大值，如果为空，则没有上限；

maxColumnInclusive：列范围是否包含 maxColumn。

示例代码：

```
HTable table=new HTable(conf, "student");
byte[] startColumn=Bytes.toBytes("c");
byte[] endColumn=Bytes.toBytes("h");
//返回所有列中从 c 到 h 打头的范围的数据，本例中实际返回 city 列的数据。
ColumnRangeFilter ff = new ColumnRangeFilter (startColumn, true, endColumn,
true);
Scan scan=new Scan();
scan.setFilter(ff);
ResultScanner rs=table.getScanner(scan);
```

6) RowKey

(1) 当需要根据行键特征查找一个范围的行数据时，使用 Scan 的 startRow 和 stopRow 会更高效，但是，startRow 和 stopRow 只能匹配行键的开始字符，不能匹配中间包含的字符：

```
byte[] startColumn=Bytes.toBytes("aaa");
byte[] endColumn=Bytes.toBytes("bbb");
Scan scan=new Scan(startColumn,endColumn);
```

(2) 当需要针对行键进行更复杂的过滤时，可以使用 RowFilter。

构造函数：

```
RowFilter(CompareFilter.CompareOp rowCompareOp, ByteArrayComparable rowComparator)
```

RowKey 示例代码如下：

```
HTable table=new HTable(conf, "student");
byte[] startColumn=Bytes.toBytes("aaa");
byte[] endColumn=Bytes.toBytes("kkk");
//本例返回关键值范围在 aaa 与 kkk 之间的数据
Scan scan=new Scan(startColumn,endColumn);
ResultScanner rs=table.getScanner(scan);
```

(3) 使用 RowFilter 对行关键字进行过滤。

示例代码如下：

```
HTable table=new HTable(conf, "student");
RowFilter rf=new RowFilter(
    CompareOp.EQUAL,
    new SubstringComparator("_an_")
```

```
    );
Scan scan=new Scan();
scan.setFilter(rf);
ResultScanner rs=table.getScanner(scan);
```

⚠️ **注意**：实测过程中，程序未返回预想的结果，可能是因为 RowFilter 和 Substring-Comparator("")配合得不好。

7）PageFilter

指定页面行数，返回对应行数的结果集。

需要注意的是，该过滤器并不能保证返回的结果行数小于等于指定的页面行数，因为过滤器是分别作用到各个 region server 的，它只能保证当前 region 返回的结果行数不超过指定页面行数。

构造函数：

```
PageFilter(long pageSize)
```

示例代码如下：

```
HTable table=new HTable(conf, "student");
Scan scan=new Scan();
scan.setStartRow(Bytes.toBytes("a"));
//PageFilter pf=new PageFilter(5L);              //此处设置过滤器只查询 5 行
//scan.setFilter(pf);
ResultScanner rs=table.getScanner(scan);
for (Result r: rs.next(5)) {
    for (Cell cell: r.rawCells()) {
        System.out.println("Rowkey: "+Bytes.toString(r.getRow())
        +"  Familiy:Quilifier: "
        +Bytes.toString(CellUtil.cloneQualifier(cell))
        +"  Value: "
        +Bytes.toString(CellUtil.cloneValue(cell))
        +"  Time: "+cell.getTimestamp());
    }
}
table.close();
```

代码分析：由于该过滤器并不能保证返回的结果行数小于等于指定的页面行数，所以更好的返回指定行数的办法是 ResultScanner.next(int nbRows)。

8）SkipFilter

根据整行中的每个列来做过滤，只要存在一列不满足条件，整行都被过滤掉。

例如，如果一行中的所有列代表的是不同物品的重量，则真实场景下这些数值都必须大于零，希望将那些包含任意列值为 0 的行都过滤掉。

在这个情况下，结合 ValueFilter 和 SkipFilter 共同实现该目的：

```
scan.setFilter (new SkipFilter (new ValueFilter (CompareOp.NOT_EQUAL, new
BinaryComparator(Bytes.toBytes(0)))));
```

构造函数：

SkipFilter(Filter filter)

示例代码：

```
HTable table=new HTable(conf, "student");
Scan scan=new Scan();
scan.setFilter(new SkipFilter(new ValueFilter(CompareOp.NOT_EQUAL,
        new BinaryComparator(Bytes.toBytes("66")))));
ResultScanner rs=table.getScanner(scan);
for(Result r:rs){
    for(Cell cell:r.rawCells()){
        System.out.print("行键: "+Bytes.toString(CellUtil.cloneRow(cell)));
        System.out.print("列族: "+Bytes.toString(CellUtil.cloneFamily(cell)));
        System.out.print("列: "+Bytes.toString(CellUtil.cloneQualifier(cell)));
        System.out.print("值: "+Bytes.toString(CellUtil.cloneValue(cell)));
        System.out.println("时间戳: "+cell.getTimestamp());
    }
}
table.close();          //释放资源
```

代码分析：本例通过设置，过滤了不等于 66 的行，也就是结果集中没有等于 66 的行。

9）Utility—FirstKeyOnlyFilter

该过滤器仅仅返回每一行中的第一个 cell 的值，可以用于高效地执行行数统计操作。

```
Configuration conf=HBaseConfiguration.create();
conf.set("hbase.zookeeper.quorum", "slave1,slave2");
HTable table=new HTable(conf, "student");
FirstKeyOnlyFilter fkof=new FirstKeyOnlyFilter();
Scan scan=new Scan();
scan.setFilter(fkof);
ResultScanner rs=table.getScanner(scan);
int sum=0;
for(Result r:rs){
    sum++;
}
System.out.println("本表共有: "+sum+"  条记录。");
```

6.6　MapReduce 操作 HBase 数据

运行于 Hadoop 之上的 HBase 理所当然地支持 MapReduce，HBase 提供了几个与 MapReduce 模型下相近的类，这些类将 HBase 的实现与使用细节进行了很好的封装，使用户能很方便地进行开发。下面对这些类进行简要的介绍。

1. TableMapper<KEYOUT,VALUEOUT>类

```
public abstract class TableMapper<KEYOUT,VALUEOUT>
```

父类为 org. apache. hadoop. mapreduce. Mapper＜ImmutableBytesWritable，Result，

KEYOUT,VALUEOUT>。

继承自 Mapper 基类并增加了需要的输入 key 与 value 对。

2. TableReducer<KEYIN,VALUEIN,KEYOUT>类

```
public abstract class TableReducer<KEYIN,VALUEIN,KEYOUT>
```

父类为 org. apache. hadoop. mapreduce. Reducer＜KEYIN，VALUEIN，KEYOUT，Mutation>类。

该类继承自 Reducer 基类，并增加了需要的 key 与 value 输入/输出类，同时输入的 key/value 对以及输出的键值是上个 Map 阶段输出的值，当用 TableOutputFormat 类输出时必须是 Put 或 Delete 实例。

该类还有一个子类 IdentityTableReducer，它能够被细化为子类以实现类似的特征或用户需要的代码。它还有强化输出值到具体基本类型的优势。

3. TableInputFormat

TableInputFormat 类继承自 TableInputFormatBase 类，实现了 org. apache. hadoop. conf. Configurable，该类能够把 HBase 列数据转换成为供 Map/Reduce 使用的格式。

4. TableOutputFormat 类

TableOutputFormat＜KEY＞类继承自 org. apache. hadoop. mapreduce. OutputFormat ＜KEY,Mutation>实现了 org. apache. hadoop. conf. Configurable，该类能够把 Map/Reduce 输出值写入 HBase 表。当输出值必须是 Put 或 Delete 实例时，key 将会被忽略。

5. TableMapReduceUtil 类

该类用于在 HBase 集群中建立 MapReduce 作业。该类中 initTableMapperJob()方法用于在提交作业前对作业进行设置。它的常用形式描述如下：

```
public static void initTableMapperJob(
    byte[] table,         //二进制形式的表名,从该表读取数据
    Scan scan,            //带列名,时间范围的列实例
    Class<? extends TableMapper>mapper,        //将要使用的 Mapper 类
    Class<?>outputKeyClass,                    //output 类
    Class<?>outputValueClass,                  //output 值类
    org.apache.hadoop.mapreduce.Job job)       //MapReduce Job
    throws IOException
```

TableMapReduceUtil 类还有另一方法 initTableReducerJob()，它常用形式描述如下：

```
public static void initTableReducerJob(
    String table                            //将要往其中写入数据的表名
    Class<? extends TableReducer>reducer    //将要使用的 ruducer 类
    org.apache.hadoop.mapreduce.Job job)    //MapReduce Job
throws IOException
```

在提交作业之前，使用它进行适当的 Job 参数设置。当检测到分区总数错误时抛出 I/O 异常。

6.6.1　HBase MapReduce 汇总到文件

下面将以前面 6.5.3 小节中建立的 student 表中数据为基础,求学生的平均身高,身高以厘米为单位。统计结果放入 HDFS 文件中。

```
public class StuMapper extends TableMapper<Text, IntWritable>{
public void map(ImmutableBytesWritable row, Result result, Context context)
throws InterruptedException, IOException{
    Text writablename=null;
    IntWritable writablehight=null;
    byte[] bytename=null;
    byte[] bytehight=null;
    for(Cell cell: result.rawCells()){
        bytename=CellUtil.cloneRow(cell);
         bytehight=CellUtil.cloneValue(cell);
        if("hight".equalsIgnoreCase(Bytes.toString(CellUtil.cloneQualifier
            (cell)))){
          if(bytehight!=null){
            writablename=new Text("Average Hight");
            //把所有的关键值都设为一个值,方便求平均值
             writablehight=new IntWritable( Integer.parseInt(Bytes.toString
             (bytehight)));
            context.write(writablename, writablehight);
        }
            break;
      }
    }
    System.out.println("name:hight: "+Bytes.toString(bytename)+" "+Bytes.
    toString(bytehight));
    }
}


public class StuReducer   extends Reducer<Text, IntWritable,Text, IntWritable>{
    public void reduce(Text key, Iterable<IntWritable>values,
          Context context) throws IOException, InterruptedException {
    int sum=0;
    int count=0;
        Iterator<IntWritable>iterator=values.iterator();
        while (iterator.hasNext()) {
            sum+=iterator.next().get();
            count++;
        }
         int average=(int) sum / count;
         key=new Text("Average hight:");
       context.write(key, new IntWritable(average));
    }
}

public class TableMapReduceTest {
public static void main(String[] args) throws IOException,
```

```
ClassNotFoundException, InterruptedException {
    Configuration config=HBaseConfiguration.create();
    config.set("hbase.zookeeper.quorum", "master,slave1,slave2");
    String[] ioArgs=new String[] {"avr_hight" };
        String[] otherArgs=new GenericOptionsParser(config, ioArgs).
        getRemainingArgs();
        if(otherArgs.length !=1) {
            System.err.println("Usage: TableMapReduceTest<out>");
            System.exit(2);
        }
        final FileSystem fileSystem=FileSystem.get(config);
    fileSystem.delete(new Path(otherArgs[0]), true);

    Job job=new Job(config,"TableMapReduceTest");
    job.setJarByClass(TableMapReduceTest .class);   //class that contains mapper

    Scan scan=new Scan();
    scan.addColumn(Bytes.toBytes("info"), Bytes.toBytes("hight"));
    scan.setCaching(500);          //1 是 Scan 的默认值,这对 MapReduce 作业是不利的
    scan.setCacheBlocks(false); //对 MR 作业不要设为 true
    //set other scan attrs

    TableMapReduceUtil.initTableMapperJob(
        "student",               //输入的表名
        scan,
        //Scan 实例,控制列族及属性的选择 instance to control CF and attribute selection
        StuMapper.class,         //mapper 类
        Text.class,              //mapper 输出键
        IntWritable.class,       //mapper 输出值的类型
        job);

        job.setReducerClass(StuReducer.class);
        job.setOutputKeyClass(Text.class);                  //设置输出的 Key 的类型
        job.setOutputValueClass(IntWritable.class);      //设置输出的 Value 的类型

    job.setOutputFormatClass(TextOutputFormat.class);
    FileOutputFormat.setOutputPath(job, new Path(otherArgs[0]));
                                                        //设置输出目录
    job.setNumReduceTasks(1);    //at least one, adjust as required

    boolean b=job.waitForCompletion(true);
    if (!b) {
        throw new IOException("error with job!");
    }
    }
}
```

代码分析：stuMapper 类从 student 表中,读取 hight 列的值,把键值 Key 全部设为 Average Hight,并把键值对"Average Hight"＝＞"身高值"写入中间文件中。StuReducer 根据关键值组求出平均值,并写入 HDFS 文件中。TableMapReduceTest 类通过

TableMapReduceUtil.initTableMapperJob 设置 Mapper 输入输出的一些相应的参数。并设置输出的键/值、输出类、输出目录等。本例数据来源于 HBase 数据库，结果输出到 HDFS 文件中。

6.6.2　HBase MapReduce 汇总到 HBase

Mapper 类与 6.6.1 小节中的一样这里就不赘述，只列出 Reducer 类与 main 函数。

```
public class MytableReducer extends TableReducer<Text, IntWritable,
ImmutableBytesWritable>{
    public static int sum=0;
    public static int count=0;
    public void reduce(Text key, Iterable<IntWritable>values, Context context)
    throws IOException, InterruptedException {

        for (IntWritable val: values) {
            sum+=val.get();              //从 values 数组中获取值加到 sum 中
            count++;                     //累加总共有多少个值
        }

        int average= (int) ( sum / count);
        key=new Text("Average hight:");
        Put put=new Put(Bytes.toBytes(key.toString()));
        //创建以 Key 为键值的 Put 对象
        put.add(Bytes.toBytes("average"),Bytes.toBytes("hight"),
        Bytes.toBytes(String.valueOf(average)));
        //以 average 为族列,hight 为列名,average 为值
        context.write(null, put);        //把 put 值写入新的数据表中
    }
}


public class HBaseMR2HBase {
  public static void main(String[] args) throws IOException,
  ClassNotFoundException, InterruptedException {
    Configuration config=HBaseConfiguration.create();
    config.set("hbase.zookeeper.quorum", "master,slave1,slave2");

      Job job=new Job(config,"HBaseMR2HBase");
    job.setJarByClass(HBaseMR2HBase.class);
    Scan scan=new Scan();
    scan.addColumn(Bytes.toBytes("info"), Bytes.toBytes("hight"));
    scan.setCaching(500);
    //1 is the default in Scan, which will be bad for MapReduce jobs
    scan.setCacheBlocks(false);   //don't set to true for MR jobs

    TableMapReduceUtil.initTableMapperJob(
        "student",                //输入的表名
        scan,                     //Scan 实例,控制列族及属性的选择
        MytableMapper.class,      //mapper 类
        Text.class,               //mapper 输出键
```

```
        IntWritable.class            //mapper 输出值
        job);

    TableMapReduceUtil.initTableReducerJob(
        "score"                      //设置输出的数据表
        MytableReducer.class         //设置 TableReducer 类
        job);
    job.setNumReduceTasks(1);        //at least one, adjust as required

        boolean b=job.waitForCompletion(true);
        if (!b) {
            throw new IOException("error with job!");
        }
    }
}
```

6.7　HBase 优化

　　HBase 是 Hadoop 整个生态系统中一个重要的组成部分,它弥补了 Hadoop 只能提供高延时的批处理的 MapReduce 功能,它对 APP 向下提供了存储,向上又提供实时运算和查询;又可以使用 MapReduce 的并行计算模型进行大规模的数据处理,HBase 将数据存储和并行计算、实时与批处理几乎完美地结合了起来。因此,HBase 的性能关乎整个 Hadoop 系统的效率,这里主要表现为处理时延和吞吐量。下面介绍 HBase 面世以来的优化方法。

6.7.1　JVM GC 优化

　　HBase 是使用 Java 语言开发的系统,与 Java 程序一样,HBase 采用了 GC(Garbage Collection)机制进行内存管理,这简化了开发人员的工作,不用考虑内存的回收问题,但 GC 机制在回收内存时,会占用较多的 CPU 时间,为了提高 HBase 的效率,可以考虑调整 JVM GC 参数,减少因为内存回收而导致的程序运行中断问题,从而适当地提高 HBase 的工作效率。GC 参数的设置并不是千篇一律的,优化时设定一些参数可能会出现不但没有提高系统的速度,反而可能导致系统更慢的现象。GC 优化应该遵守这样的基本原则:将不同的 GC 参数用于 2 台或者多台服务器,并进行对比,最终将那些被证明提高了性能或者减少了 GC 执行时间的参数应用于更大规模的服务器,如表 6-6 和表 6-7 所示。

表 6-6　GC 优化需要考虑的 Java 参数

定　义	参　数	描　述
堆内存空间	-Xms	启动 JVM 时的堆内存空间
	-Xmx	堆内存最大限制
新生代空间	-XX:NewRatio	新生代和老年代的占比
	-XX:NewSize	新生代空间
	-XX:SurvivorRatio	伊甸园空间和幸存者空间的占比

表 6-7　GC 类型可选参数

分　　类	参　　数	备　　考
Serial GC	-XX：+UseSerialGC	
Parallel GC	-XX：+UseParallelGC -XX：ParallelGCThreads＝value	
Parallel Compacting GC	-XX：+UseParallelOldGC	
CMS GC	-XX：+UseConcMarkSweepGC -XX：+UseParNewGC -XX：+CMSParallelRemarkEnabled -XX：CMSInitiatingOccupancyFraction＝value -XX：+UseCMSInitiatingOccupancyOnly	
G1	-XX：+UnlockExperimentalVMOptions -XX：+UseG1GC	这两个参数必须同时使用

在进行 GC 优化时经常使用-Xms、-Xmx 和-XX：NewRatio。-Xms 和-Xmx 是必需的。如何设定 NewRatio 对 GC 性能产生十分显著的影响。可以通过-XX：PermSize 和-XX：MaxPermSize 参数来设定。

GC 优化过程如下。

（1）监控 GC 状态。首先需要监控 GC 来检查在系统执行过程中 GC 的各种状态。

（2）在分析监控结果后，决定是否进行 GC 优化。在检查 GC 状态的过程中，应该分析监控结果以便决定是否进行 GC 优化，如果分析结果表明执行 GC 的时间只有 0.1～0.3 秒，那就没必要浪费时间去进行 GC 优化。但是，如果 GC 的执行时间是 1～3 秒，甚至超过 10 秒，GC 优化就势在必行。

（3）调整 GC 类型/内存空间。如果已经决定要进行 GC 优化，那么就要选择 GC 类型和设定内存空间。在这时，如果有几台不同服务器，请时刻牢记，检查每一台服务器的 GC 参数，并进行有针对性的优化。

（4）分析结果。在调整了 GC 参数并持续收集 24 小时之后，开始对结果进行分析，如果幸运，就找到了那些最适合系统的 GC 参数。反之，需要通过分析日志来检查内存是如何被分配的。然后需要通过不断的调整 GC 类型和内存空间大小找到最佳的参数。

（5）如果结果令人满意，可以将该参数应用于所有的服务器，并停止 GC 优化。

6.7.2　HBase 参数调优

1. hbase.hregion.max.filesize

默认值：256MB。

HBase 中数据会首先写入 memstore，当 memstore 写满后，会 flush 到 disk 上而成为 storefile。当 storefile 数量超过 3 时，启动 compaction 过程将它们合并为一个 storefile。这个过程中删除一些 timestamp 过期的数据，比如 update 的数据。而当合并后的 storefile 大小大于 hfile 默认最大值时，触发 split 动作，将它切分成两个 region。

因为拆分 Region 以及进行相应 Compact 操作，对节点的性能有较大影响，因此适当增大此参数有助于提高集群性能。

2. hbase.regionserver.handler.count

默认值：10。

该参数是 regionserver 响应数据操作请求的线程数量，可以适当增加该值，处理的原则是请求的 Payload 越小线程数越大，Payload 越大线程数越小。

3. hbase.regionserver.global.memstore.upperLimit/lowerLimit

默认值：0.4/0.35。

upperlimit 说明：hbase. hregion. memstore. flush. size 这个参数的作用是当单个 Region 内所有的 memstore 大小总和超过指定值时，flush 该 region 的所有 memstore。RegionServer 的 flush 是通过将请求添加到一个队列，模拟生产消费模式来异步处理的。这里就有一个问题，当队列来不及消费，产生大量积压请求时，可能会导致内存陡增，最坏的情况下将可能触发内存溢出。

这个参数的作用是防止内存占用过大，当 RegionServer 内所有 region 的 memstores 所占用内存总和达到 heap 的 40% 时，HBase 会强制 block 所有的更新并 flush 这些 region 以释放所有 memstore 占用的内存。

lowerLimit 说明：同 upperLimit，只不过 lowerLimit 在所有 region 的 memstores 所占用内存达到 Heap 的 35% 时，不 flush 所有的 memstore。它会找一个 memstore 内存占用最大的 region，做个别 flush，此时写更新还是会被 block。lowerLimit 算是一个在所有 region 强制 flush 导致性能降低前的补救措施。在日志中，表现为**Flush thread woke up with memory above low water. 。

调优方法：该两参数默认值为 0.4 和 0.35。当负载以读为主时，可以适当减小这两个值以留出内存给读缓存。当负载以写为主时，需要根据日志中的情况，适当增大该参数，减少磁盘 I/O。

4. hfile.block.cache.size

默认值：0.2。

该参数设置 storefile 的读缓存占用 Heap 大小的百分比，0.2 表示 20%。该值直接影响数据读的性能。

调优方法：该参数当然是越大越好，如果写比读少很多，开到 0.4～0.5 也没问题。如果读写较均衡，0.3 左右。如果写比读多，果断默认。设置这个值时，同时要参考 hbase. regionserver. global. memstore. upperLimit，该值是 memstore 占 heap 的最大百分比，两个参数一个影响读，一个影响写。如果两值加起来超过 80%～90%，会有内存溢出的风险，谨慎设置。

5. hbase.hstore.blockingStoreFiles

默认值：7。

在 flush 时，当一个 region 中的 Store(列族) 内有超过 7 个 storefile 时，则 block 所有的写请求进行 compaction，以减少 storefile 数量。

调优方法：block 写请求会严重影响当前 regionServer 的响应时间，但过多的 storefile 也会影响读性能。从实际应用来看，为了获取较平滑的响应时间，可将值设为无限大。如果能容忍响应时间出现较大的波峰波谷，那么默认或根据自身场景调整即可。

6. hbase.hregion.memstore.block.multiplier

默认值：2。

这个参数的作用是当 memstore 的大小增至超过 hbase. hregion. memstore. flush. size 2 倍时，block 所有请求，遏制风险进一步扩大。

调优方法：这个参数的默认值还是比较靠谱的。如果预估正常应用场景（不包括异常）不会出现突发写或写的量可控，那么保持默认值即可。如果正常情况下，写请求量就会经常暴涨到正常值的几倍，那么应该调大这个倍数并调整其他参数值，比如 hfile. block. cache. size 和 hbase. regionserver. global. memstore. upperLimit/lowerLimit，以预留更多内存，防止 HBase 出现内存溢出。

7. hbase.hregion.memstore.mslab.enabled

默认值：true。

该参数的作用是减少因内存碎片导致的 Full GC，以提高整体性能。

6.7.3　表设计优化

表设计是 HBase 数据处理的核心，经过优化的表结构是提高系统性能的基础。

1. 数据压缩的优化

HBase 支持 GZIP、LZO、SNAPPY 等多种压缩算法，HBase 处理的通常是数据密集型应用，采用数据压缩方法可以起到优化系统性能的作用，相对来说 LZO 较 GZIP 性能高，而 GZIP 压缩比较高。数据压缩方式可以在设计表时设定，也可以在表创建完了之后修改。

2. 尽量避免使用过多的族列

HBase 中的某个列族在 Flush 或 Compaction 时，相邻的列族也会因关联效应触发处理，导致系统产生更多的 I/O，当列族在 3 个以上时，就会出现 I/O 性能下降的情况，因此设计表时尽量使用单个列族。

3. 尽量使用短的行列名

HBase 在传输数据时总是带上行名、列名和时间戳，较大的行列名会影响系统的性能。

4. 设置合适的 Region 大小

HBase 支持为每个数据表设置不同的 Region 大小，开发者可以根据特定的场合设置不同的 Region 大小。比如经常访问的数据表，可以设置较小的 Region，使 Region 分割后被分布到不同的服务器上，以实现负载均衡。对数据元值较大的数据表，可适当增加 Region 的大小。

5. 预先创建多个 Region

默认情况下，在创建 HBase 表时会自动创建一个 Region 分区，当导入数据时，所有的 HBase 客户端都向这一个 Region 写数据，直到这个 Region 足够大了才进行切分。一种可以加快批量写入速度的方法是通过预先创建一些空的 Regions，这样当数据写入 HBase 时，按照 Region 分区情况，在集群内做数据的负载均衡。

6. 启用 Bloom Filter

Bloom Filter 通过空间换时间，提高读操作性能。使用 Bloom Filter 可以显著提高定位数据的速度。HBase 默认不使用 Bloom Filter,以避免额外的磁盘和内存开销。可以通过 HColumnDescriptor 类的 setBloomFilterType()方法进行设置。

7. 使用列族缓存

经常访问的列族可以开启列族缓存以提高读写速度。创建表时,可以通过 HColumnDescriptor.setInMemory(true)将表放到 RegionServer 的缓存中,保证在读取时 被 cache 命中。

8. 限制表中数据的版本数量

创建表时,可以通过 HColumnDescriptor.setMaxVersions(int maxVersions)设置表中 数据的最大版本,如果只需要保存最新版本的数据,那么可以设置 setMaxVersions(1)。

9. 限制表中数据的生命周期

创建表时,可以通过 HColumnDescriptor.setTimeToLive(int timeToLive)设置表中数 据的存储生命期,过期数据将自动被删除。例如,如果只需要存储最近两天的数据,那么可 以设置 setTimeToLive(2 * 24 * 60 * 60)。

6.7.4　读优化

1. Scan 优化

(1) 使用 Scan 缓存。在 HBase 数据读取操作时经常使用 Scan 操作,HBase 默认的 Scan 操作是一次从 RegionServer 读取一条记录,这样效率较低,可以设置一次交互读取多 条记录。设置的方法如下。

① 在 HBase 的 conf 配置文件中进行配置。

② 通过调用 HTable.setScannerCaching(int scannerCaching)进行配置。

③ 通过调用 Scan.setCaching(int caching)进行配置。

三者的优先级越来越高,后面的设置会覆盖前面的设置。

(2) 指定 Scan 的范围。Scan 时指定需要的列族,可以减少网络传输的数据量,否则默 认 scan 操作会返回整行所有 Column Family 的数据。

(3) 及时关闭 Scan。通过 Scan 取完数据后,应及时使用 ResultScanner 类的 close()方 法关闭 scan,否则 RegionServer 可能会出现问题(对应的 Server 资源无法释放)。

2. 批量读取

通过调用 HTable.get(Get)方法可以根据一个指定的 row key 获取一条记录,同样 HBase 提供了另一个方法:通过调用 HTable.get(List<Get>)方法可以根据一个指定的 row key 列表,批量获取多条记录,这样做的好处是批量执行,只需要一次网络 I/O 开销,这 可能会带来明显的性能提升。

3. 缓存查询结果

对频繁查询 HBase 的应用场景,可以考虑在应用程序中做缓存,当有新的查询请求时, 首先在缓存中查找,如果存在则直接返回,而不查询 HBase;否则会对 HBase 发起读请求, 然后在应用程序中将查询结果缓存起来。

4. 多 HTable 并发读

创建多个 HTable 客户端用于读操作,提高读数据的吞吐量。

5. 多线程并发读

在客户端开启多个 HTable 读线程,每个读线程负责通过 HTable 对象进行 get 操作。

6.7.5　写优化

1. 关闭 WAL

HBase 在写入数据时,首先写入日志,即 WAL 机制(Write Ahead Log),当日志写入成功后,数据才真正写入 MemStore,WAL 机制避免了数据的丢失,但也有一定的性能损失。因此,关闭 WAL 可以在一定程度上提高 HBase 的性能。

2. 关闭 AutoFlush

当 setAutoFlush 设为 true 时,Put 请求会逐条发送记录到 RegionServer,这样效率较低。而将 HTable 的 setAutoFlush 设为 false 时,可以支持客户端批量更新。即当 Put 填满客户端 Flush 缓存时,才发送到服务端。这有助于提高效率。

3. 批量写入

通过调用 HTable. put(Put)方法可以将一个指定的 row key 记录写入 HBase,同样 HBase 提供了另一个方法:通过调用 HTable. put(List<Put>)方法可以将指定的 Row Key 列表,批量写入多行记录,这样做的好处是批量执行,只需要一次网络 I/O 开销,这对数据实时性要求高,网络传输往返时延(Round-Trip Time,RTT)高的情景下可能带来明显的性能提升。

4. Write Buffer 的设置

通过调用 HTable. setWriteBufferSize(writeBufferSize)方法可以设置 HTable 客户端的写 Buffer 大小,如果新设置的 Buffer 小于当前写 Buffer 中的数据时,Buffer 将会被 Flush 到服务端。其中,WriteBufferSize 的单位是 Byte 字节数,可以根据实际写入数据量的多少来设置该值。

5. 多线程读写操作

在客户端开启多个 HTable 写线程,每个写线程负责一个 HTable 对象的 Flush 操作,这样结合定时 Flush 和写 Buffer(WriteBufferSize),可以既保证在数据量小时,数据可以在较短时间内被 Flush(如 1 秒内),同时又保证在数据量大时,写 Buffer 一满就及时进行 Flush。这样能够显著提高效率。

Hive 数据仓库

在前面的章节中已经介绍了 Hadoop 平台下的 HDFS 文件系统、MapReduce 模型以及 HBase 数据库,这些为大数据分析提供了很好的基础,但是这些模型及软件在大数据分析上要求使用者具有较高的编程能力,使用起来还不是很方便,因此,需要有一个简捷易用的大数据分析工具,Hive 就是基于 Hadoop 的一个数据仓库,在大数据处理分析方面有其独特之处。

本章将详细介绍 Hive 数据仓库的相关内容。

7.1 Hive 简介

7.1.1 数据分析工具应具有的特征

随着互联网的产生,网络应用迅速普及,随之产生了海量的非结构化数据,称为大数据,大数据较之以前的结构化数据发生了巨大的变化,针对结构化数据的分析挖掘工具已经不能适应新形势的发展需要。大数据时代要求数据分析工具必须具有以下 3 个特点。

1. 具有较强的数据抽象能力

关系型数据库在结构化数据处理方面的理论与技术已经非常成熟,但它不适用于非结构化的大数据处理。Hadoop 下的 HDFS、MapReduce、HBase 等技术在处理大数据方面有其独到之处,但它们不能用较为简单的模型来抽象大数据。因此,对大数据的分析需要一种便于理解的数据抽象模型。

2. 具有简捷易用的操作方式

不管是在哪个实际生产环节,要求数据分析人员具有渊博的数据分析与挖掘理论,同时,也要求数据分析工具要简捷易用。不用学习复杂的编程知识,只用简单的工具和语句即可完成数据分析。由于数据分析具有很大的不确定性,往往会因为数据的格式、内容、内在关系的不同,而产生不同的分析结果。因此,也要求分析工具支持复杂多变的数据操作。

3. 具有高效稳定的执行环境

大数据分析工具在数据分析过程中,不仅要屏蔽底层的复杂理论与模型,而且还要具有海量的数据存储能力和对软硬件的容错能力。

7.1.2 Pig 与 Hive 的比较

正是基于以上的要求,Yahoo 和 Facebook 分别开发了自己的数据分析工具 Pig 和 Hive。

这两个数据分析工具又有什么相似与不同之处呢？Pig 与 Hive 在功能上有重叠之处，都是用于数据分析的工具，但是它们之间也有不同之处。

数据分析包括三个过程：数据采集、数据准备和数据呈现。数据采集也就是从数据源获取数据的过程，不是大数据分析关注的重点，这里不予讨论。数据准备是对数据进行抽取、转换和加载的过程，也就是将无规律的原始数据加工成为有价值的商业数据的过程。经过数据准备后形成的商业数据存储在数据仓库中，数据分析人员利用数据仓库中的工具把数据提取并呈现出来，称为数据呈现。

Pig 是更适合于做数据准备阶段的工作。它的主要用户是程序员、数据处理专家和研究人员，它能够快速地把到达的数据进行流水式处理，并对大规模数据进行迭代处理。而 Hive 更适合于做数据呈现的工作。它的主要用户是工程师、分析师和决策者，他们通常要对整理后的数据进行检索、组合和统计，按照需要的形式呈现出来。Pig 的核心是 PigLatin 语言，是面向关系型的流式数据处理语言，适合于构建数据流。而 Hive 采用了近似于 SQL 的语言接口和关系型数据模型，因此 Hive 能够更好地与传统智能商业分析软件及基于 SQL 的分析系统进行对接整合，实现平滑地过渡。Hive 对用户能力的要求相对也较低。所以它更适合于做数据呈现方面的工作。

Facebook 为了对其社交网站中大量数据进行处理与分析，做了大量的调研工作，比较了多种底层架构，最终选择了 Hadoop 下的 HDFS 和 MapReduce 模型作为 Hive 的基础支撑技术。下面将对 Hive 进行介绍。

7.1.3　Hive 架构

Hive 是基于 Hadoop 的一个数据仓库，它能够让熟悉 SQL 语言但又不掌握 Java 编程技术的数据分析人员能够对存储在数据仓库中的结构化数据，利用 SQL 语句进行数据的查询、汇总、分析。Hive 能够将 SQL 语句转化成为 MapReduce 任务进行运行，充分发挥 Hadoop 集群的计算和存储优势。

Hive 的架构如图 7-1 所示，分为以下四个部分。

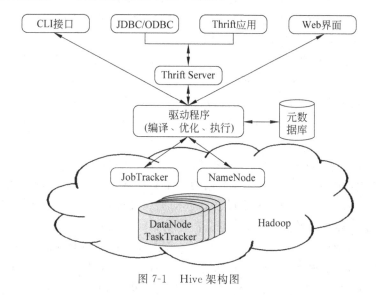

图 7-1　Hive 架构图

1. 用户接口

Hive 有 3 个用户操作接口,第一类是命令行接口(CLI),该种方式下,数据分析员以命令行的形式输入 SQL 语句进行数据操作;第二类是 Web 界面。数据分析人员通过 Web 方式访问 Hive;第三类是 Hive 的远程服务方式。Hive 远程服务通过 JDBC 等方式访问 Hive。

2. 元数据存储

Hive 存储元数据的方式与 HBase 不同,它将元数据存储在关系数据库中,如 MySQL、Derby。元数据包括表的属性、表的名称、表的列、分区及其属性以及表数据所在的目录等。

3. 解释器、编译器、优化器

分别完成 HQL 查询语句从词法分析、语法分析、编译、优化以及查询计划的生成。生成的查询计划存储在 HDFS 中,并在随后由 MapReduce 调用执行。

4. 数据存储

Hive 没有专门的数据存储格式,也没有为数据建立索引,用户可以非常自由地组织 Hive 中的表。只需要在创建表时告诉 Hive 数据中的列分隔符和行分隔符,Hive 就可以解析数据。

Hive 中所有的数据都存储在 HDFS 中,Hive 中包含以下数据模型:表(Table)、外部表(External Table)、分区(Partition)和桶(Bucket)。

Hive 中的 Table 和数据库中的 Table 在概念上是类似的,每一个 Table 在 Hive 中都有一个相应的目录存储数据。例如,一个表 htable,它在 HDFS 中的路径为:/warehouse/htable,其中,warehouse 是在 hive-site. xml 中由 ${hive. metastore. warehouse. dir} 指定的数据仓库的目录,所有的 Table 数据(不包括 External Table)都保存在这个目录中。

分区(Partition)对应于数据库中的 Partition 列的密集索引,但是 Hive 中 Partition 的组织方式和数据库中的大不相同。在 Hive 中,表中的一个 Partition 对应于表下的一个目录,所有的 Partition 的数据都存储在对应的目录中。例如:htable 表中包含 ds 和 city 两个 Partition,则对应于 ds=20141001, city=Dialian 的 HDFS 子目录为:/warehouse/htable/ds=20141001/city=Dalian;对应于 ds=20141001, city=Shenyang 的 HDFS 子目录为:/warehouse/htable/ds=20141001/city=Shenyang。

桶(Bucket)对指定列计算 hash,根据 hash 值切分数据,目的是完成并行,每一个 Bucket 对应一个文件。将 user 列分散至 32 个 bucket,首先对 user 列的值计算 hash,对应 hash 值为 0 的 HDFS 目录为:/warehouse/htable/ds=20141001/city=Dalian/part-00000;hash 值为 20 的 HDFS 目录为:/warehouse/htable/ds=20141001/city=Dalian/part-00020。

外部表(External Table)指向已经在 HDFS 中存在的数据,可以创建 Partition。它和表在元数据的组织上是相同的,而实际数据的存储则有较大的差异,表现为以下两方面。

(1) 创建表的过程包括表的创建过程和数据加载过程(这两个过程可以在同一个语句中完成),在加载数据的过程中,实际数据会被移动到数据仓库目录中;之后的数据访问将会直接在数据仓库目录中完成。删除表时,表中的数据和元数据将会被同时删除。

(2) 而外部表的创建只包括一个过程,加载数据和创建表同时完成(CREATE EXTERNAL TABLE …LOCATION),实际数据是存储在 LOCATION 后面指定的 HDFS

路径中,并不会移动到数据仓库目录中。当删除一个外部表时,仅删除元数据,表中的数据不会真正被删除。

7.1.4　Hive 的元数据存储

Hive 数据库中对库、表、分区、桶等模型进行描述的数据称为元数据,由于元数据面临不断地更新、修改,所以 Hive 元数据并不适合存储于 HDFS 中,Hive 把元数据存储于RDBMS 中,一般常用 MySQL 和 Derby,Hive 默认把元数据存储于 Derby 库中。Hive 有三种模式连接到元数据库。

1. 内嵌(Embedded)模式

内嵌模式下,元数据库与 Hive 服务运行在同一个 JVM 中,元数据存储在内嵌的 Derby数据库中。由于只有一个 Derby 数据库可以为访问 Hive 数据库文件提供服务,只存在一个 Hive 会话连接,因此该模式只适合于 Hive 的简单试用及单元测试,如图 7-2 所示。

图 7-2　内嵌模式

2. 本地(Local)模式

本地模式下,使用一个独立的数据库存储元数据,如 MySQL 数据库,Hive 内部对MySQL 提供了很好的支持。本地模式将元数据存储独立出来,可以支持多个 Hive 服务共享一个元数据库,如图 7-3 所示。

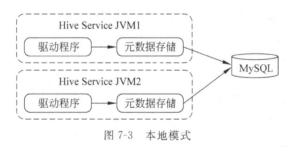

图 7-3　本地模式

3. 远程(Remote)模式

远程模式下,Hive 服务和元数据库运行于不同的 JVM 中,Hive 服务器可以访问多个元数据库。该模式下,可以将元数据库放在防火墙之后,具有较高的安全性,用于非 Java 客户端访问元数据库,在服务器端启动一个 MetaStoreServer,客户端利用 Thrift 协议通过MetaStoreServer 访问元数据库,如图 7-4 所示。

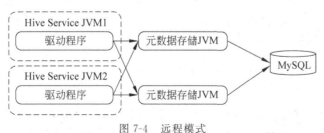

图 7-4　远程模式

7.1.5 Hive 文件存储格式

文件格式是指表中数据如何存储到文件中，Hive 支持的文件存储格式包括：文本文件存储格式、面向行的序列文件存储格式、面向列的 RCFile 文件存储格式以及自定义格式。

1. 文本文件存储格式

Hive 存储数据默认采用文本文件格式，每行数据以回车符作为分割符，一行内各列之间用 CTRL-A 进行分割。采用文本文件格式具有格式简单，适合被 MapReduce 程序处理，但其缺点也是非常明显的，以文本文件格式存储数据会占用较大的磁盘空间，I/O 效率也偏高。虽然可以采用压缩技术存储数据，但压缩后不能自动切分，所以不适合于 MapReduce 模型处理。示例如下：

```
hive>CREATE TABLE text_table(str STRING)
    >STORED AS TEXTFILE;
```

创建一个文本文件格式的表，该类表不对数据进行压缩、磁盘开销大、数据解析开销大。

2. 面向行的序列文件存储格式

序列文件即是指采用二进制文件格式按顺序存放<键-值>对数据。采用序列文件存储数据的最大好处是支持可分割的压缩，也就是采用压缩后的序列文件存储数据，读取时可以被切分交给 MapReduce 程序处理。面向行的序列文件存储形式具有适合快速数据加载和动态负载均衡的优点。因为同一行的所有列都存储在同一个 HDFS 节点上，但该格式不支持按列的快速查询，当按表中少数列进行查询时，会把所有列的数据都读出来，然后进行处理。由于不同列的数值属性不同，在压缩时，不可能获得最大的压缩比。

```
hive>CREATE TABLE sequence_table (str STRING)
    >STORED AS SEQUENCEFILE;
hive>SET hive.exec.compress.output=true;
hive>SET io.seqfile.compression.type=BLOCK;
```

创建一个面向行的序列文件，该类表采用二进制存储，可分割、可压缩。

3. 面向列的 RCFile 文件存储格式

采用 RCFile 文件格式存储数据时，对数据先水平切分，再垂直切分。RCFile 首先把若干数据行合为一个行组（Row Group），每个行组存放在一个 HDFS Block 中，这样就确保了同一行的数据在同一个 HDFS 节点上。每个行组又包含 3 部分：第一部分是用于分割行组的 16 字节的同步标识；第二部分是元数据头，存储着行组中的记录数、每列字节数等信息；第三部分为数据段，数据按列的顺序存放。这种格式综合了行存储和列存储的优点，既可以保障重组一行数据的速度，又可以提高按列查询时的效率，还能利用相同列数据的同质性提高压缩比。创建代码如下所示：

```
hive>CREATE TABLE rc_table(str STRING)
    >STORED AS RCFILE;
```

该类表对每个列独立压缩（使用 Gzip 压缩算法），采用追加方式添加数据，查询时仅读取数据头部和查询需要的列，使用 Lazy 解压技术（列不在内存解压，直到 RCFile 决定列中数据真正对查询执行有用时才解压)。该类表的 I/O 性能也与行组大小有关,行组大,数据压缩效率比行组小时更有效。但行组大时可能会损害数据的读性能,占用更多的内存,影响并发执行的 MapReduce 作业。

7.1.6 Hive 支持的数据类型

Hive 支持的数据类型分为两类,即基本数据类型和复杂数据类型。

基本数据类型包括数值型、布尔型和字符串型,复杂数据类型包括数据组(ARRAY)、映射(MAP)、结构体(STRUCT)和共用体(UNION)。表 7-1 为 Hive 的数据类型的简单描述。

表 7-1 Hive 的数据类型

类别	类 型	描 述	示 例
基本数据类型	TINYINT	有符号整数,1B,$-128 \sim 127$	1
	SMALLINT	有符号整数,2B,$-32\,768 \sim 32\,767$	1
	INT	有符号整数,4B $-2\,147\,483\,648 \sim 2\,147\,483\,647$	
	BIGINT	有符号整数,8B $-9\,223\,372\,036\,854\,775\,808 \sim 9\,223\,372\,036\,854\,775\,807$	
	FLOAT	单精度浮点数,4B	
	DOUBLE	双精度浮点数,8B	
	BOOLEAN	true/false	
	STRING	字符串	'a1',"b2"
复杂类型	ARRAY	一组有序字段,字段的类型必须相同	array(1,2)
	MAP	一组无序的<键-值>对,键的类型必须是基本类型,值的类型可以是任何类型,同一个映射的键的类型必须相同,值的类型也必须相同	map(1,"a")
	STRUCT	一组命名的字段,字段的类型可以不同	struct('a',2,2.0)

BINARY、TIMESTAMP、DATE、DECIMAL、CHAR、VARCHAR、UNION 是 Hive 后续版本逐渐增加的数据类型,读者可以参考 Hive 官方网站,了解其详细用法。

7.2 Hive 的安装

7.2.1 安装 MySQL

Hive 的安装根据元数据库位置和属性的不同分为三种安装方式:嵌入式安装、本地模式安装、远程模式安装。下面以本地模式进行安装,本地模式下 Hive 使用 MySQL 作为元数据库,因此要先安装 MySQL,安装过程如下。

1. 修改系统的更新源

(1) 首先备份 Ubuntu12.04 源列表:

```
sudo cp /etc/apt/sources.list /etc/apt/sources.list.backup
```

（2）修改更新源：

```
sudo nano /etc/apt/sources.list
```

（3）把里面的列表替换成下面的列表。因为官方提供的更新源速度太慢，所以把更新源改为北京交通大学的源，读者也可以根据自己所用 Linux 版本，从网上查找相应较快的源，修改自己的更新源。

```
#北京交通大学
deb http://mirror.bjtu.edu.cn/ubuntu/ precise main multiverse restricted
universe
deb http://mirror. bjtu. edu. cn/ubuntu/ precise - backports main multiverse
restricted universe
deb http://mirror. bjtu. edu. cn/ubuntu/ precise - proposed main multiverse
restricted universe
deb http://mirror. bjtu. edu. cn/ubuntu/ precise - security main multiverse
restricted universe
deb http://mirror. bjtu. edu. cn/ubuntu/ precise - updates main multiverse
restricted universe
deb - src http://mirror. bjtu. edu. cn/ubuntu/ precise main multiverse
restricted universe
deb- src http://mirror.bjtu.edu.cn/ubuntu/ precise-backports main multiverse
restricted universe
deb- src http://mirror.bjtu.edu.cn/ubuntu/ precise-proposed main multiverse
restricted universe
deb- src http://mirror.bjtu.edu.cn/ubuntu/ precise-security main multiverse
restricted universe
deb- src http://mirror.bjtu.edu.cn/ubuntu/ precise-updates main multiverse
restricted universe
```

（4）更新源：

```
sudo apt-get update
```

2. 修改 Ubuntu 主机的网络配置

由于 Hadoop 是安装在虚拟机中，所以需要虚拟机能访问互联网，然后才能在线安装 MySQL。这里把虚拟机网络设为桥接模式，Linux 的网络设为与宿主机中 Windows 操作系统在同一网段。具体参数设置请参见 3.1.3 小节的具体设置。

3. 安装 MySQL

```
sudo apt-get update
#更新源
sudo apt-get install mysql-server mysql-client
#安装 MySQL 服务器端和客户端
```

MySQL 的启动、停止和重启的命令如下。

启动服务：

```
hadoop@master:~$sudo /etc/init.d/mysql start
```

或

```
hadoop@master:~$sudo service mysql start
```

停止服务：

```
hadoop@master:~$sudo /etc/init.d/mysql stop
```

或

```
hadoop@master:~$sudo service mysql stop
```

重启服务：

```
hadoop@master:~$sudo /etc/init.d/mysql restart
```

或

```
hadoop@master:~$sudo service mysql restart
```

更改 MySQL 配置：

默认情况下，MySQL 只允许本地登录，所以需要修改 my.cnf 配置。

```
hadoop@master:~$sudo nano /etc/mysql/my.cnf
#bind-address=127.0.0.1
```

注释掉上一句即可在任何位置登录 MySQL，然后重启 MySQL：

sudo service mysql restart

登录 MySQL：

```
hadoop@master:~$mysql -uroot -p
mysql>create database hive;
#创建 hive 数据库
```

创建用户 hive，只能从 localhost 连接到数据库并可以连接到 hive 数据库：

```
mysql>grant all privileges on hive.* to hive@'%' identified by '123456';
#允许 hive 用户从其他机器登录 mysql5.5
```

```
mysql>flush privileges;
```

⚠️ 注意：在 mysql 库中 user 表中若有 host 为空，或权限为 N，都有可能导致 mysql uhive p 登录不了，需要把 user 为 hive 且 host 为"空"的记录删除，所有权限改为 Y。在 linux 命令行下执行 mysql uhive p，检验一下 hive 能否登录，若不能，使用下面的命令修改，使 hive 用户可以从本地登录。

```
mysql>grant all privileges on hive.* to hive@ "127.0.0.1" identified by
'123456';
mysql>grant all privileges on hive.* to hive@"localhost" identified by '123456';
                                                    #从本机可以登录 mysql5.5
```

7.2.2　安装 Hive

在 http://archive.apache.org/dist/hive/hive-0.12.0/ 处下载 hive0.12.0.tar.gz，使用

SecureFX 7.2 把软件上传到/home/hadoop 目录下。

1. 解压软件包

使用如下命令解压：

```
hadoop@master:~$tar zxvf hive-0.12.0.tar.gz
```

把目录 hive-0.12.0 改为 hive：

```
hadoop@master:~$mv hive-0.12.0/ hive
```

2. 配置 Hive 的环境变量

在/etc/profile 文件末尾添加如下内容：

```
export HIVE_HOME=/home/hadoop/hive
export PATH=$HIVE_HOME/bin:$PATH
```

使 profile 发挥作用：

```
hadoop@master:~$source /etc/profile
```

3. 修改 hive-site.xml 文件

指定 MySQL 数据库驱动程序、数据库名、用户名及密码，修改的内容如下所示：

```
hadoop@master:~$cd hive
hadoop@master:~/hive $cd conf
```

复制 hive-env.sh.template，改名为 hive-env.sh：

```
hadoop@master:~/hive/conf$cp hive-env.sh.template hive-env.sh
```

更改权限：

```
hadoop@master:~/hive/conf$chmod u+x hive-env.sh
```

⚠️ 注意：hive-env.sh.template 文件中存在一个 bug，第 2 000 行，<value>auth</auth>，应该改成<value>auth</value>，否则启动时会报错。

复制 hive-default.xml.template，改名为 hive-site.xml：

```
hadoop@master:~/hive/conf$cp hive-default.xml.template  hive-site.xml
<property>
  <name>javax.jdo.option.ConnectionURL</name>
  <value>jdbc:mysql://127.0.0.1:3306/hive? createDatabaseIfNotExist=true
  </value>
</property>
<property>
  <name>javax.jdo.option.ConnectionDriverName</name>
  <value>com.mysql.jdbc.Driver</value>
</property>
<property>
  <name>javax.jdo.option.ConnectionUserName</name>
  <value>hive</value>
</property>
```

```
<property>
  <name>javax.jdo.option.ConnectionPassword</name>
  <value>123456</value>
</property>
```

4. 修改 hive-log4j.properties

```
hadoop @ master: ~/hive/conf $ cp hive - log4j. properties. template hive -
log4j.properties
```

在其中找到 log4j. appender. EventCounter 并修改：

```
log4j.appender.EventCounter=org.apache.hadoop.log.metrics.EventCounter
```

⚠️ **注意**：不设此步并无大碍，只是会有一个警告。

5. 将 MySQL 驱动程序 mysql-connector-java-5.1.33.jar 复制到 hive/lib 目录中

此驱动程序可以从 http://dev. mysql. com/downloads/connector/j/处下载。

6. 测试 Hive 是否安装成功

程序如下所示：

```
hadoop@master:~/hive/conf$hive
hive>show tables;
hive>exit;
```

7.2.3　Hive 的用户接口

Hive 提供了 3 种用户接口：CLI 接口、Web 接口、远程服务接口，下面分别简单介绍一下。

1. CLI接口

CLI 是 Command Line Interface 的简称，是 Hive 为用户提供的一种简捷交互式接口，在该模式下，直接执行 Hive 命令，如图 7-5 所示。

```
export HIVE_HOME=/home/hadoop/hive
export PATH=$HIVE_HOME/bin:$PATH

hadoop@master:~$ cd hive/bin
hadoop@master:~/hive/bin$ hive

Logging initialized using configuration in file:/home/hadoop/hive/conf/hive-log4j.properties
hive> show tables;
OK
Time taken: 5.959 seconds
hive> show databases;
OK
default
Time taken: 0.091 seconds, Fetched: 1 row(s)
hive>
```

图 7-5　Hive 的 CLI 界面

因为安装 Hive 时已经在/etc/profile 文件中配置了下面两句：

```
export HIVE_HOME=/home/hadoop/hive
export PATH=$HIVE_HOME/bin:$PATH
```

所以直接执行 hive 命令即可进入 CLI 模式。也可以进入 $HIVE_HOME/bin 目录，执行. hive。

Hive 的常用参数有：

-e＜quoted-query-string＞	从命令行执行 SQL
-f＜filename＞	从文件中执行 SQL
-H,--help	打印帮助信息
-h＜hostname＞	连接到远程的 Hive 服务器

在命令行执行查询 login 表的命令：

```
hadoop@master:~$HIVE_HOME/bin/hive -e 'select * from login'
Logging initialized using configuration in file:/home/hadoop/hive/conf/hive-
log4j.properties
OK
1510701 192.168.1.1    20141030
1510702 192.168.1.2    20141030
1510703 192.168.1.3    20141030
1510704 192.168.1.4    20141030
Time taken: 5.979 seconds, Fetched: 4 row(s)
```

2. Web 接口

HWI 是 Hive Web Interface 的简称，是 hive cli 的一个 Web 替换方案。

在命令行执行下面的命令启动 Hive 的 Web 接口。

```
hadoop@master:~$hive --service hwi
```

在浏览器地址栏输入 http://192.168.1.10:9999/hwi/即可通过 Web 界面浏览数据、认证、创建会话等，如图 7-6 所示。

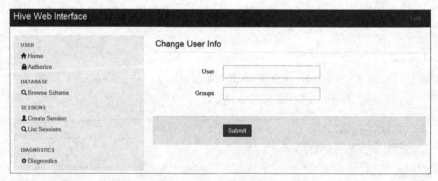

图 7-6　Hive 的 hwi 界面

3. 远程服务接口

Hive 提供了 jdbc 驱动程序，使用户可以用 Java 代码来连接 Hive 并进行一些类关系型数据库的 SQL 语句查询等操作。同关系型数据库一样，也需要将 Hive 的服务打开，如下：

```
hive --service hiveserver -p 10002
```

上面代表已经成功地在端口 10002(默认的端口是 10000)启动了 hiveserver 服务。这时，就可以通过 Java 代码来连接 hiveserver。

创建一个 Java 项目，导入 Hadoop 包及 Hive/lib 下的包，在 Eclipse 下，右击 Java 类，在

弹出的快捷菜单中，选择 Run As 下的 Run on Hadoop 命令即可运行。

代码如下：

```java
import java.sql.SQLException;
import java.sql.Connection;
import java.sql.ResultSet;
import java.sql.Statement;
import java.sql.DriverManager;
public class HiveTest {
    private static String driverName="org.apache.hadoop.hive.jdbc.
    HiveDriver";
    public static void main(String[] args) throws SQLException {
        try {
            Class.forName(driverName);
        } catch (ClassNotFoundException e) {
            e.printStackTrace();
            System.exit(1);
            }
        Connection con=DriverManager.getConnection(
                "jdbc:hive://192.168.1.10:10002/default", "", "");
        Statement stmt=con.createStatement();
        String tableName="testtable";
        stmt.execute("drop table if exists "+tableName);
        stmt.execute("create table "+tableName+" (key int, value string)");
        System.out.println("Create table success!");
        //show tables
        String sql="show tables '"+tableName+"'";
        System.out.println("Running: "+sql);
        ResultSet res=stmt.executeQuery(sql);
        if (res.next()) {
            System.out.println(res.getString(1));
            }
        //describe table
        sql="describe "+tableName;
        System.out.println("Running: "+sql);
        res=stmt.executeQuery(sql);
        while (res.next()) {
            System.out.println(res.getString(1)+"\t"+res.
            getString(2));
            }
        sql="select * from "+tableName;
        res=stmt.executeQuery(sql);
        while (res.next()) {
            System.out.println(String.valueOf(res.getInt(1))+"\t"+res.
            getString(2));
            }
        sql="select count(1) from "+tableName;
        System.out.println("Running: "+sql);
        res=stmt.executeQuery(sql);
        while (res.next()) {
```

```
            System.out.println(res.getString(1));
        }
    }
}
```

7.3　Hive QL 讲解

Hive 是一个基于 Hadoop 的数据仓库,它提供了数据的抽取、转换、加载等功能,以及数据的存储管理、查询分析功能。为了实现关系型数据库向大数据的过渡,Hive 还提供了 Hive QL。Hive QL 简称为 HQL,类似于 SQL,但又没有实现常见 SQL 语言所遵守的 SQL-92 全集。Hive 提供了 SQL 的解析过程,从外部接口中接收命令,对外部命令进行解析后,转换成 MapReduce 执行计划,按计划生成 MapReduce 任务,交由 Hadoop 执行。下面介绍 HQL。

7.3.1　DDL 命令

1. 数据库相关命令

1) 创建数据库

语法:

```
CREATE (DATABASE|SCHEMA) [IF NOT EXISTS] database_name
  [COMMENT database_comment]
  [LOCATION hdfs_path]
  [WITH DBPROPERTIES (property_name=property_value, ...)];
```

(1) 创建简单的数据库。

示例:

```
hive>CREATE DATABASE testdb;
  OK
  Time taken: 5.43 seconds
hive>SHOW DATABASES;
  OK
  default
  testdb
  Time taken: 4.084 seconds, Fetched: 2 row(s)
```

如果 Hive 中数据库非常多,可以使用正则表达式检索,例如:

```
hive>SHOW DATABASES LIKE 't.*';
  OK
  testdb
  Time taken: 4.391 seconds, Fetched: 1 row(s)
```

数据库中的表存在于和数据库同名的 HDFS 目录中。Hive 中有一个默认数据库 default,它没有目录,default 中的表直接存在 Hive 数据目录中,该目录由 hive. metastore. warehouse. dir 参数指定。如果没有指定数据库的路径,默认路径为/user/hive/warehouse

目录下,如刚才创建的 testdb 数据库路径为/user/hive/warehouse/testdb.db。

（2）创建数据库的同时,设置数据库的存储路径,代码如下:

```
hive>CREATE DATABASE testdb2
    >LOCATION '/user/mydb';
  OK
  Time taken: 4.167 seconds
```

执行上面命令后,数据库存储在/user/mydb 目录下。

（3）在建库的同时,给数据库添加注释。

```
hive>CREATE DATABASE testdb3
    >COMMENT 'This ia a test database';
```

使用 describe database<database>查看数据库注释和存储路径。

```
hive>describe database testdb3;
OK
testdb3 This ia a test database hdfs://192.168.1.10:9000/user/hive/warehouse/
testdb3.db
Time taken: 4.322 seconds, Fetched: 1 row(s)
```

（4）创建数据库的同时,为数据库添加键值对作为参数。

```
hive>CREATE DATABASE testdb4
    >WITH DBPROPERTIES('creator'='zenggang','date'='2014-10-28');
```

使用 describe database extended<database>查看数据参数。

```
hive>DESCRIBE DATABASE EXTENDED testdb4;
  OK
  testdb4 hdfs://192.168.1.10:9000/user/hive/warehouse/testdb4.db {date=2014-
  10-28, creator=zenggang}
  Time taken: 4.313 seconds, Fetched: 1 row(s)
```

2）选择数据库

使用 USE 命令选择当前操作的数据库(默认为 default)。

```
hive>USE testdb4;
```

使用默认数据库。

```
hive>USE default;
```

3）删除库

语法:

```
DROP (DATABASE|SCHEMA) [IF EXISTS] database_name [RESTRICT|CASCADE];
```

示例:

```
hive>DROP DATABASE IF EXISTS testdb4;
```

当数据库中存在表时,需要加 CASCADE 才能删除。一旦删除成功,数据库在 HDFS

中的文件夹也被删除。

```
hive>DROP DATABASE IF EXISTS testdb3 CASCADE;
```

2. 表相关命令

1) 创建表

语法：

```
CREATE [TEMPORARY] [EXTERNAL] TABLE [IF NOT EXISTS] [db_name.]table_name
  [(col_name data_type [COMMENT col_comment], ...)]
  [COMMENT table_comment]
  [PARTITIONED BY (col_name data_type [COMMENT col_comment], ...)]
  [CLUSTERED BY (col_name, col_name, ...) [SORTED BY (col_name [ASC|DESC], ...)]
  INTO num_buckets BUCKETS]
  [SKEWED BY (col_name, col_name, ...) ON ([(col_value, col_value, ...), ...|col_
  value, col_value, ...])
    [STORED AS DIRECTORIES]
  [
   [ROW FORMAT row_format]
   [STORED AS file_format]
    | STORED BY 'storage.handler.class.name' [WITH SERDEPROPERTIES (...)]   ]
  [LOCATION hdfs_path]
  [TBLPROPERTIES (property_name=property_value, ...)]
  [AS select_statement];
```

使用 CREATE TABLE 命令创建一个指定名字的表。如果相同名字的表已经存在，则抛出异常；用户可以用 IF NOT EXIST 选项来忽略这个异常。

EXTERNAL 关键字可以让用户创建一个外部表。在表结构创建以前，数据已经保存在 HDFS 中，建表时指定一个指向该实际数据的路径（LOCATION）。Hive 创建内部表时，将数据移动到数据仓库指向的路径；若创建外部表，仅记录数据所在的路径，不对数据的位置做任何改变。在删除表时，内部表的元数据和数据被一起删除，而外部表只删除元数据，不删除数据。

LIKE 允许用户复制现有的表结构，但是不复制数据。

用户在建表时可以自定义 SerDe 或者使用自带的 SerDe。如果没有指定 ROW FORMAT 或者 ROW FORMAT DELIMITED，将使用自带的 SerDe。在建表时，用户还需要为表指定列，用户在指定表的列的同时也会指定自定义的 SerDe，Hive 通过 SerDe 确定表的具体列的数据。

如果文件数据是纯文本，可以使用 STORED AS TEXTFILE 命令。如果数据需要压缩，使用 STORED AS SEQUENCE 命令。

有分区的表可以在创建时使用 PARTITIONED BY 语句。一个表可以拥有一个或者多个分区，每一个分区单独存在一个目录下。而且，表和分区都可以对某个列进行 CLUSTERED BY 操作，将若干个列放入一个桶（Bucket）中。也可以利用 SORT BY 对数据进行排序。这样可以为特定应用提高性能。

表名和列名不区分大小写，SerDe 和属性名区分大小写。表和列的注释是字符串。

示例如下。

（1）创建一个普通表：

```
hive>CREATE TABLE IF NOT EXISTS test_1
    >(id INT,
    >name STRING,
    >address STRING);
```

也可以在创建表时，指定存储格式。

（2）创建一个外部表：

```
CREATE EXTERNAL TABLE external_table (dummy STRING)
LOCATION '/user/tom/external_table';
LOAD DATA INPATH '/user/tom/data.txt' INTO TABLE external_table;
```

如果对表的操作都在 Hive 中，建议使用内部表，如果对数据的操作除了 Hive 还有其他工具，建议用外部表。

（3）创建分区表：有分区的表可以在创建时使用 PARTITIONED BY 语句。一个表可以拥有一个或者多个分区，每一个分区单独存在一个目录下。而且，表和分区都可以对某个列进行 CLUSTERED BY 操作，将若干个列放入一个桶（Bucket）中。也可以利用 SORT BY 对数据进行排序，这样可以为特定应用提高性能。

```
hive>CREATE TABLE partition_table (id INT, name STRING, city STRING)
    >PARTITIONED BY (pt STRING)
    >ROW FORMAT DELIMITED FIELDS TERMINATED BY '\t';
```

分区表实际是一个文件夹，表名即文件夹名。每个分区，实际是表名这个文件夹下面的不同文件。分区可以根据时间、地点等进行划分。比如，每天一个分区，等于每天存该天的数据；或者每个城市一个分区，存放该城市的数据。每次查询数据时，只要写下类似 where pt=2010_08_23 这样的条件即可查询指定时间的数据。

总体而言，普通表，类似 MySQL 的表结构，外部表的意义更多是指数据的路径映射。分区表，是最难以理解，也是 Hive 最大的优势。

（4）创建一个与已经存在的表结构相同的表。

```
hive>create table user2 like user;
```

这时创建一个与 user 表结构相同的 user2 表，但不复制 user 表的数据。

2）修改表结构

（1）给表增加字段：对 user 表添加四个字段 address、telephone、qq、birthday。

```
hive>alter table user add columns
    >(address String,
    >telephone String,
    >qq string,
    >birthday date);
```

（2）修改表的字段名：

```
hive>ALTER TABLE user  CHANGE address addr STRING;
```

此命令中 address 为原字段名，addr 为新字段名，STRING 为字段类型。

3）修改表名

语法：

```
hive>alter table test_1 rename to test_table;
```

4）删除表

语法：

```
DROP TABLE [IF EXISTS] table_name;
```

示例：

```
hive>DROP TABLE IF EXISTS test_table;
```

3. 视图操作

1）创建视图

Hive 从 0.6 版本开始支持视图（View），视图只是一个逻辑存在，只读，不支持 LOAD、INSERT、ALTER 等操作，Hive 支持视图迭代。

语法：

```
CREATE VIEW [IF NOT EXISTS] view_name [(column_name [COMMENT column_comment], ...) ]
   [COMMENT view_comment]
   [TBLPROPERTIES (property_name=property_value, ...)]
   AS SELECT ...;
```

示例：

```
hive>CREATE VIEW user_view
   >as
   >SELECT name from user;
```

2）修改视图

```
hive>ALTER VIEW user_view SET TBLPROPERTIES ('created_at'='2014-10-29');
```

3）删除视图

```
hive>DROP VIEW IF EXISTS user_view;
```

4. 索引操作

Hive 中创建索引的目的就是在查询一个表中某列值时提升速度，如果查询语句中有'WHERE tab1.col1=10'这样的语句，但没有索引，就会调入整张表，处理所有行；如果有针对该列的索引存在，那么只有需要的那部分数据才被调入并处理。

查询速度的提升是以额外的创建索引和存储索引为代价的。

索引是标准的数据库技术，Hive 0.7 版本之后支持索引。Hive 提供有限的索引功能，这不像传统的关系型数据库那样有"键（key）"的概念，用户可以在某些列上创建索引来加速某些操作，给一个表创建的索引数据被保存在另外的表中。Hive 的索引功能现在还相对较弱，提供的选项还较少。但是，索引被设计为可使用内置的、可插拔的 Java 代码来定制，用户可以扩展这个功能来满足自己的需求。当然不是说所有的查询都会受惠于 Hive 索引。用户可以使用 EXPLAIN 语法来分析 HQL 语句是否可以使用索引来提升用户查询的性能。像 RDBMS 中的索引一样，需要评估索引创建的是否合理，毕竟，索引需要更多的磁盘空间，并且创建和维护索引也要有一定的代价。用户必须要权衡从索引得到的好处和所付出的代价。

1）创建、显示、删除索引

```
CREATE INDEX table01_index ON TABLE table01 (column2) AS 'COMPACT';
SHOW INDEX ON table01;
DROP INDEX table01_index ON table01;
```

2）重建 Index

语法：

```
ALTER INDEX index_name ON table_name [PARTITION partition_spec] REBUILD;
```

假如在创建索引时，使用了 WITH DEFERRED REBUILD 语句，可以通过 ALTER INDEX...REBUILD 重建以前创建过的索引，如果指定过分区，则只有那个分区上的索引重建。

⚠ 注意：当 Hive 表中的数据更新时，必须使用此语句更新索引，Index rebuild 操作是一个原子操作，因此当 rebuild 失败时，先前构建的索引也无法使用。

7.3.2　DML 操作

1. 加载数据

Hive 装载数据没有做任何转换，加载到表中的数据只是移动到了 Hive 表对应的文件夹中。加载数据的语法如下：

```
LOAD DATA [LOCAL] INPATH 'filepath' [OVERWRITE] INTO TABLE tablename [PARTITION
(partcol1=val1, partcol2=val2 ...)]
```

filepath 可以是以下类型。

- 相对路径，例如：project/data1。
- 绝对路径，例如：/user/hive/project/data1。
- 包含模式的完整 URI，例如：hdfs://namenode:9000/user/hive/project/data1。

加载的目标可以是一个表或者分区，如果表包含分区，必须指定一个分区名。filepath 可以是一个文件，此时，Hive 会把文件移动到表所对应的目录中；如果 filepath 是一个目录，则把目录下的所有文件移动到表所对应的目录中。

命令中若指定了 local 选项，则转到服务器本地文件系统的 filepath 中。若是相对路径，则路径被解析成为当前用户的当前路径。当然，filepath 也可以是一个完整的路径。例如：file:///user/hive/project/data1。

若没有 local 选项，filepath 则指向一个完整的 URI。

若有 OVERWRITE 选项，则目标表中的内容会被删除，然后再把 filepath 中的文件移动到表/分区中。

现有一张表,建表语句如下所示:

```
hive>CREATE TABLE login (
    >uid BIGINT,
    >ip   STRING
    >)
    >PARTITIONED BY (pt string)
    >ROW FORMAT DELIMITED FIELDS TERMINATED BY ',';
```

该表记录用户登录信息,表示登录表 ip 字段和 uid 字段以分隔符','隔开,以 pt 字符串进行分区,表以文本文件格式存储。

输出 hive 表对应的数据:

```
hadoop@master:~$  printf "%s,%s\n" 11151007001 192.168.1.1>>login.txt
hadoop@master:~$  printf "%s,%s\n" 11151007002 192.168.1.2>>login.txt
hadoop@master:~$cat login.txt
    11151007001,192.168.1.1
    11151007002,192.168.1.2
```

1) 加载本地数据到 Hive 表

```
hive>LOAD DATA LOCAL INPATH '/home/hadoop/login.txt' OVERWRITE INTO TABLE login
PARTITION (pt='20141030');
Copying data from file:/home/hadoop/login.txt
Copying file: file:/home/hadoop/login.txt
Loading data to table default.login partition (pt=20141030)
Partition default.login{pt=20141030} stats: [num_files: 1, num_rows: 0, total_
size: 40, raw_data_size: 0]
Table default.login stats: [num_partitions: 1, num_files: 1, num_rows: 0, total_
size: 40, raw_data_size: 0]
OK
Time taken: 0.273 seconds
hive>SELECT * FROM LOGIN;
OK
1510701 192.168.1.1    20141030
1510702 192.168.1.2    20141030
Time taken: 0.15 seconds, Fetched: 2 row(s)
```

该命令从 Linux 本地文件夹/home/hadoop/目录下的 login.txt 文件加载数据,放入 20141030 分区中。

2) 加载 HDFS 中的文件

现有另一文件 login2.txt,把它上传到 HDFS 文件系统/tmp 目录中,命令如下:

```
hadoop@master:~$printf "%s,%s\n" 11151007003 192.168.1.3>>login2.txt
hadoop@master:~$printf "%s,%s\n" 11151007004 192.168.1.4>>login2.txt
hadoop@master:~$hadoop fs -put login2.txt /tmp
hadoop@master:~$hadoop fs -ls /tmp
Found 2 items
drwxr-xr-x  -hadoop supergroup       0 2014-10-30 08:33 /tmp/hive-hadoop
-rw-r--r-- 3 hadoop supergroup      48 2014-10-30 09:17 /tmp/login2.txt
hive>LOAD DATA INPATH '/tmp/login2.txt' INTO TABLE login PARTITION(pt='20141030');
```

```
Loading data to table default.login partition (pt=20141030)
Partition default.login{pt=20141030} stats: [num_files: 2, num_rows: 0, total_
size: 80, raw_data_size: 0]
Table default.login stats: [num_partitions: 1, num_files: 2, num_rows: 0, total_
size: 80, raw_data_size: 0]
OK
Time taken: 0.326 seconds
hive>SELECT * FROM LOGIN;
OK
1510701 192.168.1.1      20141030
1510702 192.168.1.2      20141030
1510703 192.168.1.3      20141030
1510704 192.168.1.4      20141030
Time taken: 0.094 seconds, Fetched: 4 row(s)
```

在加载中并未用到 OVERWRITE，login2.txt 文件中的数据会被追加到 login 表中。

⚠ **注意**：Hive 并不支持使用 insert 语句一条一条地插入数据，也不支持使用 update 语句进行更新，只支持使用 Load 语句批量载入，数据一旦载入就不可以更改了。

2. 查询结果插入到表

Hive 支持将查询结果插入表中，目标表的结构要与查询结果结构相同。

1）单表插入

将源表中的数据通过查询语句插入目标表（可以是新建表）中。

```
hive>create table login2(uid BIGINT);
hive>INSERT OVERWRITE TABLE login2 select distinct uid FROM login;
```

2）多表插入

现有两个表 login_uid 和 login_ip，login_uid 表中有 uid 字段，login_ip 表中有 ip 字段，两表的建表语句如下：

```
hive>create table login_ip (ip STRING);
hive>create table login_uid(uid bigint);
```

将 login 表中的数据查询后，插入 login_uid 和 login_ip 两个表中。

```
hive>from login
    >insert overwrite table login_uid
    >select uid
    >insert overwrite table login_ip
    >select ip;
```

3. 查询结果输出到文件系统中

语法：

```
FROM from_statement
INSERT OVERWRITE [LOCAL] DIRECTORY directory1 select_statement1
[INSERT OVERWRITE [LOCAL] DIRECTORY directory2 select_statement2] ...
```

示例：

```
hive>FROM login
```

```
>INSERT OVERWRITE LOCAL DIRECTORY '/home/hadoop/login' SELECT *
>INSERT OVERWRITE DIRECTORY '/tmp/ip' SELECT ip;
```

此语句在 Linux 服务器的/home/hadoop 目录下生成 login 目录,在目录下生成 000000_0 文件和.000000_0.crc 文件,另外在 HDFS 的/tmp/下生成 ip 目录,生成 000000_0(48.0 b r3)文件。

在 Hive 目前版本暂时还不支持 UPDATE 和 DELETE,将在 0.14 版本中予以支持。

7.3.3 SELECT 查询

Hive 提供了便捷的数据查询功能,这也是 Hive 得到广泛使用的原因之一。Hive 的 SELECT 与关系型数据库的 SELECT 既有相似之处,也有不同之处,下面进行简单介绍。

语法:

```
SELECT [ALL | DISTINCT] select_expr, select_expr, ...
FROM table_reference
[WHERE where_condition]
[GROUP BY col_list]
[CLUSTER BY col_list
  | [DISTRIBUTE BY col_list] [SORT BY col_list]
]
[LIMIT number]
```

table_reference 是查询的输入,可以是表、视图、Join 或子查询。

1. 简单查询

```
SELECT * FROM t1
```

该查询返回 t1 表中的所有行及所有列。SELECT * 没有被转化为 MapReduce 任务,也是唯一没有被转化为 MapReduce 任务的查询。

2. 查询另外库中的数据

```
USE database_name;
SELECT query_specifications;
USE default;
```

在查询过程中,可以使用 use database_name 进行数据库的切换,查询另外一个数据库中的数据,使用 USE default 切换到默认数据库。

3. WHERE 子句

WHERE 子句是一个逻辑表达式,例如下面的例子只返回销售总额大于 10 以及归属地是 Dalian 的数据。从 Hive 0.13 开始 WHERE 子句可以是子查询。

```
SELECT * FROM sales WHERE amount>10 AND region="Dalian"
```

4. ALL 和 DISTINCT 子句

ALL 和 DISTINCT 选项指定了是否有重复行被返回,如果没有给出这两个选项,默认是 ALL(返回所有行)。DISTINCT 选项去除返回行中重复的结果集。

```
hive>SELECT col1, col2 FROM t1
```

```
     1 3
     1 3
     1 4
     2 5
hive>SELECT DISTINCT col1, col2 FROM t1
     1 3
     1 4
     2 5
hive>SELECT DISTINCT col1 FROM t1
     1
     2
```

正如上面三条语句中，语句 1 返回 t1 表中 col1、col2 列的全部行，语句 2 返回去除了 col1 与 col2 两列中重复的行，语句 3 中去除了 col1 列中所有重复列。

5. 基于分区的查询

一般情况下，一个 SELECT 查询会扫描整个表(除了抽样查询)。如果创建表时使用了 PARTITIONED BY 子句，查询可以只扫描它关注的那一小部分。如果在 WHERE 子句中或 JOIN 子句中指定了分区预测，它就会做分区"剪枝"。例如，一个表 page_views 是根据 date 列分的区，下面的查询仅返回 2014-03-01 和 2014-03-31 的数据。

```
SELECT page_views.*
FROM page_views
WHERE page_views.date>='2014-03-01' AND page_views.date<='2014-03-31'
```

6. HAVING 子句

Hive 在 0.7 版本才加入了对 HAVING 子句的支持，在 Hive 的旧版本中同样的功能就需要用子查询才能实现了。

```
SELECT col1 FROM t1 GROUP BY col1 HAVING SUM(col2)>10
```

上面的语句在 0.70 以前的版本要转换为下面的语句：

```
SELECT col1 FROM (SELECT col1, SUM(col2) AS col2sum FROM t1 GROUP BY col1) t2
WHERE t2.col2sum>10
```

7. LIMIT 限制

Limit 表明了返回的行数。返回的行是随机选择的，下面的查询仅返回 t1 表中随机的 5 行。

```
SELECT * FROM t1 LIMIT 5
```

下面的查询将返回销售额前 5 名的销售记录：

```
SET mapred.reduce.tasks=1        //把 Reduce 任务数设为 1,默认值也为 1
SELECT * FROM sales SORT BY amount DESC LIMIT 5
```

8. 正则表达式查询

正则表达式是进行模糊查询与过滤的好方法，Hive 查询也提供了对正则表达式的支持。下面的查询将返回除了 high 与 weight 以外的所有列。

```
SELECT (high|weight)? +.+` FROM staff;
```

9. GROUP BY 分组查询

GROUP BY 分组查询在数据统计时经常使用到。如下面的例子就是根据性别去重新统计用户数。

```
INSERT OVERWRITE TABLE pv_gender_sum
SELECT pv_users.gender, count (DISTINCT pv_users.userid)
FROM pv_users
GROUP BY pv_users.gender;
```

⚠️**注意**：在同一个查询语句中不能有多个 DISTINCT 去重列。

10. ORDER BY 排序查询

Hive 中的 ORDER BY 排序子句与 SQL 中的 ORDER BY 非常相似。但 Hive 中的 ORDER BY 有所限制，在严格模式下（hive.mapred.mode＝strict），ORDER BY 子句必须对 LIMIT 子句加以限制，如果 hive.mapred.mode 被设为 nonstrict 时，LIMIT 子句就不是必需的了。为了使全局数据有序，必须设置一个 Reduce 任务，这样才能保证最后的输出数据是有序的。如果输出的行数太多，仅有一个 Reduce 任务时可能会需要较长的时间才能完成。如：

```
hive>hive.mapred.mode=strict;
hive>SELECT * FROM login ORDER BY uid LIMIT 3;
```

11. SORT BY 查询

Hive 在把行数据输出到 Reducer 之前会使用 SORT BY 语句对数据进行排序。排序将会依赖于列的类型，如果是数字型的列，按照数字的顺序排列，如果是字符串型的列，按字符的顺序排列。

SORT BY 与 ORDER BY 的区别：SORT BY 是在每个 reducer 中对数据进行排序，所以 ORDER BY 能保证在全体输出数据中是有序的；而 SORT BY 只能保证在一个 reducer 内部的数据是有序的，如果有多个 reducer 时，SORT BY 可能会输出部分有序的数据。例如：

```
SELECT key, value FROM src SORT BY key ASC, value DESC
```

查询有两个 reducer，每个输出如下。
reducer1 的输出：

```
0    5
0    3
3    6
9    1
```

reducer2 的输出：

```
0    4
0    3
1    1
2    5
```

从此可以看出 SORT BY 的作用域了。

12. CLUSTER BY 与 DISTRIBUTE BY

根据 DISTRIBUTE BY 指定的内容将数据分到同一个 reducer，而 CLUSTER BY 除了具有 DISTRIBUTE BY 的功能外，还会对该字段进行排序。因此，常常认为 CLUSTER BY＝DISTRIBUTE BY＋SORT BY。

13. 连接查询

连接查询(Join)是将两个表在共同数据项上相互匹配的那些行合并后进行查询的操作。HQL 的连接查询分为内连接、左外连接、右外连接、全连接和半连接。

现有 stuinfo 和 choice 两个表，结构和数据如下所示。

```
hive>create table stuinfo(
    >uid bigint,
    >name string)
    >ROW FORMAT DELIMITED FIELDS TERMINATED BY ',';
hive>create table choice(
    >uid bigint,
    >subject string)
    >ROW FORMAT DELIMITED FIELDS TERMINATED BY ',';
```

生成文本文件内容：

```
hadoop@master:~$printf '%s,%s\n' 1510701 zhangsan>>a.txt
hadoop@master:~$printf '%s,%s\n' 1510702 lisi>>a.txt
hadoop@master:~$printf '%s,%s\n' 1510703 wangwu>>a.txt
hadoop@master:~$cat a.txt
1510701,zhangsan
1510702,lisi
1510703,wangwu
hadoop@master:~$printf '%s,%s\n' 1510701 English>>choice.txt
hadoop@master:~$printf '%s,%s\n' 1510702 Chinese>>choice.txt
hadoop@master:~$printf '%s,%s\n' 1510704 Math>>choice.txt
hadoop@master:~$cat choice.txt
1510701,English
1510702,Chinese
1510704,Math
```

加载文件：

```
hive>load data local inpath '/home/hadoop/a.txt' into table stuinfo;
hive>load data local inpath '/home/hadoop/choice.txt' into table choice;
```

1) 内连接

```
 select stuinfo.uid, name, subject from stuinfo join choice on stuinfo.uid=
choice.uid;
  Total MapReduce jobs=1
  ...
  OK
  1510701 zhangsan      English
```

```
1510702 lisi              Chinese
Time taken: 23.26 seconds, Fetched: 2 row(s)
```

可以看出,只有在左、右两表中都有的数据才出现在内连接查询结果中。

2) 左连接

```
hive> select stuinfo.uid,name,subject from stuinfo left outer join choice on
stuinfo.uid=choice.uid;
Total MapReduce jobs=1
...
OK
1510701 zhangsan          English
1510702 lisi              Chinese
1510703 wangwu            NULL
Time taken: 18.87 seconds, Fetched: 3 row(s)
```

左外连接是以左边表为基准与右表进行连接,当右表中没有相应记录时,以 NULL 填充。

3) 右连接

```
hive> select choice.uid,name,subject from stuinfo right outer join choice on
stuinfo.uid=choice.uid;
Total MapReduce jobs=1
...
OK
1510701 zhangsan          English
1510702 lisi              Chinese
1510704 NULL              Math
Time taken: 18.449 seconds, Fetched: 3 row(s)
```

右连接是以右表为基准与左表进行连接,当左表中没有相应记录时,以 NULL 填充。

4) 全连接

```
hive>select stuinfo.uid, name, choice.uid,subject from stuinfo full outer join
choice on stuinfo.uid=choice.uid;
Total MapReduce jobs=1
...
OK
1510701 zhangsan      1510701 English
1510702 lisi          1510702 Chinese
1510703 wangwu  NULL      NULL
NULL    NULL    1510704 Math
Time taken: 18.469 seconds, Fetched: 4 row(s)
```

5) 半连接

半连接是 Hive 特有的,Hive 在 0.13 版本才支持 IN 操作,所以以前版本采用替代方案:半连接(Left Semi Join),需要注意的是连接的表不能在查询的列中,只能出现在 on 子句中。

```
hive>select stuinfo. * from stuinfo left semi join choice on stuinfo.uid=choice.
uid;
```

```
Total MapReduce jobs=1
...
OK
1510701 zhangsan
1510702 lisi
Time taken: 17.541 seconds, Fetched: 2 row(s)
```

6）Map 端连接

连接时，如果其中的一张表特别小（可以放到内存中），则可以使用 Map 端连接（Map-Side Join）。Map 端连接是把其中一张表放到每个 Mapper 任务的内存中，在 Mapper 中做连接，而不用 Reducer 任务。Map 端连接不适合全连接、右连接，示例如下：

```
hive>select /* +mapjoin(b) * / a.uid,a.name from stuinfo a join choice b on
a.uid=b.uid;
Total MapReduce jobs=1
...
OK
1510701 zhangsan
1510702 lisi
Time taken: 18.386 seconds, Fetched: 2 row(s)
```

7）子查询

Hive 支持的子查询是放在 FROM 子句中的，因为每个表的 FROM 子句必须要有一个别名，所以子查询也就有了一个别名。在子查询中的 SELECT 列表名必须是唯一的，这些 SELECT 列表名在外层的 SELECT 查询中就像表中的列一样是可用的。子查询可以是含有 UNION 的查询表达式，Hive 支持任意层次的子查询。

下面是简单查询的例子：

```
SELECT col
FROM (
  SELECT a+b AS col
  FROM t1
) t2
```

包含有 UNION ALL 子查询的例子：

```
SELECT t3.col
FROM (
  SELECT a+b AS col
  FROM t1
  UNION ALL
  SELECT c+d AS col
  FROM t2
) t3
```

⚠ 注意：第一，连接查询中只支持相等（"="）连接，不支持不等（"<>"）连接；第二，在连接中 NULL 操作是有意义的，即 NULL=NULL 是有意义的。例如：stuinfo. uid = choice. uid=NULL 表示 stuinfo 的 uid 的字段值为空，choice 的 uid 字段值为空。

7.4 Hive 复杂类型

Hive 除了基本数据类型外还支持复杂数据类型：Array、Map、Struct，下面分别予以介绍。

7.4.1 Array（数组）

Array 是 Hive 自带的一个复杂数据类型，与 Java 的 Array 类型相似。

假设活动表是：

```
hive>CREATE TABLE activity(
   >name STRING,
   >stuid ARRAY<BIGINT>
   >)
   >PARTITIONED BY(dt STRING)
   >ROW FORMAT DELIMITED
   >FIELDS TERMINATED BY ','
   >COLLECTION ITEMS TERMINATED BY '|'
   >STORED AS TEXTFILE;
```

这表示活动表每个活动有多个学生参加，name(活动名)和 stuid(学号)字段之间使用','隔开，而 stuid 数组之间的元素以'|'隔开。

输出 Hive 表对应的数据：

```
hadoop@master:~$printf "%s,%s|%s|%s|%s\n" play_cards 15107010 15107011 15107012
15107013>>activity.txt
hadoop@ master: ~ $ printf "%s,%s |%s \n" Table _ tennis 15107014 15107015 > >
activity.txt
```

显示 activity.txt 内容：

```
hadoop@master:~$cat activity.txt
   play_cards,15107010|15107011|15107012|15107013
   Table_tennis,15107014|15107015
```

加载数据到 Hive 中的 activity 表：

```
hive>load data local inpath '/home/hadoop/activity.txt' overwrite into table
activity partition(dt='20141030');
```

查询数据：

```
hive>select name, stuid from activity where dt='20141030';
play_cards     [15107010,15107011,15107012,15107013]
Table_tennis   [15107014,15107015]
```

使用下标访问数组：

```
hive>select name, stuid[1] from activity where dt='20141030';
play_cards     15107011
```

```
Table_tennis      15107015
```

查看数组长度：

```
hive>select name,size(stuid) from activity where dt='20141030';
play_cards      4
Table_tennis    2
```

7.4.2 Map 类型

假如有表 scores，建表的语句为：

```
hive>create table scores(
    >stuid BIGINT,
    >name STRING,
    >subject map<STRING,BIGINT>
    >  )
    >ROW FORMAT DELIMITED
    >FIELDS TERMINATED BY ','
    >COLLECTION ITEMS TERMINATED BY '|'
    >MAP KEYS TERMINATED BY ':';
```

该表表示学生的各科成绩，每个学生有学号（stuid），姓名（name），有多个科目，key 是科目名，value 是成绩。map 中的 key 和 value 以':'分隔，map 的元素以'|'分隔。

输出 Hive 表对应的数据：

```
$printf "%s,%s,%s:%s|%s:%s|%s:%s\n" 15107011 lisi English 94 Math 96 Chinese 89>>
score.txt
$printf "%s,%s,%s:%s|%s:%s|%s:%s\n" 15107012 zhangsan Chinese 87 English 94 Math
96>>score.txt
hadoop@master:~$cat score.txt
15107011,lisi,English:94|Math:96|Chinese:89
15107012,zhangsan,Chinese:87|English:94|Math:96
```

加载数据到 Hive 中的 scores 表：

```
hive>load data local inpath '/home/hadoop/score.txt' overwrite into table
scores;
```

查看数据：

```
hive>select stuid, name, subject from scores;
15107011    lisi        {"English":94,"Math":96,"Chinese":89}
15107012    zhangsan    {"Chinese":87,"English":94,"Math":96}
```

使用 map：

```
hive>select stuid,name,subject['English'] from scores;
15107011    lisi        94
15107012    zhangsan    94
```

7.4.3 Struct 类型

假设有 student 表，其建表语句为：

```
hive>create table student(
    >uid STRING,
    >info struct<hight:int,weight:int>
    >)
    >ROW FORMAT DELIMITED FIELDS TERMINATED BY ','
    >COLLECTION ITEMS TERMINATED BY '|';
```

FIELDS TERMINATED BY ','指定字段与字段之间的分隔符为',', COLLECTION ITEMS TERMINATED BY '|'指定字段的各个 item 的分隔符为'|'。

生成数据：

```
$printf "%s,%s|%s|\n" 1510709 185 80  >>student.txt
$printf "%s,%s|%s|\n" 15107010 187 82  >>student.txt
$printf "%s,%s|%s|\n" 15107011 177 76  >>student.txt
$printf "%s,%s|%s|\n" 15107012 179 78  >>student.txt
$cat student.txt
1510709,185|80|
15107010,187|82|
15107011,177|76|
15107012,179|78|
```

加载数据到数据库中：

```
hive> load data local inpath '/home/hadoop/student.txt' overwrite into table
student;
```

查看数据：

```
hive>select * from student;
OK
1510709       {"hight":185,"weight":80}
15107010      {"hight":187,"weight":82}
15107011      {"hight":177,"weight":76}
15107012      {"hight":179,"weight":78}
Time taken: 0.541 seconds, Fetched: 4 row(s)
```

使用 STRUCT：

```
hive>select uid,info.hight,info.weight from student;
1510709       185       80
15107010      187       82
15107011      177       76
15107012      179       78
```

7.5 Hive 函数

7.5.1 Hive 内置函数

Hive 提供了大量的操作符和内置函数，用户可以直接使用，这些操作符和函数包括：关系运算符、逻辑运算符、数值运算符、统计函数、字符串函数、条件函数、日期函数、聚集函数和处理 XML 和 JSON 的函数。

可以在 Hive Shell 中通过 SHOW FUNCTIONS；查看函数列表，通过 DESCRIBE
FUNCTION ＊查看某一函数的使用帮助。例如：

```
hive>show functions;
OK
!
!=
...
xpath_string
year
|
~
Time taken: 0.702 seconds, Fetched: 192 row(s)
```

查看 substr 函数的帮助信息：

```
hive>describe function substr;
OK
substr(str, pos[, len]) -returns the substring of str that starts at pos and is of
length len orsubstr(bin, pos[, len]) -returns the slice of byte array that starts
at pos and is of length len
```

因为篇幅原因在这里就不再一一列举各函数及其用法。

7.5.2　Hive 用户自定义函数

Hive 提供的内置函数虽然比较多，功能也比较强大，但用户的需求是多种多样的，有时
内置函数不能满足用户需求时，用户可以自己开发自定义函数以填补内置函数的不足，自定
义函数包括：普通自定义函数（UDF）、聚集自定义函数（UDAF）和表生成自定义函数
（UDTF）。

1. 用户自定义函数

用户自定义函数（User Defined Function，UDF）需要继承 org. apache. hadoop. hive. ql.
exec. UDF，实现 UDF 类中的 evaluate 方法，方法支持重载。

下面构造一个自定义函数 ADD，可以将两个整数或浮点数相加，代码如下：

```
package org.myorg;
import org.apache.hadoop.hive.ql.exec.UDF;
public class Add extends UDF {
    public Integer evaluate(Integer a, Integer b){
        if((a==null)||(b==null)){
            return null;
        }
        return a+b;
    }
    public Double evaluate(Double a,Double b){
        if((a==null)||(b==null)){
            return null;
        }
```

```
        return a+b;
    }
    public Integer evaluate(Integer[] a){
        int sum=0;
        for(int i=0;i<a.length;i++){
            if(a[i]!=null)
            sum+=a[i];
        }
        return sum;
    }
}
```

将该 Java 文件编译导出成 Add.jar，用 secureFX 上传到 Linux 服务器的/home/hadoop/目录下，用 ADD JAR 命令将 Add.jar 包注册到 Hive 中：

hive>**add jar Add.jar;**

用 create temporary function 命令为自定义函数起个别名：

hive>**create temporary function Add as 'org.myorg.Add';**

使用自定义函数：

```
hive>select Add(1,3) from login;
hive>select Add(1,2,3,4,5,6,7) from login;
```

如果不再需要某个自定义函数，可以使用 drop temporary function 命令把函数从 hive 中注销掉。

hive>**drop temporary function Add;**

⚠️ 注意：第一，helloworld 为临时的函数，所以每次进入 hive 都需要 add jar 以及 create temporary 操作；第二，UDF 只能实现一进一出的操作，如果需要实现多进一出，则需要实现 UDAF。

2. 用户定义聚合函数

在使用 Hive 时，系统自带的聚合函数可能不能满足用户的要求，这时就需要自定义聚合函数。自定义聚合函数需要继承 init()、iterate()、terminatePartial()、merge()、terminate() 五个方法。其作用如下：

（1）init()方法负责对中间结果实现初始化。

（2）iterate()方法用于接收传入的参数，并进行内部的转换，其返回值为 boolean。

（3）terminatePartial()方法用于 iterate()函数轮转结束后，返回轮转数据，类似于 Hadoop 的 Combiner。

（4）merge()方法用于接收 terminatePartial()方法返回的数据，进行合并操作。

（5）terminate()方法用于返回最终聚合结果。

下面自定义一个 UDAF 函数，代码如下：

```
package org.myorg;
import org.apache.hadoop.hive.ql.exec.UDAF;
```

```
import org.apache.hadoop.hive.ql.exec.UDAFEvaluator;
import org.apache.hadoop.hive.serde2.io.DoubleWritable;

public class SumUDAF extends UDAF {
/*
 * 内部类 Evaluator 实现 UDAFEvaluator 接口
 */
public static class Evaluator implements UDAFEvaluator {
        private boolean mEmpty;
        private double mSum;
        public Evaluator() {
            super();
            init();
        }
/*
 * init() 负责对中间结果实现初始化
 * @see org.apache.hadoop.hive.ql.exec.UDAFEvaluator#init()
 */
        public void init() {
            mSum=0;
            mEmpty=true;
        }
/*
 * iterate(DoubleWritable o)用于接收传入的参数,并进行内部的轮转。返回值为 boolean
 * @param o
 * @return
 */
        public boolean iterate(DoubleWritable o) {
            if (o !=null) {
                mSum+=o.get();
                mEmpty=false;
            }
            return true;
        }
/*
 * terminatePartial()无参数,用于 iterate()函数轮转结束后,返回轮转数据
 * @return
 */
        public DoubleWritable terminatePartial() {
            //This is SQL standard - sum of zero items should be null
            return mEmpty ? null: new DoubleWritable(mSum);
        }

/*
 * merge()函数接收 terminatePartial()返回的结果,进行数据的合并操作,其返回值
   为 boolean
 * @param o
 * @return
 */
        public boolean merge(DoubleWritable o) {
            if(o !=null) {
```

```
                    mSum+=o.get();
                    mEmpty=false;
            }
            return true;
    }
/*
 * 返回最终的聚合结果
 */
    public DoubleWritable terminate() {
    //如果传入参数是空的则返回 NULL
        return mEmpty ? null: new DoubleWritable(mSum);
    }
  }
}
```

将该 Java 文件编译导出成 SumUDAF. jar，用 secureFX 上传到 Linux 服务器的/home/hadoop/目录下，用 ADD JAR 命令将 SumUDAF. jar 包注册到 Hive 中：

hive>**add jar SumUDAF.jar;**

用 create temporary function 命令为自定义函数起个别名：

hive>**create temporary function SumUDAF AS 'org.myorg.SumUDAF';**

使用自定义函数：

hive>**select SumUDAF(subject['English']) from scores;**

使用 SumUDAF()求 scores 表中 Map 类型中 English 的和。

hive>**drop temporary function SumUDAF;**

使用 drop temporary function 命令把函数从 Hive 中注销掉。

从上面可以看出，UDAF 开发需要注意以下 3 点。

(1) 需要 import org. apache. hadoop. hive. ql. exec. UDAF 以及 org. apache. hadoop. hive. ql. exec. UDAFEvaluator，这两个包都是必需的。

(2) 函数类需要继承 UDAF 类，使用内部类 Evaluator 实现 UDAFEvaluator 接口。

(3) Evaluator 需要实现 init()、iterate()、terminatePartial()、merge()、terminate()这几个函数。

第 8 章

数据整合

8.1 大数据整合问题

传统的数据管理与挖掘系统大多是建立在关系型数据库之上的,关系型数据库技术发展至今,已经相当地完善,它能够把数据有机地组织管理起来,实现事务管理、迅速查询及清晰完整的报表。但是由于关系型数据库实现机制的原因,它很难表达复杂的关系,在处理的数据量、系统的容错性和扩展性方面受到了一定的限制。而在这些方面 Hadoop 平台下的一系列工具则表现得比较好。MapReduce 模型把数据以键值对的方式表示出来,方便了分布式计算;HDFS 分布式文件系统实现了海量数据的存储;HBase 以列存储的方式把非结构化数据管理起来;Hive 则在 Hadoop 平台的基础之上实现了数据仓库的功能。这一切都充分地证明了 Hadoop 平台在复杂关系的表达、容错性和扩展性方面有其独到之处。但是现有的数据管理与分析系统大多是建立在关系型数据库基础之上的,数据的采集、加工、处理都是在关系数据库中完成的,要实现大数据的处理分析还需要把数据从关系数据库转换到 Hadoop 平台,在 Hadoop 平台上完成处理与分析,最后把处理的结果导出到关系型数据库中,以方便数据管理者和决策者利用。所以关系型数据库和 Hadoop 大数据平台将来可能会有走向融合的趋势,关系型数据库学习 MapReduce 模型实现分布式计算并增强其扩展性和容错性;Hadoop 平台学习关系型数据库,以增强其快速查询及数据表现方面的功能。

要实现关系型数据库与 Hadoop 平台数据的相互转换需要考虑和解决以下问题。

1. 数据关系的转化问题

在关系型数据库中关系表现为表,表中以字段表示事物的属性,属性的集合构成记录——元组,元组表示一个个相互能够区分开的事物,表中还有一个非常重要的事物——主键,以它来唯一地区分元组。事物与事物之间的关系通过表之间的参照关系来实现。Hadoop 平台对关系的表达则不那么严格,HBase 通过一张张列表来表现关系,表中有列族,列族之下有列,列则是根据需要进行灵活设置;Hive 作为数据仓库很好地支持了关系数据库的二维表模型。因此,在关系型数据库与 Hadoop 大数据平台之间进行数据的转换时数据之间的关系应该时刻引起用户的重视,不能因为转换把事物之间的关系搞丢了,或者是搞错了,更不能无端地生出许多关系。

2. 数据类型的问题

经过几十年的发展,关系型数据库中有关系丰富的数据类型,这些数据类型能够十分准确地表示各种事物;而在 Hadoop 平台中则没有这么丰富的数据类型,因此在数据的转化过程中必须解决好数据类型的映射问题。

3. 导入导出效率的问题

在关系型数据库与 Hadoop 平台中均存储着海量数据,无论是关系型数据库转到 Hadoop 平台,还是从 Hadoop 平台转换到关系型数据库,效率问题都是必须要考虑的问题,不能因为数据转换影响了两个平台的正常工作,把分布式计算带来的效率优势给抵消了。必须规划设计好,把数据转换安排在合适的时间,采用合适的技术突显分布式计算与存储的优势。

4. Hadoop 平台数据存储格式的问题

Hadoop 平台对数据存储格式没有做出特别的规定,可以采用文本格式、二进制格式、压缩格式等,对不同的应用应采用不同的格式,所以必须针对不同的应用具体问题具体分析,结合前面章节介绍过的内容,以最优化的文件格式来存储数据。

此外,在数据转换过程中,还要考虑 Hadoop 平台内各个工具之间数据的共享及协同处理问题。Hadoop 平台内的各个工具所产生数据的格式、结构各不相同,要共享比较困难。因此,要尽可能地整合各数据,做到互通有无,而不是老死不相往来。另外,在数据处理分析的流程上也要合理安排,将上一流程的处理结果作为下一流程的输入,而 Hadoop 平台没有这样的机制把流程之间衔接起来,需要用户人为地合理规划与安排。

8.2 Sqoop 1.4X 整合工具

Sqoop 是 SQL to Hadoop 的缩写,是一款用来将 Hadoop 系统和结构化存储系统中的数据相互转移的工具,可以将一个关系型数据库(例如: MySQL、Oracle、Postgres 等)中的数据导入 Hadoop 的 HDFS 文件系统、HBase 数据库、Hive 数据仓库中,也可以进行反向的导出,如图 8-1 所示。

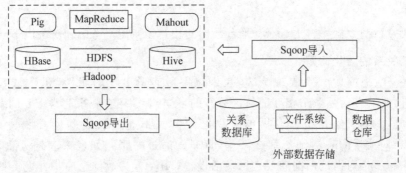

图 8-1　Sqoop 功能图

Sqoop 分为 1 和 2 两个版本,这两个版本的体系结构是完全不同的,本节先以 Sqoop1 为例介绍它的用法。Sqoop 是以命令行的方式运行的。语法如下所示:

```
$ sqoop COMMAND [ARGS]
```

其中,COMMAND 为命令的名称,ARGS 为命令对应的参数。命令列表如表 8-1 所示,在使用过程中,如果遇到问题可以使用 sqoop help 或 sqoop help COMMAND 查看帮助信息。

表 8-1　Sqoop 命令列表

命　　令	功　　能
codegen	产生与数据库交互的代码
create-hive-table	将一个数据表的定义导入 Hive 元数据中
eval	对一个 SQL 语句进行预评估并显示执行结果
export	导出一个 HDFS 文件夹到数据库表
help	列出可用命令
import	从数据库中导入一个表到 HDFS 中
import-all-tables	从数据库中导入所有的表到 HDFS 中
list-databases	列出数据库中可用数据库
list-tables	列出数据库中可用表
version	显示版本信息

1. 下载软件

到 Sqoop 的官方网站 http://sqoop.apache.org/选择一个位于国内的镜像网站,这里选择华中理工大学镜像站地址是: http://mirrors.hust.edu.cn/apache/sqoop/1.4.5/sqoop-1.4.5.bin__hadoop-1.0.0.tar.gz。

2. 安装

把下载的 sqoop-1.4.5.bin__hadoop-1.0.0.tar.gz 文件上传到/home/hadoop 目录下,解压文件:

```
hadoop@master:~$tar -zxvf sqoop-1.4.5.bin__hadoop-1.0.0.tar.gz
```

把解压的文件夹重命名为 Sqoop:

```
hadoop@master:~$mv sqoop-1.4.5.bin__hadoop-1.0.0/ sqoop
```

在文件/etc/profile 中设置环境变量 SQOOP_HOME:

```
export SQOOP_HOME=/home/hadoop/sqoop
```

把 MySQL 的 jdbc 驱动程序 mysql-connector-java-5.1.33.jar 复制到 Sqoop 项目的 lib 目录下。

3. 重命名配置文件

在 ${SQOOP_HOME}/conf 中执行命令:

```
hadoop@master:~/sqoop/conf$cp sqoop-env-template.sh sqoop-env.sh
```

在 conf 目录下,有两个文件 sqoop-site.xml 和 sqoop-site-template.xml 内容是完全一样的,不必在意,只关心 sqoop-site.xml 即可。

4. 修改配置文件 sqoop-env.sh
内容如下：

```
#Set path to where bin/hadoop is available
export HADOOP_COMMON_HOME=/home/hadoop/hadoop

#Set path to where hadoop-*-core.jar is available
export HADOOP_MAPRED_HOME=/home/hadoop/hadoop

#set the path to where bin/hbase is available
export HBASE_HOME=/home/hadoop/hbase

#Set the path to where bin/hive is available
export HIVE_HOME=/home/hadoop/hive

#Set the path for where zookeper config dir is
export ZOOCFGDIR=/home/hadoop/zookeeper
#Set path to where bin/hadoop is available
export HADOOP_COMMON_HOME=/home/hadoop/hadoop

#Set path to where hadoop-*-core.jar is available
export HADOOP_MAPRED_HOME=/home/hadoop/hadoop

#set the path to where bin/hbase is available
export HBASE_HOME=/home/hadoop/hbase

#Set the path to where bin/hive is available
export HIVE_HOME=/home/hadoop/hive

#Set the path for where zookeper config dir is
export ZOOCFGDIR=/home/hadoop/zookeeper
```

5. 执行 Sqoop 命令列出数据库基本信息
1）列出 MySQL 数据库中的所有数据库命令

```
#sqoop list-databases --connect jdbc:mysql://localhost:3306/ --username root
--password 123456
```

列出了本地 MySQL 的数据库：

```
hadoop@master:~/sqoop/bin$ sqoop list-databases --connect jdbc:mysql://192.
168.1.100:3306/ --username root --password 123456
```

列出 192.168.1.100 服务器上的数据库名。
2）连接 MySQL 并列出数据库中的表命令

```
sqoop list-tables --connect jdbc:mysql://192.168.1.100:3306/netexam --
username root --password 123456
```

命令中的 netexam 为 MySQL 数据库中的 netexam 数据库名称；username、password
分别为 MySQL 数据库的用户名与密码。

6. Hive 与 MySQL 之间互相转换

1）将关系型数据库中的表结构复制到 Hive 表中。

```
sqoop create-hive-table --connect jdbc:mysql://192.168.1.100:3306/netexam --
table score --username root --password 123456 --hive-table score
```

其中，--table score 为 MySQL 中的数据库 netexam 中的表，--hive-table test 为 Hive 中新建的表名称。

⚠️ **注意**：只是复制表的结构，表中的内容没有复制。

2）将数据从关系数据库中的表导入文件到 Hive 表中

```
hadoop @ master:~$ sqoop import - - connect jdbc:mysql://192.168.1.100:3306/
netexam --username root --password 123456 --table answer --hive-import --hive
-table answer -m 2 --fields-terminated-by "\0001";
```

参数说明：

--m 2 表示由两个 map 作业执行。

--fields-terminated-by "\0001"表示需同创建 Hive 表时保持一致。

3）将 Hive 中的表数据导入 MySQL 数据库表中

```
sqoop export --connect jdbc:mysql://192.168.1.100:3306/netexam --username root
--password 123456 - - table login_ip - - export-dir /user/hive/warehouse/login_
ip/000000_0 --input-fields-terminated-by '\0001'
```

⚠️ **注意**：

（1）在进行导入之前，MySQL 中的表 login_ip 必须已经提前创建好了。

（2）jdbc:mysql://192.168.20.118:3306/test 中的 IP 地址改成 localhost 会报异常。

4）将数据从关系数据库导入 Hive 表中，使用--query 语句

```
sqoop import - - append - - connect jdbc:mysql://192.168.1.100:3306/netexam - -
username root - - password 123456 - - query "select testId, A, B from test where \
$CONDITIONS"  - m 1  - - target - dir /user/hive/warehouse/test - - fields -
terminated-by ",";
```

⚠️ **注意**：--target-dir/user/hive/warehouse/test 为 Hive 中保存数据的目录，导入前必须存在，否则会出错。

5）将数据从关系数据库导入文件到 Hive 表中，使用--columns、--where 语句

```
sqoop import - - append - - connect jdbc:mysql://192.168.1.100:3306/netexam - -
username root --P - - table knowledge - - columns "Id,knowId,knowContent,subId" - -
where "subid=3" --hive-import --hive-table knowledge -m 1 - - fields-terminated-
by ",";
```

在这个例子中，--where 后面的参数可以构造得更复杂一些。

⚠️ **注意**：这里连接 MySQL 数据库的密码用了--P，此参数在命令执行时提示用户在 console 界面输入密码，而通过--password 123456 方式输入的密码可以被其他用户用 Linux 的 ps 命令看到，因此建议用--P 方式更安全。

7. 从 MySQL 导入 HBase

```
sqoop   import   --connect jdbc:mysql://192.168.1.100/netexam --username root --
password 123456 --table test --hbase-table test --hbase-create-table --hbase
-row-key testId --column-family test
```

8. 从 MySQL 导入 HDFS

```
sqoop import --connect jdbc:mysql://192.168.1.100/netexam --username root --
password 123456 --table answer
```

默认设置下导入 hdfs 上的路径是：/user/username/tablename/(files)，比如当前用户是 hadoop，那么实际路径即：/user/hadoop/answer /(files)。

如果要自定义路径需要增加参数：--warehouse-dir，比如：

```
sqoop import --connect jdbc:mysql://192.168.1.100/netexam --username root --
password 123456 --table testtype --warehouse-dir /user/hadoop/sqoop
```

上述语句则把 testtype 表转换到了 HDFS 的/user/hadoop/sqoop/testtype 目录下。

8.3　Sqoop2 整合工具

Sqoop2 目前最新版本是 1.99.3，Sqoop2 分客户端（client）和服务器端（server），server 安装在 hadoop 集群中的某个节点上，这个节点充当要连接 Sqoop 的入口节点，在这个节点上的 Sqoop 服务器作为 mapreduce 的 client，所以 Hadoop 必须和 Sqoop 服务器端装在一起。客户端则不限，也不需要安装，这种设计让导数据更灵活。原 1.4X 版则没有区分服务器端和客户端。Sqoop2 是全新设计的，还没有安全实现 Sqoop1 的功能，暂不支持从数据库到 Hive 转换的功能，这里仅以从 MySQL 表到 HDFS 为例加以说明。

Sqoop2 下载地址：http://mirrors.hust.edu.cn/apache/sqoop/1.99.3/。

1. 服务器端安装

1）采用上传工具把 Sqoop1.99.3 上传到服务器，并解压缩

```
hadoop@master:~$tar zxvf sqoop-1.99.3-bin-hadoop100.tar.gz
```

2）把文件夹改名为 sqoop

```
hadoop@master:~$mv sqoop-1.99.3-bin-hadoop100/ sqoop
```

3）在/etc/profile 文件中加入以下几句

```
export SQOOP_HOME=/home/hadoop/sqoop
export CATALINA_HOME=$SQOOP_HOME/server
export LOGDIR=$SQOOP_HOME/logs
export PATH=$HIVE_HOME/bin:SQOOP_HOME/bin:$PATH
```

hadoop@master：~ $ source /etc/profile 使配置文件生效。

4）修改 $SQOOP_HOME/server/conf/下的 sqoop.properties 文件

改倒数第 6 行为 Hadoop 配置文件夹：

```
hadoop@master:~/sqoop/server/conf$sudo nano sqoop.properties
org.apache.sqoop.submission.engine.mapreduce.configuration.directory=/home/
hadoop/hadoop/conf/
```

5）修改 catalina. properties

配置 hadoop 的 jar 目录：

```
hadoop@master:~/sqoop/server/conf$sudo nano catalina.properties
common.loader=${catalina.base}/lib,${catalina.base}/lib/*.jar,${catalina.
home}/lib,${catalina.home}/lib/*.jar,${catalina.home}/../lib/*.jar,/home/
hadoop/hadoop/*.jar,/home/hadoop/lib/*.jar
```

6）把 MySQL 数据库的连接包复制到 $ SQOOP_HOME/server/lib 目录下

7）启动 Sqoop server

sqoop.sh server start

停止 Sqoop 使用：

```
hadoop@master:~/sqoop/bin$./sqoop.sh server stop
```

2. Sqoop 客户端

客户端无须配置，只需将下载版本解压即可。

1）进入客户端

```
hadoop@master:~/sqoop/bin$./sqoop.sh client
    Sqoop home directory: /home/hadoop/sqoop
    Nov 03, 2014 3:00:51 PM java.util.prefs.FileSystemPreferences$1 run
    INFO: Created user preferences directory
    Sqoop Shell: Type 'help' or '\h' for help
    sqoop:000>
```

2）为客户端配置服务器

```
sqoop:000>set server -host 192.168.1.10 --port 12000 --webapp sqoop
    Server is set successfully
```

3）查看版本信息

```
sqoop:000>show version --all
client version:
    Sqoop 1.99.3 revision 2404393160301df16a94716a3034e31b03e27b0b
    Compiled by mengweid on Fri Oct 18 14:51:11 EDT 2013
server version:
    Sqoop 1.99.3 revision 2404393160301df16a94716a3034e31b03e27b0b
    Compiled by mengweid on Fri Oct 18 14:51:11 EDT 2013
Protocol version:
    [1]
```

4）查看连接器

```
sqoop:000>show connector --all
1 connector(s) to show:
```

```
Connector with id 1:
    Name: generic-jdbc-connector
   Class: org.apache.sqoop.connector.jdbc.GenericJdbcConnector
    Version: 1.99.3
...
```

5）导入 MySQL 数据

（1）创建数据库连接

```
sqoop:000>create connection --cid 1
Creating connection for connector with id 1
Please fill following values to create new connection object
Name: mysql

Connection configuration

JDBC Driver Class: com.mysql.jdbc.Driver
JDBC Connection String: jdbc:mysql://192.168.1.100:3306/netexam
Username: root
Password:*********
JDBC Connection Properties:
There are currently 0 values in the map:
entry#                    --回车

Security related configuration options

Max connections: 500
New connection was successfully created with validation status FINE and
persistent id 1
sqoop:000>
```

（2）创建 job

```
sqoop:000>show job --all
0 job(s) to show:
sqoop:000>create job --xid 1 --type import
Creating job for connection with id 1
Please fill following values to create new job object
Name: mysqlimport      --输入

Database configuration

Schema name:
Table name: paperuser  --输入
Table SQL statement:
Table column names:
Partition column name:
Nulls in partition column:
Boundary query:

Output configuration
```

```
Storage type:
  0: HDFS
Choose: 0                      --输入
Output format:
  0: TEXT_FILE
  1: SEQUENCE_FILE
Choose: 1                      --输入
Compression format:
  0: NONE
  1: DEFAULT
  2: DEFLATE
  3: GZIP
  4: BZIP2
  5: LZO
  6: LZ4
  7: SNAPPY
Choose: 1                      --输入
Output directory: /user/hadoop/paperuser          --输入

Throttling resources

Extractors:
Loaders:
New job was successfully created with validation status FINE   and persistent id 1
sqoop:000>
```

（3）显示任务

```
sqoop:000>show job
+----+-------------+--------+-----------+---------+
| Id |   Name      | Type | Connector | Enabled |
+----+-------------+--------+-----------+---------+
| 1  | mysqlimport | IMPORT | 1       | true    |
+----+-------------+--------+-----------+---------+
```

（4）执行任务

```
sqoop:000>start job --jid 1
  Submission details
  Job ID: 1
  Server URL: http://192.168.1.10:12000/sqoop/
  Created by: hadoop
  Creation date: 2014-11-03 22:08:40 CST
  Lastly updated by: hadoop
  External ID: job_201411032013_0001
      http://master:50030/jobdetails.jsp? jobid=job_201411032013_0001
  2014-11-03 22:08:40 CST: BOOTING  -Progress is not available
```

（5）查看作业状态

```
sqoop:000>status job --jid 1
  Submission details
```

```
Job ID: 1
Server URL: http://192.168.1.10:12000/sqoop/
Created by: hadoop
...
```

（6）查看输出目录：

```
sqoop:000>exit
hadoop@master:~/sqoop/bin$hadoop fs -ls /user/hadoop
  drwxr-xr-x  -hadoop supergroup   0 2014-11-03 22:15 /user/hadoop/answer
  drwxr-xr-x  -hadoop supergroup   0 2014-09-23 14:17 /user/hadoop/archiveDir
  ...
```

第 9 章

典型应用案例介绍

大数据处理分析技术是近段时间炙手可热的技术之一,它在许多领域都有应用,并且取得了可喜效果,这些应用主要集中于以下领域:①数据量巨大,很难用单台计算机在可接受时间内完成计算任务,这时把任务布置到计算机集群,实现海量数据的存储,并行分布式地处理数据,以快速完成任务;②计算量巨大,计算任务之间是独立的,一旦可以被分割时,使用大数据处理技术也能够迅速地完成计算任务。本章将介绍基于 Hadoop 计算框架进行大数据处理的应用案例,以帮助读者理解 Hadoop 原理,快速掌握解决实际问题的能力。

9.1 大数据在智能交通中的应用

随着国民经济的发展、城镇化进程的加快、人民生活水平的提高,机动车保有量急剧增加,而城市中各种交通资源的供给却不能无限制地增长,使得交通资源的供给与需求之间的矛盾日益突出。各种城市病的症状日益严重——停车难、交通拥堵、环境污染严重、交通事故频发,这些因素严重影响着人民群众生活水平的提高及幸福指数的提升,也阻碍了社会经济的发展。

9.1.1 交通运输业面临的挑战

交通运输业的发展不仅出现了上文所述的状况,而且其管理系统中也面临着前所未有的挑战。

(1)交通运输业不能适应数据快速增长的发展形势。交通运输业的数据来源丰富、类型多样,并且时刻产生新的数据。铁路、公路、航空、公交等客运企业的顾客信息,每年产生数百亿条出行记录;行业运输企业产生的营运数据,如快递企业运输的快件的数据;各种传感器产生的动态数据,如:在卡口处有感应线圈、红外线检测、微波检测、超声波检测、激光检测、视频检测等定点传感器,也有 GPS 定位、手机定位等移动设备采集的数据。一个城市每年因交通运输业产生的数据量已经跨过 TB 级,从 PB 级向 EB 级过渡。这就要求必须有一个能够存储如此海量数据的存储场所和设备,并且这个设备要具有容错性和稳定性。

(2)传统数据处理系统正面临着低效甚至失效的问题。交通运输业信息化经过十几年的发展已经具有了一定的基础和规模,但是交通信息系统对新业务的产生、数据的快速增长、数据处理的复杂性没有足够的预见,采用传统数据处理技术的交通数据管理系统已不能适应数据的快速增长,造成系统运行效率低下,甚至部分业务系统在处理大数据时出现崩溃、失效的现象。近些年来,在一些地方进行新项目建设和旧系统改造的过程中,依然没考虑数据的快速增长,只是一味追求"高大上",购置高性能服务器与网络存储设备,在项目建设运行过程中又是重建设、轻运维,不对数据进行更深价值的挖掘,使信息管理系统沦为了"打证系统"和"发文系统",随着领导干部的变更,系统的生命周期也随之缩短。

(3) 现行管理系统出现了功能单一、缺乏整合、技术落后的问题。交通运输行业的管理体制存在"条块分割"现象,在交通运输行业建设过程中,信息化项目的同质化问题严重,同时,不同地区信息化发展不均衡,数据采集范围不同,深度不同,缺乏统一标准,不能进行整合。部分行政主管部门对项目只重审批,缺乏监管和评估。现行系统的数据大多散落在行业基层企业,部分主管部门只是按固定时间段收集统计报表和台账,并没有实现系统对接,数据同步,主管部门无法及时、准确地掌握行业生产的数据。

大数据技术的出现对解决和缓解以上问题提供了一条崭新的技术途径。大数据技术应用于交通管理行业具有以下优势。

1. 应用大数据技术,交通管理系统能够处理复杂多样的海量数据

大数据的处理必须解决三个问题,即数据的存储、分析和管理问题。以 Hadoop 生态系统为平台的大数据系统天生就具有处理海量数据的能力,HDFS 分布式文件系统以 Master/Slave 形式,启动 NameNode 和 DataNode 进程,在 NameNode 运行的节点存储着文件的元数据,在 DataNode 运行的节点上分布式多副本地存储着具体的数据。当数据的副本数低于复制因子或文件的某个 Block 被损坏时,系统就会启动修复机制,把副本数低于复制因子的 Block 复制到新的节点上,这样保证了数据的安全。Hadoop 生态系统下的 HBase 数据库能够存储百万行以上的大表,由于它是面向列的,因此不同于关系型数据库,非常适合于存储半结构化或非结构化数据。在数据分析上,Hadoop 生态系统采用了分布式并行计算的模式(MapReduce 模式),并且采用了移动计算,对大数据来说,移动计算要比移动数据更经济、更合算。Hive 作为一个数据仓库,能够把大数据保存到 HDFS 中,它的 HQL 语句被翻译成 MapReduce 任务分布到系统的各节点上执行,这样既实现了大数据的存储管理,又实现了高速并行分析。在数据的管理上,Hadoop 生态系统中有两个工具非常适合进行数据的整合。一个是 Sqoop,它适合于将 Oracle、MySQL 等关系型数据库中的结构化数据整合到 Hadoop 系统中,既可以转换为 HDFS 中的文件,也可以转换为 Hive 中的数据表或者 HBase 中的数据表,计算完成的数据通过 Sqoop 转换到外部的关系型数据库中。另一个是以 Flume 为代表的日志收集工具。Flume 是一个高可用的、高可靠的、分布式的海量日志采集、聚合和传输的系统,Flume 支持在日志系统中定制各类数据发送方,用于收集数据,同时,Flume 提供对数据进行简单处理,并写到各种数据接收方(可定制)的能力。这样做到了对关注数据的聚合与整理。

2. 应用大数据技术可以提高交通运输的运行效率

交通运输网涉及方方面面的工作,处理的数据量非常巨大,应用的控制模型较多,系统的采集、传输、处理设备数量非常巨大。如果某个环节发生一点意外,整个系统将进入低效运行状态,影响整个运输网络的运行效率。使用大数据技术后的交通运输网能够实时动态地处理交通运输数据,及时发现意外情况,自动做出处理或上报请求管理人员做出决策。大数据具有很好的预测能力,能够降低对交通事件误报和漏报的概率,实时监控交通的动态特征。交通诱导是智能交通系统的重要组成部分,通过发布诱导信息,为出行者指示下游道路的交通状况,让出行者选择合适的行驶道路,调节交通流的分配,改善城市的交通状况。因此在提高交通运输的效率、提高路网的通行能力、调控交通的需求等方面大数据技术较之传统的方法有着质的飞跃。

3. 应用大数据技术可以提高交通的安全水平

大数据技术的实时处理能力可以准确地探查到交通事故的发生,它的预测能力能够有效地预报交通事件的发生。结合微波雷达检测系统、视频监控系统、浮动车检测系统,可以构建有效的安全模型,提高车辆行驶的安全性。当安全事件发生,需要应急救援时,大数据技术以其综合处理与决策能力、快速反应能力,可以大幅度提高应急救援能力,减少交通事故的伤亡和财产的损失。

9.1.2 智能交通大数据平台的架构

智能交通大数据平台是多个系统、模型、部门和技术的结合,可以说,它是一个集系统科学、管理科学、数学、经济学、行为科学以及信息技术的综合大系统。从体系结构上,平台包括基础业务层、数据分析层和信息发布层,如图 9-1 所示。

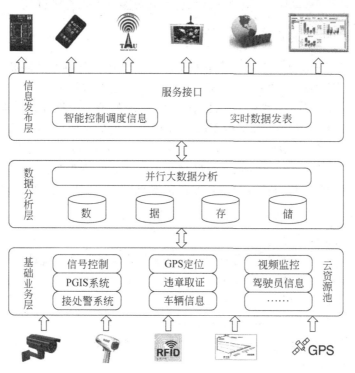

图 9-1 智能交通大数据平台的架构

基础业务层是数据分析层和信息发布层的基础,它的主要功能是完成各业务部门的基础性工作,生产基础业务数据。基础业务层包括交通流采集系统、信号控制系统、视频监控系统、违章取证系统、122 接处警系统、GPS 车辆定位跟踪系统、交通诱导系统、机动车车辆信息管理系统、驾驶员信息管理系统、PGIS 系统等。基础业务层中的各项服务是业务部门开展工作的基础,数据的保存和处理至关重要,因此在基础业务层可以采用云计算技术,把分散的系统整合到云中,这样既保证了应用系统的安全稳定,也提供了高效的计算性能。基础业务层的数据来源于数据采集系统,主要包括视频监控系统、环形线圈检测系统、微波检测系统、RFID检测系统、客运售票系统、公交运输系统等。

数据分析层采用大数据技术,根据路网信息、公众出行需求、数据综合分析的需求,对业务系统采集的数据,采用数据挖掘技术,结合各种数学模型进行实时有效的分析,随时掌握交通系统的运行状况,如道路拥塞程度、平均车速、饱和度、占用率、中断率等,并以此为依据,进一步做出拥堵预警、交通诱导等智能交通行为。数据分析层是构建在 Hadoop 生态系统下的,以商用廉价服务器为硬件平台,以开源的 Linux 为操作系统,以 HDFS 文件系统作为大数据文件存储的基础,以 MapReduce 作为并行计算的模型,以 HBase 作为数据处理的数据库,以 Hive 作为数据仓库,以 Sqoop 和 Flume 作为数据整合的工具。

信息发布层是依据数据分析层的分析结果,通过互联网、移动终端、桌面应用、报表向公众、业务部门、行业管理人员等发布交通运行情况,方便他们的出行与业务决策,信息发布层要求界面友好,易于操作,功能接口丰富。发布信息包括交通状况、交通预警、辅助决策的数据图表等,发布的渠道随着时代的发展而变得多样化,由过去的交通广播、信息告示牌等发展到现在的交通广播、移动电视、微博、微信、告示牌等多种形式与渠道。

9.1.3　数据分析层的数据基础分析

智能交通系统(ITS)与传统交通控制系统的区别就在于其具有智能特性,并能根据交通运行状况进行智能管控。Hadoop 生态系统在处理交通大数据上具有天生的优势。智能交通系统的数据来源多样,类型复杂,数据量庞大,传统的关系数据库是不能胜任的。城市各卡口的视频监控系统采集了高清的交通视频数据以及车辆信息,包括车牌信息、车辆类型、车辆颜色、通过时间、车速、卡口编号、车道编号、行驶方向等;GPS 定位跟踪系统产生的数据包括车辆编号、时间、运行坐标等;物联网也产生了类似的数据。根据这些基础业务数据,智能交通系统可以计算得到反映交通状况的基础数据,比如:卡口的交通流量、平均车速、拥塞程度等。

1. 卡口交通流量的计算

智能交通系统每过 5 分钟、10 分钟、15 分钟或者其他周期时间统计全市各卡口的交通流量,并将统计完成的数据推送给信息发布层,以直观图表的形式供出行群众、决策者、主管业务人员参考。Hadoop 采用 MapReduce 模型进行并行统计分析是最快捷的方式,而统计卡口交通流量涉及从 HBase 数据库获取的卡口号(kakouID)、方向(DirectionID)、通过时间(passtime)三个维度的因素,MapReduce 模式下 map 函数的 key 值为(kakouID,DirectionID),value 值为 passtime。

map 函数在车辆通过卡口的时间晚于统计开始时间,并且早于统计结束时间时,输出的中间结果即键值对:

```
<key, one>
```

reduce 函数会进行分组统计,得到介于统计起始时间与结束时间内的某一卡口、某一方向上的车流量的总和。reduce 函数的输出结果是:

```
<key,count>
```

这里的 map 函数只是进行分组关键词的切分，reduce 函数把相同分组的计数值求和，代码如下：

```
public static class CountMap extends
    private final static IntWritable one=new IntWritable(1);
    Mapper<LongWritable, Text, Text, IntWritable>{
        //实现 map 函数
        public void map(LongWritable key, Text value, Context context)
            throws IOException, InterruptedException {
            Long passtime=Long.prase(value.toString());
            if((passtime>starttime) && (passtime<endtime))
            context.write(key, one);
            //输出<key, one>键值对，key 值为 kakouID, DirectionID
        }
    }

public static class CountReduce extends
        Reducer<Text, IntWritable, Text, IntWritable>{
    //实现 reduce 函数
    public void reduce(Text key, Iterable<IntWritable>values,
            Context context) throws IOException, InterruptedException {
        long count=0;
        Iterator<IntWritable>iterator=values.iterator();
        while (iterator.hasNext()) {
            count++;            //统计车流量
        }
        context.write(key, new IntWritable(count));
    }
}
```

2. 路段平均车速的计算

路段平均车速是衡量路段通行效率的一个重要指标，一般来说，平均车速越快路段的通行效率越高。平均车速的计算不能用某时间点一个测量点测速雷达的测量值来代表，因为它只能代表某个点，而不能代表整个路段，这里，以相邻卡口测得同一车辆通过卡口的时间差作为所用时间，两卡口之间的距离为路程，某时间段内平均车速的计算可用下面的公式来表示：

$$\overline{v} = \frac{n \times s}{\sum_{i=1}^{n}(t_{end} - t_{start})}$$

式中，s 为相邻卡口之间的距离，这个值可以在卡口设置时测得。t_{end} 为车辆驶出路段的时间。t_{start} 为车辆驶入路段的时间。注意，这里的 t_{end} 和 t_{start} 必须为同一车辆在上游卡口和下游卡口都能测得到的才是有效数据，对中途驶离路段或中途驶入路段的车辆不作为统计值。

MapReduce 模式下，为了简化编程，这里使用两轮 MapReduce 过程进行计算。第一轮 MapReduce 计算时，map 函数的主要功能是从 HBase 库中查询某段时间车辆通过卡口的信息，包括号牌和通过时间。map 函数以卡口号（kakouID）、方向代码（DirectionID）、号牌

（plate_num）为键，通过卡口时间为值的键值对作为中间值输出。

```
<plate_num, time>
```

reduce 函数求出某一车辆在上下游卡口之间的时间差。

```
public static class AvgSpeedMap extends
    Mapper<LongWritable, Text, Text, IntWritable>{
        public void map(LongWritable key, Text value, Context context)
            throws IOException, InterruptedException {
            Long passtime=Long.prase(value.toString());
            context.write(key, passtime);
          //输出<key, passtime>键值对，key 值为 kakouID、DirectionID、plate_num
          }
      }

public static class AvgSpeedReduce extends
        Reducer<Text, IntWritable, Text, IntWritable>{
        //实现 reduce 函数
        public void reduce(Text key, Iterable<IntWritable>values,
            Context context) throws IOException, InterruptedException {
        long count=0;
        long sumtime=0;
        Iterator<IntWritable>iterator=values.iterator();

        if(iterator.next().length==2){
            long passtime1=iterator[0].get();
            long passtime2=iterator[1].get();
            abstime=abs(passtime1 -passtime2);
            context.write(key, new IntWritable(count));
        }
      }
    }
```

通过第一轮 MapReduce 的计算，得到某辆车经过该路段所用时间。

第二轮 MapReduce 计算时，map 函数以 kakouID、DirectionID 为键值，以第一轮 reduce 函数输出的 abstime 为 value 值，在第二轮的 reduce 函数中求出所有路段行车时间的和，求出平均速度。

```
public static class AvgSpeedMap extends
    Mapper<LongWritable, Text, Text, IntWritable>{
        public void map(LongWritable key, Text value, Context context)
            throws IOException, InterruptedException {
            Long abstime=Long.prase(value.toString());
            context.write(key, abstime);
            //输出<key, passtime>键值对，key 值为 kakouID、DirectionID
        }
    }

    public static class AvgSpeedReduce extends
        Reducer<Text, IntWritable, Text, IntWritable>{
```

```
//实现 reduce 函数
public void reduce(Text key, Iterable<IntWritable>values,
        Context context) throws IOException, InterruptedException {
            long count=0;
            long sumtime=0;
            for(Long val: values){
                sum+=val.get();
                count++;
            }
        avgspeed=(count * distent)/sum;
        context.write(key, avgspeed);
            }
        }
    }
```

3. 查询指定卡口是否有指定号牌的车辆通过

在交通管理和公安办案过程中,经常会有这样的查询:查询在某一指定卡口是否有某特定号牌的车辆通过? 通过的时间是多少? 若该车辆出现过,那么它的行驶轨迹又是怎样的呢? 对第一个问题比较好解决,可以直接对存储于 HBase 数据库中的数据进行查询。为了提高查询速度,可以对 plate_num、passtime 列建立索引,把符合条件的记录分页输出。下面以过滤器查询为例加以说明。

```
public List<Result>selectByFilter(String tablename,List<String>arr) throws
IOException{
    HTable table=new HTable(hbaseConfig,tablename);
    FilterList filterList=new FilterList();
    Scan s1=new Scan();
    for(String v:arr){ //各个条件之间是"与"的关系
        String [] s=v.split(",");
        filterList.addFilter(new SingleColumnValueFilter(Bytes.toBytes(s[0]),
                Bytes.toBytes(s[1]),
                CompareOp.EQUAL,Bytes.toBytes(s[2])
            )
        );
    }
    s1.setFilter(filterList);
    ResultScanner ResultScannerFilterList=table.getScanner(s1);
    return ResultScannerFilterList
}
```

在查询时,传递的参数是卡口(kakouID)号牌(plate_num),若返回的结果集为非空,即说明该号牌车辆在某一特定时间从该卡口通行过。若返回的结果集为空,说明该车辆未从该卡口通行过。

4. 查询某号牌车辆的行驶轨迹

查询某号牌车辆在特定时间段内的行驶轨迹在公安侦查工作中具有重要的作用,在智能交通系统投入使用前这项工作需要投入大量的人力,夜以继日地翻看各处的视频监控录像,人工查找可疑车辆,然后人工绘制出该车辆的行驶轨迹。智能交通系统在大数据技术的支持下,可以非常高效地解决此类问题。城市各处卡口实时地抓拍并自动识别每一通过卡口车辆的号牌,存入 HBase 数据库中,HBase 对号牌和通过时间建立索引,查询时,输入号牌和起止时间,系统返回的是已经按时间排好序的数据集,据此绘制车轨迹就非常快捷,可以达到秒级。下面是查询模块的部分代码,仅供参考。

```
...
HTable table=new HTable(conf,"jtgl");          //创建一个 HTable 的实例
Scan s=new Scan();
s.addColumn(Bytes.toBytes("kakou"), Bytes.toBytes("kalouID"));
//添加列族 address 中的 province 列
s.addColumn(Bytes.toBytes("kakou"), Bytes.toBytes("plate_num "));
//添加列族 address 中的 city 列
s.addColumn(Bytes.toBytes("kakou"), Bytes.toBytes("passtime"));
s.setStartRow(Bytes.toBytes(starttime));   //指定开始的行
s.setStopRow(Bytes.toBytes(endtime));      //指定结束的行(不含此行)
ResultScanner rs=table.getScanner(s);
return rs;
```

5. 套牌车的查控

套牌车俗称克隆车,是指参照真牌车的型号和颜色,将号码相同的假牌套在同样型号和颜色的车上,甚至伪造行驶证等手续上路行驶的车辆。由于现在机动车号牌管理不规范,套牌行为有越演越烈的趋势,从套用民牌发展到套用专用号牌、军牌、警牌;从改装、拼装车套牌发展到报废车、盗抢车套牌,再到用欺骗、贿赂手段重新取得机动车号牌均有发生。

套牌车辆的危害是显而易见的。套牌车扰乱了公安机关对公共安全的管控,制造社会不稳定因素;套牌车因营运成本低,直接促使了运输市场的恶性竞争,使有序的运输秩序变得杂乱无章;套牌车是非法营运,不会主动缴纳国家各种税费,从而造成了国家税费的大量流失,同时还会出现骗保等损害保险公司利益的现象;合法车辆在被别的车辆套牌后,在车辆交通违法、事故处理等方面,真车主往往要充当"冤大头",给真车主带来不必要的麻烦和不必要的经济损失,真车主也是苦不堪言。

以往,主管部门对套牌车辆的人工查处完全依靠个人经验。一摸:一般套牌车辆的号牌较粗糙,能明显区分出来;二问:套牌车主一般对正常领证程序说不清,存在明显的疑点;三查:查询车辆信息库和驾驶人员信息库,可以帮助查处套牌车辆。

大数据技术应用于智能交通系统后,可以从完全不同于传统方法的角度对套牌车辆加以查处。原理是这样的:智能交通系统查询每一辆车的通行信息,并计算不同卡口的通行时间差,若时间差小于特定时间(如 5 分钟,甚至 2 分钟),在特定时间内同一辆车是不可能出现在不同地点的,那么这个号牌就存在套牌的重大嫌疑。MapReduce 模式下,map 函数功能较简单,生成<plate_num,kakouID+passtime>的中间值,这里就不介绍其代码,下面给出 reduce 函数的部分代码,仅供参考。

```
public static class SamePlateReduce extends
        Reducer<Text, IntWritable, Text, IntWritable>{
    //实现 reduce 函数
    public void reduce(Text key, Iterable<IntWritable>values,
        Context context) throws IOException, InterruptedException {
        ...
```

```
for(Long val1: values){
  passtime1=val1.get();
  for(Long val2:values){
    passtime2=val2.get();
    if(abs(passtime1-passtime2)<300)&&(kakouID1<>KakouID2){
      context.write(key, kakouID1+","+KakouID2);
    }
  }
}
```

reduce 函数接收到的中间值为＜plate_num，kakouID＋","＋passtime＞,plate_num 为键,kakouID＋","＋passtime 为值,然后在两层循环内查找通过时间差小于特定时间并且卡口号不同的数据,因为特定时间段内车辆经过卡口的机会不是很多,所以 Reduce 处理的数据量不会很大,效率会非常高。

9.2 大数据在情报分析中的应用

随着公安战线信息化水平的逐步提高,"情报主导警务"的理念已经形成,无论社会治安管理、刑事案件侦查、反恐维稳、禁赌禁毒、国内安全保卫,还是警情分析、决策指挥等都需要各方面的情报。什么是情报呢? 情报是指通过安插在被侦查对象中的线人获取的"内幕"信息吗? 或者是指通过特殊技术手段获得的"秘密"信息吗? 这里所研究的情报,并非狭义上的情报,而是指广义上的情报,是指通过公开渠道获取的未经分析评估的原始信息,经过分析、评估后,能够供领导、专案指挥者、一线民警参考决策的分析结论。随着公安信息化的普及与"金盾工程"逐步深入地开展,全国各地公安机关积累了大量的公共数据,其中包括公安机关业务部门收集管理的内部业务数据,包括常住人口信息、暂住人口信息、旅店住宿信息、网吧上网人员信息、违法犯罪人员信息、机动车信息、机动车驾驶人员信息、涉毒人员信息、在逃人员信息等,这些数据来源广泛,结构复杂,数据量庞大,且这些数据只有业务部门的公安人员才能使用。这些信息是公安机关多年来开展业务工作积累下来的业务数据,但是由于缺乏科学合理的规划,形成了多个信息孤岛,由于没有统一的数据模型,加之评比政绩等多种原因造成公安业务系统重复建设,数据重复录入,部门之间不能共享,数据的利用率不高,实战效能较差等问题。

随着"金盾工程"建设的逐步深入,在充分利用以往业务系统成果的基础上,各地建设了公安情报研判系统,为多个业务信息系统建立了统一的数据模型,实现了公安信息的共享,消除了信息孤岛,实现了多源数据的自动化或半自动化的情报研判工作,使公安机关情报研判更加准确及时,极大地提高了公安情报分析工作的效率。

例如:上海市公安局在 2000 年成立了专门的情报部门,倡导"情报指导"、"情报投资"、"情报共享"、"情报研判"的理念,实行大采集、大流通、大平台、大情报的情报工作方式。南京市公安局也提出了"情报指导警务"的战略体系。2013 年 11 月,济南市公安局和浪潮集团合作,启用了全国首个大规模的"公安云计算中心",该中心以"公安内网、Internet 互联网、图像专网、安全接入网"四网为基础,以存储平台、网络平台、安全平台、应用平台、管理平台五平台为依托,以指挥、刑侦、治安、户政等各公安业务应用为重点,在提升警务效能、转变警务模式等方面发挥了重要作用。香港警务部门建立了情报信息中心,用大数据的分析来弥补传统线人卧底获取情报的不足,有效地提高了案件侦破率和社会治安管理水平。

9.2.1 公安情报分析的现状

随着社会经济和国际形势的发展变化,各类案件呈现出多发态势,如暴力恐怖案件、黑社会有组织犯罪、流窜作案、高科技犯罪日益增多,这给案件的侦破工作带来了新的挑战。如何从广度上扩大情报的收集范围,从深度上挖掘情报的关联性,建立起一套大情报主导下的新型警务运行模式,提高警方精确管理、精确指挥、精确打击、精确防控的能力,已经成为世界各国努力研究和发展的方向。

总体来说现行的公安情报分析工作存在以下几个方面的问题:首先是需要扩大情报收集研判的范围。由于信息技术以及人们对情报认识深度的限制,传统情报研判系统的数据来源较为狭窄,分析的广度较小。传统的情报研判系统多采用关系型数据仓库技术把多个业务系统的数据整合到一起,但只是部分地解决了数据的整合、关联、挖掘问题,并没有真正解决海量异构数据的存储与并行计算问题。

其次是需要对各种数据进行深度挖掘。在传统业务信息系统建设和使用过程中,为了尽可能地收集各类数据,管理部门给基层单位下达了各类指标,基层单位往业务系统中录入了大量重复甚至错误的数据,这一方面增加了业务系统运行的负担,同时也降低了情报分析的准确性,在公安情报分析工作中,对各种数据的深度挖掘亟待进行。

最后是需要加强对各种情报的广度分析。传统业务信息系统对各种情报的广度分析还不尽如人意,迫切需要加强这方面的工作,美国在此方面曾有过成功的案例,可供借鉴。2006年,美国把过去20多年内的犯罪记录与交通事故记录映射到一张地图上,结果发现交通事故的高发地段也是犯罪活动的高发地段,在时间段上也有惊人的相似之处。美国国家高速公路安全管理局和国家司法部门联合执法后,交通事故和犯罪率双双下降。

9.2.2 大数据情报分析系统架构

大数据情报分析系统是一个庞大复杂的系统,涉及计算机硬件、网络、操作系统、关系型数据库、云计算技术、大数据等多方面的知识与技术,要把它们整合到一起形成一个高效科学、具有实际应用价值的系统,在系统分析、设计、部署、运维和应用中会非常复杂。为了简化系统,必须使用分层的思想把系统简单化。每一层有其独立的功能,上层模块调用下层模块的功能,下层模块为上层模块提供服务,上下层之间通过接口进行交互。大数据情报分析系统从下至上分为资源层、整合层、服务支持层、交互层。

资源层为整个系统提供基础资源,包括硬件资源、网络资源、数据库等各种软件资源、存储资源、计算资源、数据资源等,数据资源是非常重要的部分,它是系统进行加工分析的"食材",要制作一餐色香味俱佳的"大餐",没有它们可不行。数据资源包括公安基础和业务数据、政府机关和社会机构拥有的公共数据、商业企业运营过程中积淀下来的非涉密商业数据、公共传媒报道的新闻数据、区域性跳蚤市场网站数据等。

整合层负责把各类数据整合到数据仓库中。情报分析需要掌握各种数据资源,而处理这些数据的系统各不相同,数据的结构非常复杂,描述事物的粒度粗细不同。要分析这些数据,必须把它们整合到一个独立的数据仓库中,而不能直接在原业务系统上读取分析。整合层要完成的任务是周期性地把各类数据整合到数据仓库中来,形成以人、事、物、地、组织等形式存储的信息资源整合库,为上层的分析挖掘提供数据基础。

　　服务支持层是情报分析系统的核心层,使用大数据、数据挖掘、机器学习等技术为上层提供通用服务与支持,其中包括:系统采用 Hadoop 的分布式文件系统 HDFS 存储各种海量结构化或非结构化数据的存储服务;采用 MapReduce 框架实现并行分布式计算的计算服务;对数据进行分类排序、关联分析、归类分析、统计分析等数据挖掘服务。

　　交互层负责人机交互,结合公安实战需求,为公安情报分析中的分类排序、关联分析、归类分析、统计分析提供输入输出。

9.2.3　数据的整合

　　情报分析系统涉及公安基础和业务系统提供的各种公共安全数据。一类是身份类信息,包括常住人口户籍信息、暂住人口信息、前科人员信息、吸毒人员信息、交通违章记录信息、驾驶员信息、出入境人员信息、网络虚拟身份信息、机动车信息等。还有一类是轨迹类信息,包括铁路旅客信息、民航旅客信息、航运旅客信息、网吧上网人员信息、旅店业旅客信息、车辆行驶轨迹信息等。这些信息是公安情报的重要来源,单一的信息源往往是信息孤岛,只有把它们联系起来才有情报的价值,这个信息的联系过程被称为数据整合。数据整合的方式有两种:第一种方式是在各业务系统中为情报分析系统提供一个调用接口,情报分析系统直接在原业务系统中进行查询分析。这种方式的优点是不需要对原数据进行转换,不需要额外的存储空间和计算能力,但这种方式对原业务系统影响非常大,甚至可能造成服务的中断。第二种方式是把数据从原业务系统中抽取出来,转换成情报分析系统的格式。这种方式对原业务系统几乎没有影响,但涉及数据格式的转换,数据描述粒度的粗细等技术细节。

　　公安情报分析系统的数据来源,目前来说主要为各业务系统数据库中的结构化数据,这类数据可以使用 Sqoop 等转换工具,把数据从原数据库转换到 Hive 数据仓库或 HBase 数据库中,也可以针对特定应用下的数据自己开发转换工具,这种转换方式能实现特定功能,研发人员需要熟练掌握底层实现技术。情报分析系统的远期数据可以来源于 Web 网页、论坛贴吧、即时通信工具、快递物流、电子商务等行业的半结构化或非结构化数据,可以使用 Flume 等整合工具对非结构化数据进行整合。

　　数据整合策略主要有以下两个方面。

1. 批量追加方式整合

　　原业务系统数据结构复杂,数据量随着业务的发展也在不断地增加,如:旅店住宿信息、网吧上网人员信息、机动车信息、驾驶人员信息等都在不断地增加更新中,要把这类数据整合到情报分析系统中来,可以采用条件分批整合的策略。如:旅店住宿信息可以采用以一个月、两周或一周等周期进行整合,Sqoop 转换语句如下列代码所示:

```
sqoop import --append --connect jdbc:mysql://192.168.1.100:3306/zhusudb --
username root --password 123456 --query "select ID,Name,Gender,Room_ID,days,
start_date,end_date,reg_date from tab_zhusu where reg_date<=$s_date and reg_
date>=$e_date" --target-dir /user/hive/warehouse/zhusudb --fields-
terminated-by ",";
```

该语句将数据从住宿人员数据库 zhusudb 导入 Hive 表 zhusudb 中，这里的变量 $ s_date 和 $ e_date 为旅客到旅店登记的开始时间与结束时间，以此为时间段，把数据追加到 Hive 数据仓库中。

2. 把握适度的整合粒度

原业务系统中，为了业务管理的需要记录了详细的业务信息，而这些信息对情报分析系统来说不一定是必需的。比如：把网吧上网人员信息整合到情报分析系统时，就应该考虑整合信息的粒度问题，网吧管理系统中记录了上网人员的身份证号、姓名、上网开始时间、上网结束时间、使用的机器号、IP 等概要信息，网吧管理的服务器中还记录了该用户浏览网页的 URL 地址，所玩游戏的信息、即时通信工具的信息等详细信息。进行信息整合时，应根据需要考虑信息资源的粒度问题，如果仅查询分析某人何时于何处上过网，则考虑采用粗粒度的方式整合数据，而如果要详细地了解某人在网吧上网的细节，则可以采用细粒度的整合方式，把一些详细信息也整合到情报系统中来。

在 Sqoop 数据转换时，可以使用--columns、--where 语句对要转换的数据进行限定，从而进行粒度的控制。如下例所示：

```
sqoop import -- append -- connect jdbc:mysql://192.168.1.200:3306/netinfor --
username root --P  --table information --columns "Id, name, machine_id, start_
date, end_date, IP" --where "start_date>=$s_date  and end_date>=$e_date" --
hive-import --hive-table netinfor --fields-terminated-by ",";
```

9.2.4 情报分析的方法

把各业务系统中的数据整合到情报分析系统中后，即可对其进行挖掘分析，最常见的挖掘方式就是关联分析，把数据仓库中孤立的信息通过它们共有的特点将它们关联起来，从而发现一些有价值的线索，达到串并同类案件、获取案犯踪迹、缩小侦查范围、提供侦查方向，直至抓获犯罪嫌疑人破获案件。关联的类型一般包括直接关联、间接关联、文本关联。

1. 直接关联分析

直接关联分析是指通过信息之间的相同属性，如身份证号、手机号码、银行账号、地址等，把两个或两个以上的原本孤立的信息直接关联起来。比如办案过程中，获得犯罪嫌疑人的部分身份信息，在全国常住人口数据库查询其基本信息：姓名、身份证号、出生日期、家庭住址，然后用身份证号到其他库中进行直接关联。

1）查前科劣迹

查明嫌疑人基本信息后，以其基本信息为条件，把多个数据表进行连接查询，连接的条件是身份证号，涉的信息表有：前科人员信息表、在逃人员信息表、吸毒人员信息表、交通违章记录信息表。搞清其是否有前科劣迹，为提高查询效果扩大信息范围提供了支持。这种关联方法在 Hive 数据仓库中实现较为简单，使用子查询和连接查询即可实现。

2）查活动轨迹

对犯罪嫌疑人，如果其有流窜作案的习惯，可以利用暂住人员信息表、旅店住宿信息表、网吧上网人员信息表、洗浴住宿人员信息表等直接进行查询，整合铁路、航空、航运、公路信息后,利用身份证号直接查询,可以获得嫌疑人的活动轨迹。如果嫌疑人有车辆,根据身份证号,利用驾驶人员信息表和车辆信息表查询其拥有的车辆信息——车辆号牌,然后再利用城市视频监控系统,根据号牌查询其活动轨迹。

3) 电话号码关联分析

现代社会电话是人们之间联系的主要通信工具,电信部门登记客户信息时,会记录客户的姓名、家庭住址、电话号码等;在许多场所都预留有电话号码,包括手机号码,固定电话号码、传真号码等,通过电话号码的关联,可以查询到用户姓名,家庭住址、身份证号、通话详单等,这些信息组成一张关系网,通过一点能关联到与其有联系的其他关系人。

4) 随身物品的关联分析

犯罪嫌疑人随身携带的物品也可以扩大情报的范围,对嫌疑人的随身物品在损失物品库中进行查询检索,搞清该随身物品与某案件的关系。比如嫌疑人驾驶一辆汽车,根据汽车的大架号和发动机号到盗抢车辆数据库进行查询,可以为认定犯罪嫌疑人提供依据。

2. 间接关联

表面上看,某一信息与另一信息之间没有直接的关系,但是它们之间有可能通过某种隐藏的线索联系着,如果找到这种隐藏的线索,就能扩大情报范围,从而把不相关的两个信息联系起来,为侦破案件提供有价值的情报。间接关联的方式主要有:旅行工具中的同乘、旅店住宿中的同住、户籍信息中的同户信息、出入境人员信息中的关系人信息、微博中的共粉等,这些线索能为间接关联情报提供很大的帮助。

比如:数据仓库的同乘查询中,查询的条件是:出行日期、出发地、目的地相同,座位相邻,订票单号相连等。旅店住宿的同住查询中,查询的条件是:相同日期内住在同一房间的人,或者住宿登记中同时登记且住在相邻房间的人,或者住宿结算时,同时结算且住在相邻房间的人。

根据以上分析,案件数据经整合后形成数据仓库,要从数据仓库中查询出满意的情报,最常用的查询方法就是连接查询和子查询。通过连接查询把两个库中具有相同属性的两个案件查询出来,子查询方法中子查询的结果是另一个查询的条件,通过连接查询和子查询实现案件的关联,也实现了案件的碰撞和发掘。

9.2.5　基于文本的串并案件聚类分析

随着交通运输业的发展及社会流动性的增加,违法犯罪正呈现出流窜化、团伙化、职业化等特点,犯罪嫌疑人经常流窜于各地纠结多人实施犯罪。这类系列案件因是同一个人或同一伙人所为,因此案件中存在着相同的特征和规律。如果把这些案件进行串并侦查将会使侦查工作取得意想不到的效果。

当案件侦查陷入困境时,侦查员经常会把与该案件具有相同特征或属性的案件进行合并侦查,以期找出案件之间的联系,扩大案件侦查的线索来源,加速案件的侦破。串并案件的侦查常到案件数据库中进行碰撞搜索,寻找具有相同对象或属性信息的案件,将它们串并在一起。而整合后的案件数据库中存在数百万条数据记录,经过串并查询以后,往往仍然存在着数千条记录,要从这些数据中找出串并案件,会花费侦查员大量的时间与精力,这种方式不但琐碎,而且效率低下。串并案件的分析就是用数据挖掘中的聚类算法对案件信息进行聚类分析,从而找到串并案件,为案件的侦破找到新的线索。

韩宁在《基于聚类分析的串并案研究》一文中提出采用 FCM 算法(Fuzzy K-means 算法,也称模糊均值 C 算法)对案件信息进行了分析,并以 681 个案件记录为样本进行了实验,这种分析方法在低维度单机环境下是可行的。而在高维度大数据条件下,FCM 算法就不可能在可接受的时间范围内计算出聚类结果。因此,我们这里提出,在 Hadoop 平台上配合使用 Canopy 聚类算法与 FCM 聚类算法进行案件的串并分析,可以克服 FCM 算法的缺陷,提高分析的效率和质量。

1. 案件的串并条件

案件串并涉及的条件因素很多,包括作案时间及地点的选择,进入作案现场的方式,作案的工具,作案活动的先后次序,作案的手法,逃跑的方式与途径,运赃、销赃的途径等,其他重要的可供参考的因素有作案的对象、时间、地点、手段等。由于犯罪嫌疑人的人生经历、犯罪历史、受教育程度、职业特点、技巧技能、心理定式等多种因素的作用,犯罪嫌疑人的作案手段与方法在流窜作案过程中已经形成了稳定的特点,称为犯罪行为的动力定型。在不同的案件中,上述因素或多或少地都表现出来,表现出作案特点的特殊性、稳定性。要扩大案件侦查的线索,必须对全部记录在案的案件进行串并分析,碰撞出需要的情报线索。

1) 案件性质相同或相似

刑事案件、治安案件、经济案件等各类案件的犯罪嫌疑人受上述因素的影响,其作案具有连续性的特点,如:技术开锁入室盗窃案的作案人在一段时间内均会实施入室盗窃犯罪;杀人强奸案的作案人一般还会实施杀人强奸犯罪。

2) 作案时间具有一定的规律性

同一个人或某一伙人所做的案件中,作案时间的选择往往呈现出一定的规律性,作案时间总是集中在一天的某一段时间,一周的某一天,一年中的一段时间等。如:盗窃汽车的案件主要集中在下半夜至次日上午 6 时前发生;抢劫、盗窃等侵财案件多发生在春节前夕。

3) 犯罪嫌疑人侵犯的目标相同或相似

侵犯目标的选择是与犯罪嫌疑人的作案动机息息相关的,由于需求心理的不同,犯罪嫌疑人在侵犯(害)目标的选取上具有一定的倾向性。如:单身年轻女性多为强奸抢劫犯罪的对象;贵重工业原料、数码产品多为盗窃的对象。

4) 犯罪嫌疑人的人身特征相同或相似

当几个案件的犯罪嫌疑人的体貌特征相同或相似时,可以成为串并案件的条件。体貌特征包括性别、身高、年龄、体态、面容、衣着、口音等。

5) 作案手段、方法、过程相同或相似

由于犯罪嫌疑人的犯罪经历、技能技巧等因素的影响,在作案工具、作案特点、作案过程等方面,往往形成一定的模式,并且带有自身的特殊性和稳定性。如:破坏窗栅,嫌疑人有的习惯用千斤顶;有的习惯用管钳;有的习惯用棒类。为躲避视频监控,嫌疑人有的习惯戴鸭舌帽;有的习惯戴口罩;有的习惯戴头套。

6) 现场所留痕迹物证相同或相似

痕迹物证包括嫌疑人作案过程中在现场留下的足迹、手印、指纹、工具、枪痕、精液、血迹、毛发、毒物、爆炸物、字迹等。对这些特征进行对照、重叠、接合、检验后,如果认定为相同或相似,就能为串并案件提供条件。

现在,公安机关在违法犯罪案件管理中采用关系型数据库存储数据,每一字段表现案件的一个特征,如:作案时间包括一天中的不同时间段;体貌特征包括近百种人类社会常见的特征;作案工具包括几百种常见的工具。这种组织数据的方法在以关系型数据库为基础的时代,为案件的串并做出了重要的贡献。但这种方式也有其自身的缺点,一是数据的录入较为复杂,针对每一起案件,都要组织专业人员进行录入浪费了大量的人力。二是案件的录入质量参差不齐。由于录入人员对案件的了解程度、表达水平、对案件管理系统的理解程度不同,造成案件录入的质量不尽如人意。三是案件串并时过度精确。由于数据库中各字段表达过于精确,在串并查询时,反而出现过度精确,能够串并的案件过少,没有起到串并案件应有的效果。

针对以上原因,提出直接采用案件的询问笔录作为串并的基础,基于文本进行案件的串并聚类,发挥大数据的特长,在全国范围内进行案件的串并查询。

2. 向量空间模型

向量空间模型(Vector Space Model,VSM)是对案件进行描述的较为常见的方法,把案件集合描述为向量空间,空间由一组正交词条向量组成,向量是对案件的一种描述:

$$V(d) = (t_1, w_1(d), t_2, w_2(d), \cdots, t_i, w_i(d), \cdots, t_n, w_n(d))$$

式中,t_i 是案件中的关键词,在处理案件描述时,采用中文分词法对描述语句进行切分得到;$w_i(d)$ 是关键词 t_i 在案件描述 d 中重要程度的函数,常用的计算方法为词频加权计算法。

3. 向量距离的测度方法

1) 欧氏距离测度(Euclidean distance),这是距离测度中最简单的,它最直观且符合人们通常对距离的理解。例如,平面上两个点,欧氏距离测度中使用坐标轴来计算它们的距离,数学上两个 n 维向量的欧氏距离表示为:

$$d = \sqrt{(a_1 - b_1)^2 + (a_2 - b_2)^2 + \cdots + (a_i - b_i)^2}$$

2) 平方欧氏距离测度

这种测度的值是欧氏距离的平方。对两个 n 维向量,其距离表示为:

$$d = (a_1 - b_1)^2 + (a_2 - b_2)^2 + \cdots + (a_i - b_i)^2$$

3) 曼哈顿距离测度

两个点之间的距离是它们坐标差的绝对值的和,这个距离测度的名字取自呈网格状的曼哈顿街区,大家都知道,不可能穿过建筑物取直线从一个地点到达另一地点。数学上两个 n 维向量的距离用公式表达为:

$$d = |a_1 - b_1| + |a_2 - b_2| + \cdots + |a_n - b_n|$$

4) 余弦距离测度

余弦距离测度需要将这些点视为从原点指向它们的向量,这些向量之间形成了一个夹角 θ,当夹角较小时,这些向量指向大致相同的方向,因此这些点非常接近,夹角的余弦值接近于 1,随着夹角的变大,余弦值递减。余弦距离公式用 1 减去余弦值得到一个合理的距离。这样 0 代表距离非常小,而值越大表示距离越远。距离测度公式为:

$$d = 1 - \frac{a_1 b_1 + a_2 b_2 + \cdots + a_n b_n}{\sqrt{(a_1^2 + a_2^2 + \cdots + a_n^2)} \sqrt{(b_1^2 + b_2^2 + \cdots + b_n^2)}}$$

5）谷本距离测度

谷本距离测度（Tanimoto distance measure），也称为 Jaccard 距离测度，可以同时表现点与点之间的夹角和相对距离信息，克服了余弦距离测度的不能反映两点间相对长度的问题。距离测度公式为：

$$d = 1 - \frac{a_1b_1 + a_2b_2 + \cdots + a_nb_n}{\sqrt{(a_1^2 + a_2^2 + \cdots + a_n^2)}\sqrt{(b_1^2 + b_2^2 + \cdots + b_n^2)} - (a_1b_1 + a_2b_2 + \cdots + a_nb_n)}$$

6）加权距离测度

加权距离测度是基于欧氏距离和曼哈顿距离的，它具有一种高级特性，允许对不同维度加权从而提高或减小某些维度对距离测度值的影响，例如，在计算平面两点间距离时，假设你想让 x 轴的影响是 y 轴的两倍，这时可以让所有的 x 坐标加倍。这对不同距离测度产生不同的影响，但通常会让距离值对 x 值变化更敏感。

4. TF-IDF 加权计算权重

TF-IDF（Term Frequency-Inverse Frequency，词频-逆文档频率）加权被广泛用于改进简单的词频加权。改进之处在于增加了逆文档频率（IDF），也就是词频乘以单词的文档频率的倒数。也就是说，如果一个单词在所有文档中被使用的越频繁，那它对向量中的值的作用就会被抵消得越多。

为了计算逆文档频率，先计算每个原子词的文档频率（DF），即这个原子词在该文档中的出现次数，原子词在文档中出现的次数不计入文档频率。根据以前章节的讲述知道经计原子词在文档中出现的频次是 Hadoop 框架的"拿手菜"，关键是对中文的词的切分。一个原子词的逆文档频率 IDF_i 为：

$$IDF_i = \frac{1}{DF_i}$$

如果一个单词在文档中频繁出现，则其 DF 值大而 IDF 值小，这个 IDF 值会很小，使乘积后所得到的权重值过小。这种情况下，最好乘以一个常数来归一化 IDF 值，这个常数通常是文档的个数（N），所以 IDF 公式为：

$$IDF_i = \frac{N}{DF_i}$$

上述公式中的 IDF 值仍不理想，因为它掩盖了在最终的单词权重中 TF 的影响，为了解决这个问题，通常使用 IDF 值的对数：

$$IDF_i = \log \frac{N}{DF_i}$$

因此，对单词 w_i，TF-IDF 权重 W_i 成为：

$$W_i = TF_i \log \frac{N}{DF_i}$$

也就是说，文档向量把这个值放在单词 i 所对应的维度上。这就是经典的 TF-IDF 权重。停用词的权重小，而罕见的词权重大。对重要的单词或主题词来说，通常有一个很大的 TF 值和比重大的 IDF 值，所以它们的乘积将成为更大的值，从而让这些词在所生成的向量中更加重要。

5. 案件向量的构建

案件聚类所在的向量空间是一个维度非常高的空间，经理论推算和实践检验证明，向量空间的维度越高,计算的复杂度将呈指数级增长,因此,在单机环境下,要使用高维度的向量来表示案件并进行计算,将会耗费很大的计算资源,所以,进行案件的相似度计算要解决的问题,一是降低向量空间的维度,以降低计算难度。二是提供足够的计算资源。

降维的常用方法是使用原子特征词来描述案件。原子特征词是指从所有案件文本中抽取出来的能够反映出案件特点的原子词语。使用原子特征词可以将描述案件的词语从很高的维度降低到相对较低的维度空间。

原子特征词通常表示为自然词语,但是自然词语往往不够标准,容易造成混乱,因此,必须对原子特征词进行规范,规范的方法就是建立原子特征词词典,从案件文本中抽取常用标准词语加入原子特征词库中,在这个过程中,可以添加人工把关审核的因素,以提高原子特征词的准确性。同时,还要构建一个停用词表,去掉那些在特征空间中经常出现但是没有实际意义的虚词,这样就可以降低向量空间的维度,同时也考虑了原子特征词出现频率的限制,以防止因少数关键词在简要案件描述中频率过高而影响聚类的准确率。

接下来对中文文本进行的处理就是中文分词了。中文不同于英语,英语中以空格或标点符号对单词进行了切分,所以处理起来较为方便。但是,中文中标点符号只是切分句子,没有切分词语。所以,中文中词语的切分使用较多的方法是"双向最大匹配法",先正向最大切分,然后反向最大切分,两者的结合所得即是最终的分词结果。在向量空间中,以原子特征词在词库中的代码代表该词,以该词在案件中的加权词频值作为该维度在向量空间中重要程度值。接下来需要选择一种较优的算法计算向量之间的距离,从而找出最相近的案件。

提供足够多的计算资源在单机环境下是很难实现的,随着 Hadoop 的出现,MapReduce 模型把大的计算任务分解到多个节点实现分布式计算,为串并案件的计算提供了足够的计算资源。这里将采用 Hadoop 技术来进行串并案件的聚类。

6. FCM算法介绍

模糊 C 均值聚类(FCM),即众所周知的模糊 ISODATA,是用关联度确定每个数据点属于某个聚类的程度的一种聚类算法。1973 年,Bezdek 提出了该算法,作为早期硬 C 均值聚类(HCM)方法的一种改进。FCM 把 n 个向量 $x_i(i=1,2,\cdots,n)$ 分为 c 个模糊组,并求每组的聚类中心,使得非相似性指标的关联度达到最小。FCM 使得每个给定数据点用值在 $0\sim1$ 的关联度来确定其属于各个组的程度。与引入模糊划分相适应,隶属矩阵 U 允许有取值在 $0\sim1$ 的元素。不过,加上归一化规定,一个数据集的关联度的和总等于 1,即:

$$\sum_{i=1}^{c}u(i,j)=1,\quad j=1,\cdots,n$$

那么,FCM 的关联度就是下面公式的一般化形式:

$$J(\boldsymbol{U},c_1,\cdots,c_c)=\sum_{i=1}^{c}\sum_{j=1}^{n}u_{ij}^{m}d_{ij}^{2} \tag{1}$$

这里 u_{ij} 介于 $0\sim1$;c_i 为模糊组 i 的聚类中心,$d_{ij}=||c_i-x_j||$ 为第 i 个聚类中心与第 j 个数据点间的距离;且 m(属于 1 到无穷)是一个加权指数。

构造如下新的目标函数,可求得使下式达到最小值的必要条件,其实就是拉格朗日乘子法

$$J(\boldsymbol{U},c_1,c_2,\cdots,c_n,\lambda_1,\lambda_2,\cdots,\lambda_n)=\sum_{i=1}^{c}\sum_{j=1}^{n}u_{ij}^{m}d_{ij}^{2}+\sum_{j=1}^{n}\lambda(\sum_{i=1}^{c}u_{ij}-1)$$

对上式所有输入参量求导,使上式达到最小的必要条件为:

$$c_i = \frac{\sum_{j=1}^{n} u_{ij}^m x_j}{\sum_{j=1}^{n} u_{ij}^m} \tag{2}$$

和

$$u_{ij} = \frac{1}{\sum_{k=1}^{c} \left(\frac{d_{ij}}{d_{kj}}\right)^{\frac{2}{m-1}}} \tag{3}$$

由上述两个必要条件,模糊 C 均值聚类算法是一个简单的迭代过程。在批处理方式运行时,FCM 用下面步骤确定聚类中心 c_i 和隶属矩阵 $\mathbf{U}$:

(1) 生成隶属矩阵 $\mathbf{U}$。

(2) 用公式(2)计算 c 个聚类中心 $c_i, i=1, \cdots, c$。

(3) 根据公式(1)计算关联度。如果它小于某个确定的阈值,或它相对上次关联度值的改变量小于某个阈值,则算法停止。

(4) 用公式(3)计算新的 $\mathbf{U}$ 矩阵和。返回步骤(2)。

FCM 作为 HCM 的改进算法,与 HCM 一样有一个硬性限制,就是簇的个数 c。你可能要质疑这一限制是否影响聚类效果,这种担心是多余的,在算法诞生的几十年中,该算法已被证明能够广泛用于解决现实世界的问题,即使估计的 c 值质量较差,也不影响聚类的质量,只会对迭代的次数产生影响。假如说是对新闻报道进行聚类,以得到顶层类别,如政治、科学、体育、生活、文学等,这时,分类的数量比较少更为合适,可能是 $10 \sim 20$;如果需要细粒度的类别,则需要更大的 c 值,如 $50 \sim 100$;假如数据库中有一百万篇新闻报道需要聚类,这时主题的数量应该多一些,使每一个簇内可能包含 100 篇新闻较为合适,也就是说簇的数量大概是 10 000 个,通过讨论,可以发现 FCM 算法具有可扩展性,而这正是它用在 Hadoop 上处理大数据的原因。

影响 FCM 聚类质量的决定性因素是所使用的距离测度的类型,距离测度的类型的选择需要在实践中不断地总结优化。经实验证明,当两个长度不同话题相似的文档之间用欧氏距离测量时,发现数据聚类的结果没有何意义,说明欧氏距离测度不适于文本文档,可以选择余弦距离测度和谷本度量,因为它们更依赖于公共词汇而非公共词汇的影响较小。这里,选择 TF-IDF 加权距离测度来进行计算,更能适合于文本文档的特点。

为了使 FCM 得到较好的聚类质量,需要先估算 c 值,一个近似的方法是基于已有数据和需要的簇个数估计 c 的值,这是一种原始的估计簇个数的方法,然而,即使是这样粗略的估计,FCM 算法也能得到令人满意的聚类效果。对很多现实的聚类问题,事先并不知道簇的个数,也不能给出簇的近似中心位置。这时只能随机地生成 c 个簇及其近似的中心。尽管随机中心的生成速度很快,但无法保证为 c 个簇估计出较好的中心。而估计极大地影响着 FCM 的运行时间。好的估计有助于算法更快地收敛,对数据的遍历次数会更少。如果能根据数据自动确定簇的个数及簇中心,对 FCM 算法有极大的帮助。为了增强系统的自动化程度及运行效率,采用了一种快速聚类算法为 FCM 提供初始聚类中心,它就是 Canopy 算法。

7. Canopy 聚类算法介绍

Canopy 算法,流程简单,容易实现。它使用一种代价低的相似性度量方法,快速粗略地将数据分成若干个重叠的子集,每个子集可以看成是一个簇。算法过程如下,算法示意图如图 9-2 所示。

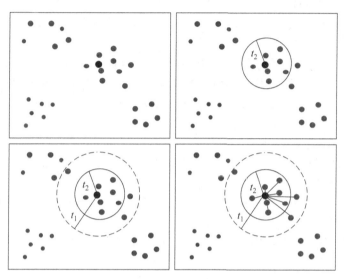

图 9-2　Canopy 聚类算法示意图

（1）设样本集合为 S,确定两个阈值 t_1 和 t_2,且 $t_1 > t_2$。

（2）任取一个样本点 p,作为一个 Canopy,记为 C,从 S 中移除 p。

（3）计算 S 中所有点到 p 的距离 dist。

（4）若 dist $< t_1$,则将相应点归到 C,作为弱关联。

（5）若 dist $< t_2$,则将相应点移出 S,作为强关联。

（6）重复（2）～（5）,直至 S 为空。

上面的过程可以看出,dist $< t_2$ 的点属于有且仅有一个簇,$t_2 <$ dist $< t_1$ 的点可能属于多个簇,可见 Canopy 是一种软聚类。

首先使用 Canopy 算法快速地将数据分成若干个 Canopy 中心,并将 Canopy 中心集合中小于一定阈值的 Canopy 中心删除,以便删除孤立点。Canopy 聚类的优势在于它得到簇的速度非常快,它只需遍历一次数据即可得到结果。这一优点也是它的缺点,该算法无法给出精确的族结果。但它可以给出最优的簇数量,不需要像 FCM 算法那样预先指定簇的个数。Canopy 聚类的结果比较适合于作 FCM 聚类算法的起始点,因为初始中心的准确较之随机选择要更高,所以能够改善聚类效果。

综上所述,联合使用 Canopy 聚类算法和 FCM 聚类算法,以 Canopy 算法生成的聚类中心作为 FCM 算法的初始聚类中心,使用 FCM 聚类算法更高效地进行聚类,最终完成串并案件的成功碰撞。

参 考 文 献

[1] 李国杰,程学旗. 大数据研究:未来科技及经济社会发展的重大战略领域——大数据的研究现状与科学思考[J]. 中国科学院院刊,2012(6):647-657.

[2] Tom Kalil. Big Data is a Big Deal[EB/OL]. http://www.whitehouse.gov/blog/2012/03/29/big-data-big-deal.

[3] 王元卓,靳小龙,程学旗. 网络大数据:现状与展望[J]. 计算机学报,2013,36(6):1125-1138.

[4] 程学旗,靳小龙,王元卓,等. 大数据系统和分析技术综述[J]. 软件科学,2014,25(9):1889-1908.

[5] 周飞,石晋杰,崔磊."大数据"时代的公安工作初探[J]. 上海公安高等专科学校学报,2013,23(2):34-37.

[6] 彭知辉. 大数据:开启公安情报工作新时代[J]. 公安研究,2014(1):76-80.

[7] 维克托·迈尔-舍恩伯格,肯尼思·库克耶. 大数据时代——生活、工作与思维的大变革[M]. 盛杨燕,周涛,译. 杭州:浙江人民出版社,2013.

[8] 涂子沛. 大数据:正在到来的数据革命,以及它如何改变政府、商业与我们的生活[M]. 桂林:广西师范大学出版社,2014.

[9] 胡雄伟,张宝林,李抵飞. 大数据研究与应用综述[J]. 标准科学,2013(9):9-11.

[10] 陶雪娇,胡晓峰,刘洋. 大数据研究综述[J]. 系统仿真学报,2013(8):142-146.

[11] 王珊,王会举,覃雄派,等. 架构大数据:挑战、现状与展望[J]. 计算机学报,2011(10):1472.

[12] 甘晓,李国杰. 大数据成为信息科技新关注点[J]. 中国科学报,2012(6).

[13] 李国杰. 大数据研究的科学价值[J]. 中国计算机学会通信,2012,8(9):8-15.

[14] Paul C Zikopoulos, Chris Eaton, Dirk de Roos, et al. Understanding Big Data[M]. USA:The McGraw-Hill Companies,2012.

[15] Sanjay Ghemawat, HowardGobioff, Shun-Tak Leung. The Google File System[EB/OL]. 19th ACM Symposium on Operating Systems Principles,2003-10.

[16] Fay Chang, Jeffrey Dean, et al. BigTable:A Distributed Storage System for Structured Data[EB/OL]. Seventh Symposium on Operating System Design and Implementation,2006.

[17] Jeffrey Dean, Sanjay Ghemawat. MapReduce:Simplified Data Processing on Large Clusters[EB/OL]. Sixth Symposium on Operating System Design and Implementation,2004.

[18] xumingming. storm 简介[EB/OL]. http://xumingming.sinaapp.com/109/twitter-storm 简介/.

[19] 话题讨论:Storm,Spark,Hadoop 三个大数据处理工具谁将成为主流[EB/OL]. http://www.itpub.net/thread-1845750-1-1.html.

[20] 刘鹏. 实战 Hadoop——开启通向云计算的捷径[M]. 北京:电子工业出版社,2011.

[21] 刘刚. Hadoop 应用开发技术详解[M]. 北京:机械工业出版社,2014.

[22] 黄宜华. 深入理解大数据——大数据处理与编程实践[M]. 北京:机械工业出版社,2014.

[23] Hadoop[EB/OL]. http://hadoop.apache.org/.

[24] HDFS High Availability[EB/OL]. http://hadoop.apache.org/docs/r2.0.0-alpha/hadoop-yarn/hadoop-yarn-site/HDFSHighAvailability.html.

[25] HDFS Federation(HDFS 联盟)介绍[EB/OL]. http://blog.csdn.net/strongerbit/article/details/7013221.

[26] HDFS API[EB/OL]. https://hadoop.apache.org/docs/r1.2.1/api/.

[27] 刘军. Hadoop 大数据处理[M]. 北京：人民邮电出版社,2013.

[28] Hadoop 2.2.0 中 HDFS 的高可用性实现原理[EB/OL]. http://www. open-open. com/lib/view/open1398126688484. html.

[29] Heartbeat[EB/OL]. http://linux-ha. org/wiki/Heartbeat.

[30] 云计算[EB/OL]. http://baike. baidu. com/link? url=2a7nxoidh8cQCROeuG32V_siWLfbBM-BPeOtCbD 8hpc6CPY0daTt3nl3tNVAMZC-MCNFleBYmxsFgnrA32SKAa.

[31] 刘鹏. 云计算. [M]. 2 版. 北京：电子工业出版社,2011.

[32] MapReduce 工作原理讲解[EB/OL]. http://www. aboutyun. com/thread-6723-1-1. html.

[33] Hadoop 新 MapReduce 框架 Yarn 详解 [EB/OL]. http://www. ibm. com/developerworks/cn/opensource/os-cn-hadoop-yarn/.

[34] MapReduce Tutorial[EB/OL]. http://hadoop. apache. org/docs/r1. 2. 1/mapred_tutorial. html.

[35] Google Dumps MapReduce in Favor of New Hyper-Scale Analytics System[EB/OL]. http://www. datacenterknowledge. com/archives/2014/06/25/google-dumps-mapreduce-favor-new-hyper-scale-analytics-system/.

[36] 张月. HadoopMapReduce 开发最佳实践[EB/OL]. http://www. infoq. com/cn/articles/MapReduce-Best-Practice-1.

[37] 数据去重[EB/OL]. http://www. cnblogs. com/xia520pi/archive/2012/06/04/2534533. html.

[38] MapReduce 编程实例（一）——求平均数[EB/OL]. http://www. linuxidc. com/Linux/2014-03/98262. htm.

[39] MapReduce 编程基础[EB/OL]. http://www. cnblogs. com/xuqiang/archive/2011/06/05/2071935. html.

[40] 甘道夫. 过滤器 Filter 详解及实例代码[EB/OL]. http://blog. csdn. net/u010967382/article/details/37653177.

[41] rzhzhz. HBase 性能调优[EB/OL]. http://blog. csdn. net/rzhzhz/article/details/7481674.

[42] jiedushi. HBase 性能优化方法总结[EB/OL]. http://blog. csdn. net/jiedushi/article/details/7548839.

[43] Apache Hive[EB/OL]. https://cwiki. apache. org/confluence/display/Hive/Home.

[44] Hive(数据仓库工具)[EB/OL]. http://baike. baidu. com/subview/699292/10164173. htm.

[45] 有道李. 表和数据库定义[EB/OL]. http://blog. csdn. net/limao314/article/details/12655713.

[46] 过往记忆. Hive：用 Java 代码通过 JDBC 连接 Hiveserver[EB/OL]. http://blog. csdn. net/wypblog/article/details/17390333.

[47] Hive[EB/OL]. http://hive. apache. org/.

[48] Hive(数据仓库工具)[EB/OL]. http://baike. baidu. com/link?url=seQ_8JM0il2Z1Oz6lRX3ZTC50O9Bid0tLm9iZjEYlwecWASui-VYGoMqmqIstBIt7GEA_lkakJX6usRq2O9qfe8xHX-vzKmuOrlEOqJdRPa.

[49] Hive 的安装和配置[EB/OL]. http://blog. chinaunix. net/uid-451-id-3143781. html.

[50] z_1_l_m的专栏. Hive 优化方式和使用技巧[EB/OL]. http://blog. csdn. net/z_1_l_m/article/details/8773505.

[51] Hive[EB/OL]. http://www. hiveclub. ch/.

[52] Sqoop[EB/OL]. http://sqoop. apache. org/.

[53] Sqoop[EB/OL]. http://baike. baidu. com/link? url=U5lHzAK8ovh7BH6JaSepSvitPjl4LvgxhV0wAV4rQm fO3WQZrdv0ntpuuvxd31ojv8TcmTBIG1qFFzacYWed-a.

[54] Sqoop 详细介绍[EB/OL]. http://www. aboutyun. com/thread-6242-1-1. html.

[55] Sqoop 的安装与使用[EB/OL]. http://www. open-open. com/lib/view/open1401346410480. html.

[56] Sqoop 增量倒入[EB/OL]. http://www. xuebuyuan. com/1938334. html.

[57] yfk 的专栏. Hadoop 数据传输工具 sqoop[EB/OL]. http://blog.csdn.net/yfkiss/article/details/8700480.

[58] Sqoop、Sqoop2 介绍及如何使用[EB/OL]. http://www.aboutyun.com/thread-7581-1-1.html.

[59] sqoop 2 1.99.3 安装[EB/OL]. http://www.68idc.cn/help/jiabenmake/qita/2014042391332.html.

[60] 韩宁,陈巍. 基于聚类分析的串并案研究[J]. 中国人民公安大学学报：自然科学版,2012(1)：53-58.

[61] Sean Owen,Robin Anil,Ted Dunning,Ellen Friedman. Mahout in Action[M]. Westampton：Manning Publications,2012.

[62] 马忠红. 系列案件串并后案情分析研究[J]. 中国人民公安大学学报：社会科学版,2013(3)：33-38.

[63] 胡珊珊. 试析串并案侦查措施的运用[J].云南警官学院学报,2008(3)：85-88.

[64] 王永贵,李鸿绪,宁晓. MapReduce 模型下的模糊 C 均值算法研究[J]. 计算机工程,2014,40(10)：47-51.

[65] 余长俊,张燃. 云环境下基于 Canopy 聚类的 FCM 算法研究[J]. 计算机科学,2014,41(11A)：316-319.

[66] 崔文迪,蔡佳佳. 基于 K-means 算法和 FCM 算法的聚类研究[J]. 现代计算机,2007(9)：7-9.

[67] 基于 MapReduce 的并行模糊 C 均值算法[J]. 计算机工程与应用,2013,49(14)：133-137,151.